高等职业教育电气自动化专业"双证课程"培养方案规划教材

The Projected Teaching Materials of "Double-Certificate Curriculum" Training for Electrical Automation Discipline in Higher Vocational Education

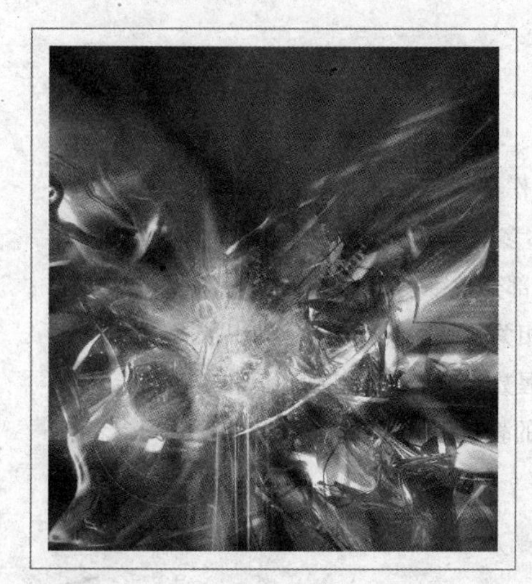

数字电子技术

张伟林 王翠兰 主编

Digital Electronic Technology

人民邮电出版社

北京

图书在版编目（CIP）数据

数字电子技术 / 张伟林，王翠兰主编. -- 北京 ：
人民邮电出版社，2010.2
高等职业教育电气自动化专业“双证课程”培养方案
规划教材
ISBN 978-7-115-21798-1

Ⅰ. ①数… Ⅱ. ①张… ②王… Ⅲ. ①数字电路－电
子技术－高等学校：技术学校－教材 Ⅳ. ①TN79

中国版本图书馆CIP数据核字(2009)第237941号

内 容 提 要

本书重点介绍数字电子技术的基本知识、基本理论和基本操作技能，主要内容包括数字逻辑基础、组合逻辑电路、触发器、时序逻辑电路、555 时基电路与石英晶体多谐振荡器、模数与数模转换、半导体存储器。在附录中介绍了 Multisim 2001 软件的应用、实验器材和部分数字集成电路型号表。

本书采用项目教学的方式组织内容，每个项目由项目分析、相关知识、项目实施、知识扩展和习题 5 部分组成。通过知识学习和仿真、实验操作，学生能够较快地掌握数字电子技术基础知识和实践技能。

本书可作为高等职业技术院校电子类和机电类专业基础课程的教材，也可供机电技术人员学习参考。

高等职业教育电气自动化专业“双证课程”培养方案规划教材

数字电子技术

◆ 主　　编　张伟林　王翠兰
　责任编辑　李育民
◆ 人民邮电出版社出版发行　　北京市崇文区夕照寺街 14 号
　邮编　100061　　电子函件　315@ptpress.com.cn
　网址　http://www.ptpress.com.cn
　北京艺辉印刷有限公司印刷
◆ 开本：787×1092　1/16
　印张：13.5
　字数：331 千字　　2010 年 2 月第 1 版
　印数：1－3 000 册　　2010 年 2 月北京第 1 次印刷

ISBN 978-7-115-21798-1

定价：24.00 元

读者服务热线：(010)67170985　印装质量热线：(010)67129223
反盗版热线：(010)67171154

前　言

本书是为高等职业院校电子类和机电类专业基础课程编写的一本教材。

近年来，随着计算机、通信和工业自动化的迅速发展，数字电子技术也得到长足的进步。半导体集成电路的集成度和复杂程度仍在不断地提高，可编程逻辑器件的应用正在普及，在数字电路生产和应用领域，计算机仿真和设计逐步取代了传统的人工设计方式，极大地提高了工作效率。数字电子技术及其应用已经成为机电技术人员必须掌握的技术之一。

本书重点介绍数字电子技术方面的基本知识、基本理论和基本操作技能，为学生深入学习数字电子技术及其在专业中的应用打下基础。我们对本书的体系结构做了精心的设计，将全书内容分成了 7 个模块 26 个项目，在每个项目中把相关知识、软件仿真、实验操作和习题放在一起，便于教师组织教学和读者自学。在内容编写方面，采用由浅入深、循序渐进、图文并茂、结合实践的编写方法。

在附录中详细介绍了 Multisim 2001 仿真软件的使用方法，结合仿真实验操作步骤，相信未接触过该仿真软件的读者也会顺利地完成仿真实验内容。

本书配备了 PPT 课件和习题参考答案，读者和教师可到人民邮电出版社教学服务与资源网（www.ptpedu.com.cn）免费下载使用。本书的参考学时为 52～82 学时，其中实验为 20～36 学时，各单元的参考学时参见下面的学时分配表。

单　元	课 程 内 容	学　时	
		讲　授	实　验
模块一	数字逻辑基础	2～8	2～6
模块二	组合逻辑电路	8～10	2～8
模块三	触发器	4～6	4～6
模块四	时序逻辑电路	6～8	6～8
模块五	555 时基电路与石英晶体多谐振荡器	4～6	4～6
模块六	模数与数模转换	4	2
模块七	半导体存储器	4	
学时总计		32～46	20～36
说明：目录中标记“*”号的为选修内容		52～82	

本书由张伟林、王翠兰担任主编，吴清荣、刘志远参加编写。郭艳萍、李秀忠对本书提出了很多宝贵的修改意见，我们在此表示诚挚的感谢！

由于编者水平有限，加之时间仓促，书中难免存在错误和不妥之处，敬请广大读者批评指正。

编者信箱：ZWLCN@126.com

编者

2009 年 9 月

目　录

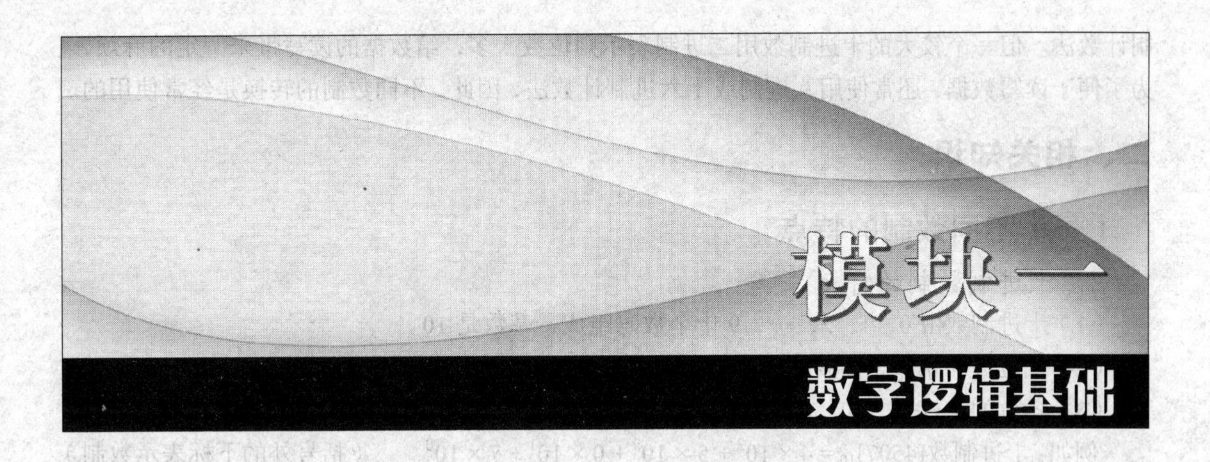

电子电路所处理的信号可以分为两大类：一类是在时间和数值上连续变化的信号，称为模拟信号，其波形如图 1-1（a）所示；另一类是在时间和数值上间断变化的信号，其波形如图 1-1（b）所示，称为脉冲信号，因为其数值只有高电平和低电平两种取值，可以分别用数字 1 和 0 来表示，故又称为数字信号。

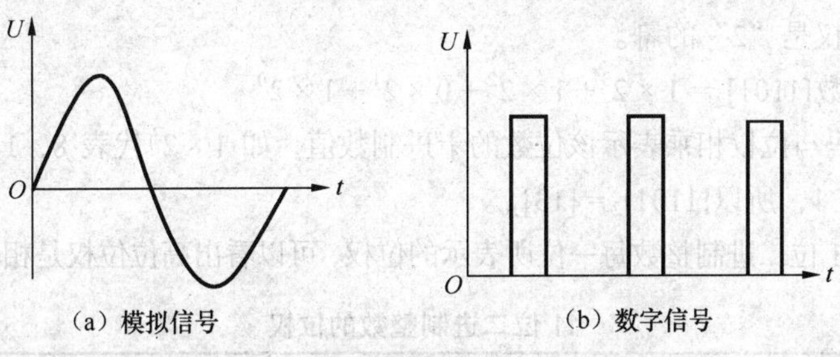

图 1-1　模拟信号和数字信号的波形

用来处理数字信号的电子电路称为数字电路，由于数字电路的两种电平状态正好对应着电路的“通”与“断”，所以与模拟电路相比，数字电路的单元结构相对简单，数字信号容易储存和传送，系统抗干扰性好，控制能力强。因此，数字电路在工业控制方面得到了极其广泛的应用，在工业生产中使用的计算机、单片机、可编程序控制器等设备都是由数字电路所构成的。

在数字电路中，由于被传递和处理的信号只有两种相反的逻辑状态，因此，人们常常运用逻辑代数去分析和设计数字电路。

项目一　数制与数制转换

一、项目分析

实际生活中的数据往往是由多位数码组成的，我们把多位数码中每一位的构成方法以及从低位到高位的进位规则称为数制（也称为计数法）。日常生活中人们最熟悉的是十进制计数法，但除了十进制计数法以外，还有许多非十进制的计数法。例如，每天 24 小时，是二十四进制计数法；每周 7 天，是七进制计数法；1 年有 12 个月，是十二进制计数法。在数字电路中，数据的存储和处理采用二进制计数法。但一个较大的十进制数用二进制表示则位数太多，给数据的读写带来一定的麻烦，为了便于读写数据，还常使用八进制或十六进制计数法，因此，不同数制的转换是经常使用的。

二、相关知识

（一）不同数制的特点

1. 十进制数制的特点

（1）十进制数由 0，1，2，…，9 十个数码组成，基数是 10。

（2）低位数和相邻高位数的进位规则是“逢十进一”。

（3）各位的位权是“10”的幂。

例如：十进制数$[4507]_{10}=4\times10^3+5\times10^2+0\times10^1+7\times10^0$　　（括号外的下标表示数制）

其各位上的数码与位权相乘表示该位数的实际代表值，如 4×10^3 中代表 4 000，5×10^2 代表 500，0×10^1 代表 0，7×10^0 代表 7。

2. 二进制数制的特点

（1）二进制数由 0、1 两个数码组成，基数是 2。

（2）低位数和相邻高位数的进位规则是“逢二进一”。

（3）各位的位权是“2”的幂。

例如：二进制数$[1101]_2=1\times2^3+1\times2^2+0\times2^1+1\times2^0$

其各位上的数码与位权相乘表示该位数的十进制数值，如 1×2^3 代表 8，1×2^2 代表 4，0×2^1 代表 0，1×2^0 代表 1，所以$[1101]_2=[13]_{10}$。

表 1-1 所示为 11 位二进制整数每一位所表示的位权，可以看出高位位权是相邻低位位权的 2 倍。

表 1-1　　11 位二进制整数的位权

位权	2^{10}	2^9	2^8	2^7	2^6	2^5	2^4	2^3	2^2	2^1	2^0
十进制数	1024	512	256	128	64	32	16	8	4	2	1

3. 八进制数制的特点

（1）八进制数由 0，1，2，…，7 八个数码组成，基数是 8。

（2）低位数和相邻高位数的进位规则是“逢八进一”。

（3）各位的位权是“8”的幂。

例如：八进制数$[627]_8=6\times8^2+2\times8^1+7\times8^0$

其各位上的数码与位权相乘表示该位数的十进制数值，如 6×8^2 代表 384，2×8^1 代表 16，7×8^0 代表 7，所以$[627]_8=[407]_{10}$。

4. 十六进制数制的特点

（1）十六进制数由 0～9、A、B、C、D、E、F 十六个数码组成，基数是 16。

（2）低位数和相邻高位数的进位规则是“逢十六进一”。

（3）各位的位权是“16”的幂。

例如：十六进制数$[6\,AF]_{16}=6\times16^2+10\times16^1+15\times16^0$

其各位上的数码与位权相乘表示该位数的十进制数值，如 6×16^2 代表 1 536，10×16^1 代表 160，15×16^0 代表 15，所以$[6\,AF]_{16}=[1711]_{10}$。

几种数制之间的对比值如表 1-2 所示。

表 1-2　　几种数制之间的对比值

十进制（D）	二进制（B）	八进制（O）	十六进制（H）
0	0000	0	0
1	0001	1	1
2	0010	2	2
3	0011	3	3
4	0100	4	4
5	0101	5	5
6	0110	6	6
7	0111	7	7
8	1000	10	8
9	1001	11	9
10	1010	12	A
11	1011	13	B
12	1100	14	C
13	1101	15	D
14	1110	16	E
15	1111	17	F
16	10000	20	10

（二）二进制数与十进制数的相互转换

1. 二进制数转换成十进制数

二进制数转换成十进制数就是求二进制数的权值和，将二进制数中所有数码 1 的位权值相加即转换成十进制数。

例如：$[101]_2 = 4 + 1 = [5]_{10}$

$[1111]_2 = 8 + 4 + 2 + 1 = [15]_{10}$

$[1000010100]_2 = 512 + 16 + 4 = [532]_{10}$

2. 十进制整数转换成二进制数

十进制整数转换成二进制数要用除 2 取余法，即将十进制整数除以 2，将其余数作为二进制数最低位的数码，将所得的商再除以 2，以同样的方法确定次低位的数码，依次进行，直至商为 0，最后得到的余数是二进制数最高位的数码。

【例题 1-1】　将十进制数 175 转换为二进制数。

解：应用除 2 取余法得到余数

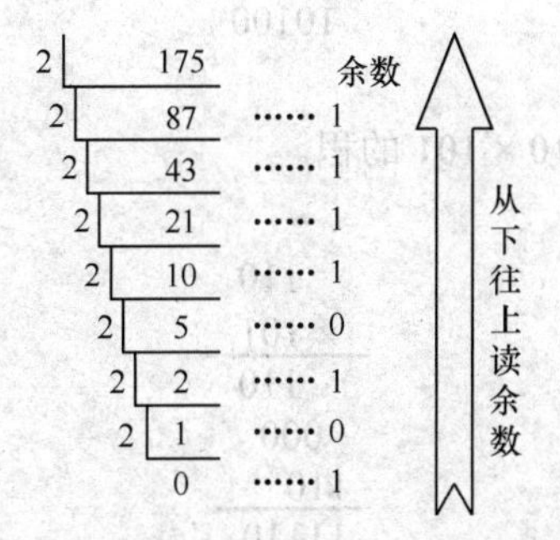

所以$[175]_{10} = [1010\ 1111]_2$。

对上述结果进行验证：$[1010\ 1111]_2 = 128 + 32 + 8 + 4 + 2 + 1 = [175]_{10}$

（三）二进制数与八进制数的相互转换

1. 二进制整数转换成八进制数

二进制整数转换成八进制数时，从低位至高位每3位二进制数对应1位八进制数码。例如：

$$[1\ 111\ 010\ 110]_2 = [1726]_8$$

2. 八进制整数转换成二进制数

八进制整数转换成二进制数时，每位八进制数对应3位二进制数。例如：

$$[354]_8 = [11\ 101\ 100]_2$$

工业设备中的各类可编程序控制器，其输入/输出端的编码往往采用八进制计数法。

（四）二进制数与十六进制数的相互转换

1. 二进制整数转换成十六进制数

二进制整数转换成十六进制数时，从低位至高位每4位二进制数对应1位十六进制数码。例如：

$$[11\ 1010\ 1111\ 0111]_2 = [3AF7]_{16}$$

2. 十六进制整数转换成二进制数

十六进制整数转换成二进制数时，每位十六进制数对应4位二进制数。例如：

$$[9CB0]_{16} = [1001\ 1100\ 1011\ 0000\ ]_2$$

可以看出，当数据的位数很多时，十六进制数据不仅比二进制数据读写方便，而且也容易记忆。

三、知识扩展

（一）二进制数加法、减法、乘法和除法法则

加法法则	减法法则	乘法法则	除法法则
0 + 0=0	0 − 0=0	0 × 0=0	0 ÷ 1=0
0 + 1=1	1 − 0=1	0 × 1=0	1 ÷ 1=1
1 + 0=1	1 − 1=0	1 × 0=0	
1 + 1=10	10 − 1=1	1 × 1=1	

注：10读做1、0，不要读成“10”。

【例题1-2】 求二进制数1001+1011的和。

解：

$$\begin{array}{r} 1001 \\ +\,1011 \\ \hline 10100 \end{array}$$

求得1001 + 1011= 10100。

【例题1-3】 求二进制数110 × 101的积。

解：

$$\begin{array}{r} 110 \\ \times\,101 \\ \hline 110 \\ 000 \\ 110 \\ \hline 11110 \end{array}$$

求得 110 × 101 = 11110。

【例题 1-4】 求二进制数 1011−110 的差。

解：

```
  1011
−  110
  101
```

求得 1011−110 = 101。

做减法运算时，本位不够减时，向高位借位计算，“借一当二”。

【例题 1-5】 求二进制数 10010÷110 的商。

解：

```
        11
110)10010
     110
      110
      110
        0
```

求得 10010÷110 = 11。

（二）二进制小数转换成十进制数

和整数转换一样，二进制小数转换成十进制数仍然是求二进制数的权值和。

【例题 1-6】 将二进制数$[110.11]_2$转换成十进制数。

解：$[110.11]_2$各位的权值分别是 4（2^2）、2（2^1）、0.5（2^{-1}）、0.25（2^{-2}），

所以$[110.11]_2 = 4 + 2 + 0.5 + 0.25 = [6.75]_{10}$。

（三）十进制小数转换成二进制数

十进制小数转换成二进制数采用乘 2 取整法，即将十进制小数乘以 2，所得的积的整数部分作为二进制小数自小数点开始的第一个数码，然后再将积的小数部分再乘以 2，以同样的方法确定小数的第二位，依此类推，直至积的小数部分为 0 或达到所需要的精度要求。

【例题 1-7】 将十进制数 0.375 转换成二进制数。

解：利用乘 2 取整法：0.375 × 2 = 0.75…………取整数部分 0，小数 0.75

0.75 × 2 = 1.5……………取整数部分 1，小数 0.5

0.5 × 2 = 1………………取整数部分 1，小数 0

求得$[0.375]_{10} = [0.011]_2$。

对上述结果进行验证：$[0.011]_2 = 2^{-2} + 2^{-3} = 0.25 + 0.125 = [0.375]_{10}$。

（四）二进制小数与八进制数相互转换

二进制小数转换成八进制数的方法是以小数点为界，从左向右每 3 位作为一个单元，并用对应的八进制数码表示（注意，不足 3 位则加 0 补齐）。

例如：二进制数$[111.10101]_2 = [7.52]_8$

八进制小数转换成二进制数的方法是以小数点为界，每个八进制数码对应 3 位二进制数。

例如：八进制数$[3.15]_8 = [11.001101]_2$

（五）二进制小数与十六进制数相互转换

二进制小数转换成十六进制数的方法是以小数点为界，从左向右每 4 位作为一个单元，并用对应的十六进制数码表示（注意，不足 4 位则加 0 补齐）。

例如：二进制数$[111.10101]_2 = [7.A8]_{16}$

十六进制小数转换成二进制数的方法是以小数点为界，每个十六进制数码对应 4 位二进制数。

例如：十六进制数$[3.F5]_{16} = [11.11110101]_2$

习　题

一、填空题（请将正确答案填在下画线处）

1. 某二进制整数由 4 位数码组成，其最低位的权是________，最高位的权是________。

2. 某二进制整数由 8 位数码组成，其最低位的权是________，最高位的权是________。

3. 二进制数用字母________表示，八进制数用字母________表示，十进制数用字母________表示，十六进制数用字母________表示。

二、问答题

1. 在数字电路中为什么要采用二进制来存储和处理数据？

2. 什么是二进制的“位权”？相邻位权在数值上有什么关系？

三、计算题

1. 将下列二进制数转换为十进制数。

$[0111]_2$　　$[1111]_2$　　$[0001\ 1111]_2$

2. 将下列十进制数转换为二进制数。

10　　128　　1 026

3. 将下列二进制数转换为八进制数。

$[1\ 111]_2$　　$[011\ 111]_2$　　$[0\ 110\ 110]_2$

4. 将下列八进制数转换为二进制数。

$[5]_8$　　$[10]_8$　　$[200]_8$

5. 将下列二进制数转换为十六进制数。

$[1111]_2$　　$[0011\ 0110]_2$　　$[1010\ 1110\ 0110\ 0011]_2$

6. 将下列十六进制数转换为二进制数。

$[16]_{16}$　　$[0B8FC]_{16}$　　$[3FFD5]_{16}$

7. 某数字电路器件的 4 个输出端 $Q_3 \sim Q_0$ 分别接 4 个指示灯，其工作状态如表 1-3 所示，用“●”表示灯亮，用“空格”表示灯灭。试分别用二进制数（灯亮用 1 表示，灯灭用 0 表示）、十进制数、八进制数和十六进制数表示其工作状态。

表 1-3　　　　　　用数值表示输出端的工作状态

输出端工作状态				用数值表示工作状态			
Q_3	Q_2	Q_1	Q_0	二进制数	十进制数	八进制数	十六进制数
			●				
		●					
		●	●				
	●						
	●		●				
	●	●					
	●	●	●				
●							
●			●				
●		●					
●		●	●				
●	●						
●	●		●				
●	●	●					
●	●	●	●				

项目二　代码

一、项目分析

用来表示图形、文字、符号、数字等各种特定信息的多位二进制数的组合称为二进制代码。代码只代表某种信息，并不表示其数值的大小。例如，运动员在参加比赛时佩带的号码显然没有数量上的意义，仅表示不同的运动员。在计算机程序中广泛使用的 ASCII 用 7 位二进制代码表示 128 种信息，如大写字母“A”用 100 0001 表示，小写字母“a”用 110 0001 表示。

人们常常希望用十进制方式显示运算结果，但在数字电路中，参与运算的数据都是以二进制的格式存在的。例如，十进制数 21 的二进制存储格式是 0001 0101，如果对其直接编码显示，则高 4 位显示为“1”，低 4 位显示为“5”，显示的数码“15”不是十进制数码“21”。显然，要想显示“21”，就要先将二进制数 0001 0101 转换成反映十进制进位关系（即逢十进一）的代码“0010 0001”。这种用二进制形式反映十进制数据的代码称为 BCD 码，BCD 码有几种形式，其中最常用的是 8421BCD 码。

在工业生产中，要求生产设备应用可靠性高的代码，如格雷码。

二、相关知识

（一）8421BCD 码

用二进制代码来表示十进制数称为 BCD 码，它用 4 位二进制数来表示 1 个十进制数时，

所组成的代码有 $2^4=16$ 种组合状态。而一位十进制数只有 0～9 十个数码，因此，从 16 个代码中任选出 10 个组成表示十进制的代码，其余 6 个是无效码。8421BCD 码从高位至低位的位权分别是 8、4、2、1，故称为 8421BCD 码，它是一种用的最多的有权码，如表 1-4 所示。

表 1-4　　十进制数的 8421BCD 码对应表

十进制数	8421BCD 码	十进制数	8421BCD 码
0	0000	8	1000
1	0001	9	1001
2	0010	无效码	1010
3	0011		1011
4	0100		1100
5	0101		1101
6	0110		1110
7	0111		1111

【例题 1-8】

（1）求十进制数 256 的 8421BCD 码。

（2）将十进制数 256 转换为二进制数。

解：（1）按表 1-4 可写出 256 的 8421BCD 码

```
  2      5      6
  |      |      |
0010   0101   0110
```

所以 256 的 8421BCD 码是 0010 0101 0110。

（2）$[256]_{10}=[0001\ 0000\ 0000]_2$

将（1）和（2）的结果做比较可以看出，8421BCD 码与二进制数是不同的概念，虽然在一组 8421BCD 码中每位的进位也是二进制，但在组与组之间的进位 8421BCD 码则是十进制。

【例题 1-9】　求 8421BCD 码 110 0001 0101 1001 所表示的十进制数。

解：将 8421BCD 码从低位至高位每 4 位分为一组，最高位不足 4 位者前面补 0，每组表示 1 个十进制数码。所以 0110 0001 0101 1001 所表示的十进制数是 6159。

（二）格雷码

在自动化控制中生产设备多应用格雷码，格雷码的特点是任意两个相邻码仅有一位不同（包括首尾数码，所以也称为循环码），因为它可以减少代码变化时产生的错误，所以是一种可靠性较高的代码。表 1-5 所示为十进制数、二进制数与格雷码的对应关系。

表 1-5　　十进制数、二进制数与格雷码对应关系

十进制数	二进制数	格雷码	十进制数	二进制数	格雷码
0	0000	0000	8	1000	1100
1	0001	0001	9	1001	1101
2	0010	0011	10	1010	1111
3	0011	0010	11	1011	1110
4	0100	0110	12	1100	1010
5	0101	0111	13	1101	1011
6	0110	0101	14	1110	1001
7	0111	0100	15	1111	1000

在生产设备的控制器件中常使用一种称为光电编码器的器件，它可以将光电读取头和代码盘之间的位移转换为相应的代码，以控制机件运动的行程和速度。使用二进制数虽然直观、简单，但对码盘的制作和安装要求十分严格，否则就会出错。例如，二进制码盘从 0111 变化为 1000 时，4 位数码必须同时发生变化，若最高位光电转换稍微早一些，便会出现错码 1111，这是不允许的，应避免发生。而采用格雷码盘时，仅有最高位变化，它只能从 0100 变化为 1100，从而有效地避免了由于安装和制作误差造成的错码。

三、知识扩展——ASCII 代码

ASCII 代码是由美国国家标准化协会制定的一种代码，目前已被国际标准化组织（ISO）选定作为一种国际通用的代码，广泛地用于通信和计算机中。

ASCII 代码是由 7 位二进制数 $b_6b_5b_4b_3b_2b_1b_0$ 组成的，一共有 128 个，分别用于表示 0～9，大、小写英文字母，若干常用的符号和控制命令代码，如表 1-6 所示。

表 1-6　　ASCII 编码表

$b_3b_2b_1b_0$ \ $b_6b_5b_4$	000	001	010	011	100	101	110	111
0000	NUL	DLE	SP	0	@	P	`	p
0001	SOH	DC1	!	1	A	Q	a	q
0010	STX	DC2	"	2	B	R	b	r
0011	ETX	DC3	#	3	C	S	c	s
0100	EOT	DC4	$	4	D	T	d	t
0101	ENQ	NAK	%	5	E	U	e	u
0110	ACK	SYN	&	6	F	V	f	v
0111	BEL	ETB	'	7	G	W	g	w
1000	BS	CAN	(	8	H	X	h	x
1001	HT	EM	)	9	I	Y	i	y
1010	LF	SUB	*	:	J	Z	j	z
1011	VT	ESC	+	;	K	[	k	{
1100	FF	FS	,	<	L	\	l	|
1101	CR	GS	-	=	M	]	m	}
1110	SO	RS	.	>	N	^	n	～
1111	SI	US	/	?	O	_	o	DEL

查表时，把每个字符对应的列数先读出来，然后读出行数，合在一起即成为该字符的 ASCII 代码。例如，“1” 的 ASCII 代码的列数是 011，行数是 0001，合在一起为 011 0001，即 31H。ASCII 码中各种控制命令代码的含义如表 1-7 所示。

表 1-7　　ASCII 码中控制命令代码的含义

代　码	含　义	代　码	含　义
NUL	空白，无效	DC1	设备控制 1
SOH	标题开始	DC2	设备控制 2
STX	正文开始	DC3	设备控制 3
ETX	文本结束	DC4	设备控制 4
EOT	传输结束	NAK	否定
ENQ	询问	SYN	空转同步
ACK	承认	ETB	信息块传输结束

续表

代　码	含　义	代　码	含　义
BEL	报警	CAN	作废
BS	退格	EM	媒体用毕
HT	横向制表	SUB	代替，置换
LF	换行	ESC	扩展
VT	垂直制表	FS	文件分隔
FF	换页	GS	组分隔
CR	回车	RS	记录分隔
SO	移出	US	单元分隔
SI	移入	SP	空格
DLE	数据通信换码	DEL	删除

习　题

一、填空题（请将正确答案填在下画线处）

1. 用来表示图形、文字、符号、数字等各种特定信息的________的组合称为二进制代码。
2. 用________来表示十进制数称为 BCD 码。
3. 8421BCD 码用________来表示 1 个十进制数。
4. 8421BCD 码从高位至低位的位权分别是________。

二、判断题（判断正误并在括号内填√或×）

1. 代码不仅代表信息，也能表示数值的大小。(　　)
2. BCD 码是用十进制数表示二进制数。(　　)
3. 8421BCD 码中 1000 比 0001 大。(　　)
4. 任意两个格雷码仅有一位码元不同。(　　)

三、计算题

1. 写出下列 8421BCD 码对应的十进制数。

$[1\ 1001]_{8421}$　　$[11\ 0110]_{8421}$　　$[101\ 0101]_{8421}$

2. 写出下列十进制数的 8421BCD 码。

32　　527　　1369

项目三　基本逻辑与逻辑门电路

一、项目分析

在处理数字信息中，经常遇到开关的通断、电平的高低、事物的真假、脉冲的有无、灯亮或灯灭等一些相互对立的现象，这些现象可以用“1”或“0”来表示，这里“1”或“0”并不表示数值的大小，而是表示相互对立的两种逻辑状态。若将高电平规定为逻辑“1”，低电平规定为逻辑“0”，则为正逻辑；反之若将高电平规定为逻辑“0”，低电平规定为逻辑“1”，则为负逻辑，在同一系统中，只能采用一种逻辑。

在数字电路中，要研究的是电路的输入与输出之间的逻辑关系。这种关系可以用逻辑代数来处理，这些代数运算又可以用逻辑电路来实现。

数字电路中的基本逻辑关系是“与逻辑”、“或逻辑”和“非逻辑”。能实现某种逻辑功能的数字电路称为逻辑门电路，常用的逻辑门电路有“与门电路”、“或门电路”、“非门电路”、“与非门电路”、“异或门电路”等。

二、相关知识

（一）与逻辑和与门电路

当决定一件事物的全部条件都具备时，事件才会发生，这种因果关系称为“与逻辑”。在图 1-2 所示的电路中，只有开关 A、B 都闭合时，灯 L 才能亮；只要有一个开关断开，灯就不亮。可以看出，开关串联是与逻辑关系。

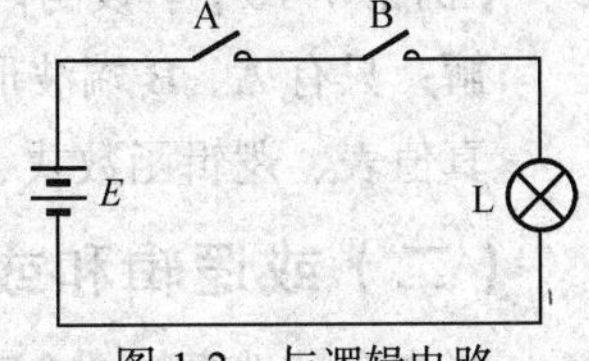

图 1-2 与逻辑电路

将全部条件与相应的逻辑结果列成表格称为真值表，由于图 1-2 所示逻辑电路的两个自变量 A 和 B 共有 4 种组合方式，所以真值表共有 4 行。设开关接通为“1”，断开为“0”；灯亮为“1”，灯灭为“0”（也称为正逻辑，本书采用正逻辑），可列出真值表如表 1-8 所示。

表 1-8　与逻辑真值表

输入 A	输入 B	输出 L = A×B
0	0	0
0	1	0
1	0	0
1	1	1

由真值表可以看出，与逻辑功能可简述为“有 0 出 0，全 1 出 1”。

与逻辑函数式为

$$L = A \times B \quad (1\text{-}1)$$

式（1-1）表明输出逻辑变量 L 是输入逻辑变量 A、B 的逻辑函数，它们之间的关系由等式右边的逻辑函数式给出。式中的“×”是逻辑乘符号，不是代数运算中的乘法符号，读做“L 等于 A 与 B”，“×”号也可以省略。

根据真值表，可以得出与逻辑运算规则。

$$0 \times 0 = 0 \quad (1\text{-}2)$$

$$0 \times 1 = 0 \quad (1\text{-}3)$$

$$1 \times 0 = 0 \quad (1\text{-}4)$$

$$1 \times 1 = 1 \quad (1\text{-}5)$$

这 4 个规则也是逻辑代数的公理，根据这些公理，可以推导出变量与常量相乘以及变量与变量相乘的规则：

$$A \times 0 = 0 \tag{1-6}$$

$$A \times 1 = A \tag{1-7}$$

$$A \times A = A \tag{1-8}$$

$$A \times \overline{A} = 0 \tag{1-9}$$

并可由式（1-8）推得

$$A \times A \times A \times \cdots = A \tag{1-10}$$

门电路是指具有一个或多个输入端，但只有一个输出端的开关电路。当输入条件满足时，门电路开启，按一定的逻辑关系输出信号，否则门电路关闭。输入和输出之间存在一定的逻辑关系，所以称为逻辑门电路。

两输入端的与逻辑门电路符号如图 1-3 所示，A、B 是逻辑变量输入端，L 是逻辑变量输出端。为了更清晰地表示电路的逻辑关系，通常逻辑门电路符号只标示出与逻辑关系相关的管脚，而将电源、接地等管脚隐去。

A & L B

（a）国标符号

A L B

（b）国外常用符号

图 1-3　与逻辑门电路符号

波形图也称为时序图，它用图形形式描述了输入、输出状态随时间的变化情况。

【例题 1-10】 设与门电路输入端 A、B 的波形如图 1-4 所示，试绘出输出端 L 的波形。

解： 只有 A、B 端波形都为 1 时，L 端波形才为 1，据此绘出 L 端的波形。

真值表、逻辑函数式、逻辑符号和波形图都反映了门电路的逻辑关系。

（二）或逻辑和或门电路

当决定一件事物的全部条件中有任意一个以上条件具备时，事件就会发生，这种因果关系称为“或逻辑”。在图 1-5 所示的电路中，开关 A 或者 B 闭合时，灯 L 都能亮。只有开关全部断开时，灯才不亮。可以看出，开关并联是或逻辑关系。

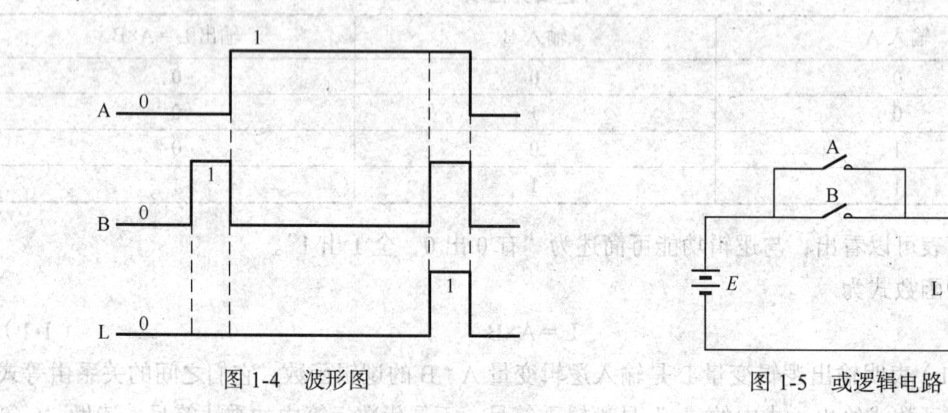

图 1-4　波形图

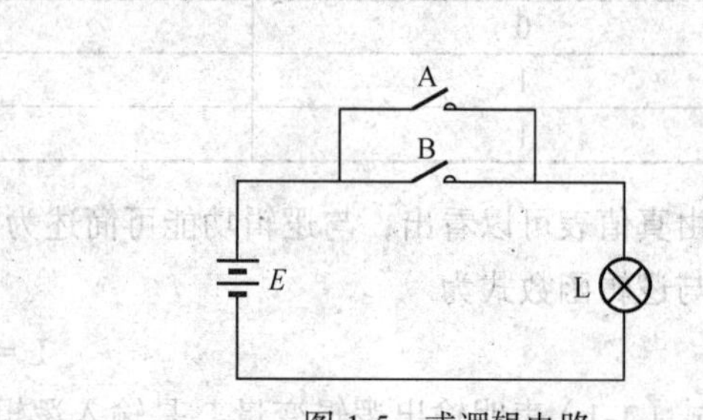

图 1-5　或逻辑电路

或逻辑真值表如表 1-9 所示。

表 1-9　或逻辑真值表

输入 A	输入 B	输出 L = A + B
0	0	0
0	1	1
1	0	1
1	1	1

由真值表可以看出，或逻辑功能可简述为“有 1 出 1，全 0 出 0”。

或逻辑函数式为

$$L = A + B \quad (1\text{-}11)$$

读做“L 等于 A 或 B”。

根据真值表，可以得出或逻辑运算规则。

$$0 + 0 = 0 \quad (1\text{-}12)$$

$$0 + 1 = 1 \quad (1\text{-}13)$$

$$1 + 0 = 1 \quad (1\text{-}14)$$

$$1 + 1 = 1 \quad (1\text{-}15)$$

此处出现 1 + 1 = 1 的结论，这并不奇怪，因为 1 并不是数，而是代表逻辑真。由上述公理可以推出下列运算规则。

$$A + 0 = A \quad (1\text{-}16)$$

$$A + 1 = 1 \quad (1\text{-}17)$$

$$A + A = A \quad (1\text{-}18)$$

$$A + \overline{A} = 1 \quad (1\text{-}19)$$

并可由式（1-18）推得

$$A + A + A + \cdots = A \quad (1\text{-}20)$$

或逻辑门电路的符号如图 1-6 所示。

【例题 1-11】 设或门电路输入端 A、B 的波形如图 1-7 所示，试绘出输出端 L 的波形。

解：只有 A、B 端波形都为 0 时，L 端波形才为 0，据此绘出 L 端的波形。

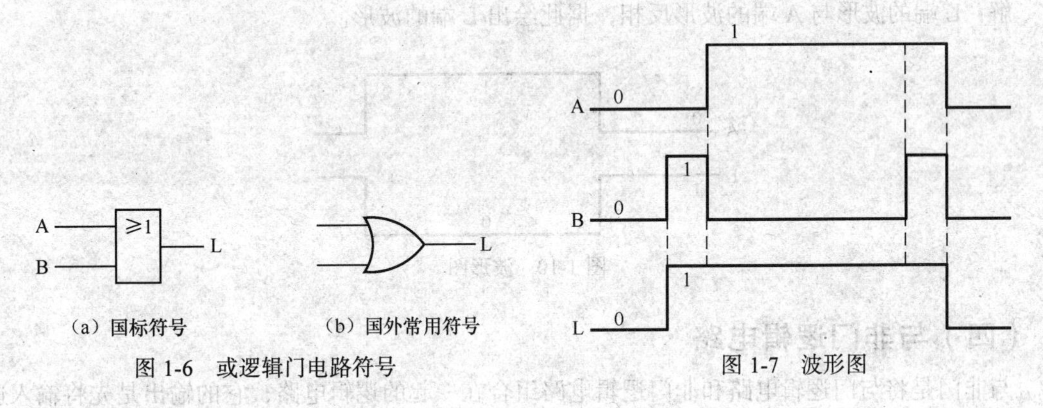

图 1-6 或逻辑门电路符号　　图 1-7 波形图

（三）非逻辑和非门电路

决定一件事物的条件只有一个，当条件具备时，事件不会发生，当条件不具备时，事件则发生，这种因果关系称为“非逻辑”。在图 1-8 所示的开关控制电路中，开关 A 闭合时，灯 L 不亮；开关 A 断开时，灯 L 亮。可以看出，开关与负载是非逻辑关系。

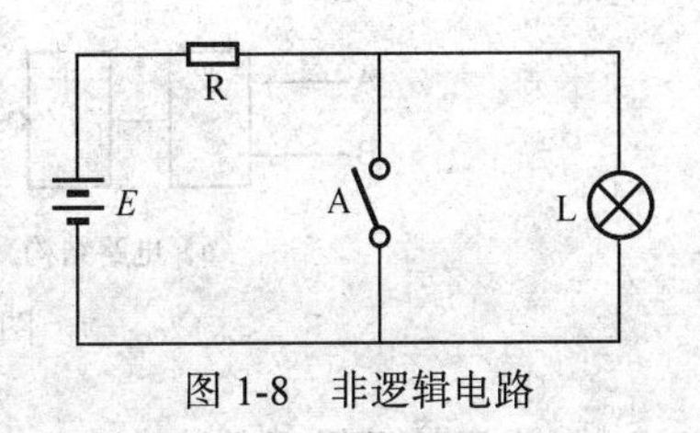

图 1-8 非逻辑电路

非逻辑的真值表如表 1-10 所示。

表 1-10　　非逻辑真值表

输入 A	输出 $L = \overline{A}$
0	1
1	0

由真值表可以看出，非逻辑功能可简述为“有 0 出 1，有 1 出 0”。

非逻辑函数式为

$$L = \overline{A} \tag{1-21}$$

读做“L 等于 A 非”。

从非逻辑真值表可推出非运算法则如下。

$$\overline{0} = 1 \tag{1-22}$$

$$\overline{1} = 0 \tag{1-23}$$

$$\overline{\overline{A}} = A \tag{1-24}$$

非逻辑门电路的符号如图 1-9 所示，输出端的小圆圈表示非的意思（也可使用极性指示符号）。

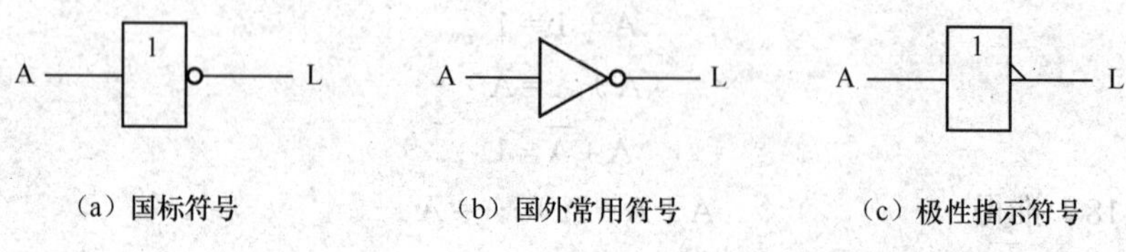

图 1-9　非逻辑门电路符号

【例题 1-12】　设非门电路输入端 A 的波形如图 1-10 所示，试绘出输出端 L 的波形。

解：L 端的波形与 A 端的波形反相，据此绘出 L 端的波形。

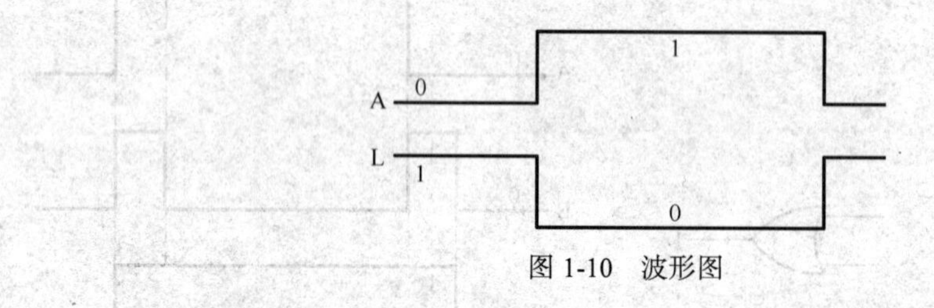

图 1-10　波形图

（四）与非门逻辑电路

与非门是将与门逻辑电路和非门逻辑电路组合在一起的逻辑电路，它的输出是先将输入进行“与”运算后再加以“非”运算，与非门电路的结构和逻辑符号如图 1-11 所示。

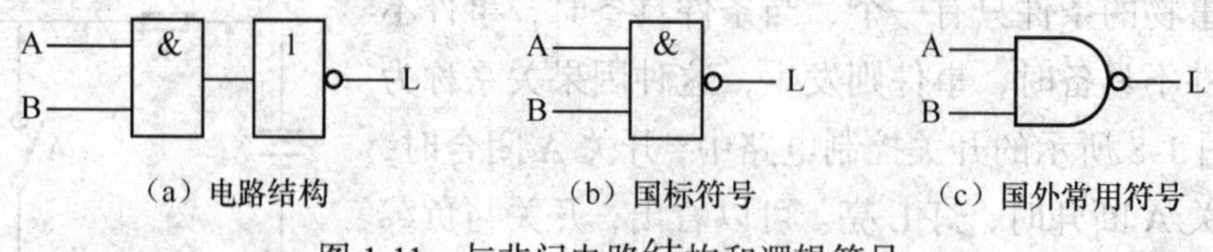

图 1-11　与非门电路结构和逻辑符号

与非门的逻辑函数式为

$$L = \overline{AB} \tag{1-25}$$

读做“L 等于 A 与 B 非”。

与非逻辑真值表如表 1-11 所示，为了便于读者理解，表中附加了“AB”项作为运算的中间结果。

表 1-11　　与非逻辑真值表

A	B	AB	$L=\overline{AB}$
0	0	0	1
0	1	0	1
1	0	0	1
1	1	1	0

由真值表可以看出，与非逻辑功能可简述为“有 0 出 1，全 1 出 0”。

【例题 1-13】 设与非门电路输入端 A、B 的波形如图 1-12 所示，试绘出输出端 L 的波形。

解：只有 A、B 端波形都为 1 时，L 端波形才为 0，据此绘出 L 端的波形。

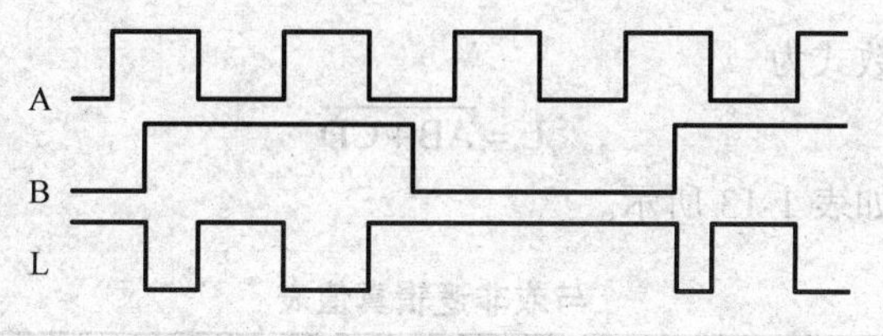

图 1-12　波形图

(五)或非门逻辑电路

或非门是将或门逻辑电路和非门逻辑电路组合在一起的逻辑电路，它的输出是先将输入进行“或”运算后再加以“非”运算，或非门电路的结构和逻辑符号如图 1-13 所示。

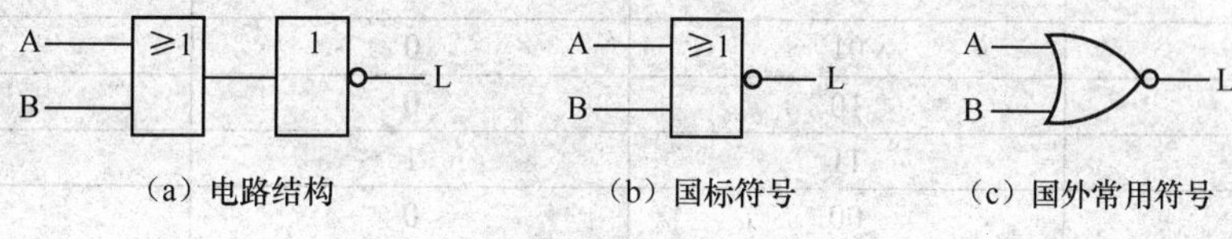

(a) 电路结构　(b) 国标符号　(c) 国外常用符号

图 1-13　或非门结构和逻辑符号

或非门的逻辑函数式为

$$L=\overline{A+B} \tag{1-26}$$

读做“L 等于 A 或 B 非”。

或非逻辑真值表如表 1-12 所示，表中附加了“A+B”项作为运算的中间结果。

表 1-12　　或非逻辑真值表

A	B	A+B	$L=\overline{A+B}$
0	0	0	1
0	1	1	0
1	0	1	0
1	1	1	0

由真值表可以看出，或非逻辑功能可简述为“有 1 出 0，全 0 出 1”。

【例题 1-14】 设或非门电路输入端 A、B 的波形如图 1-14 所示，试绘出输出端 L 的波形。

解：只有当 A、B 端波形均为 0 时，L 端波形才为 1，据此绘出 L 端的波形。

（六）与或非门逻辑电路

与或非逻辑电路是与、或、非 3 种逻辑运算电路的复合，图 1-15 所示为一个 4 输入端与或非门电路的结构和逻辑符号。

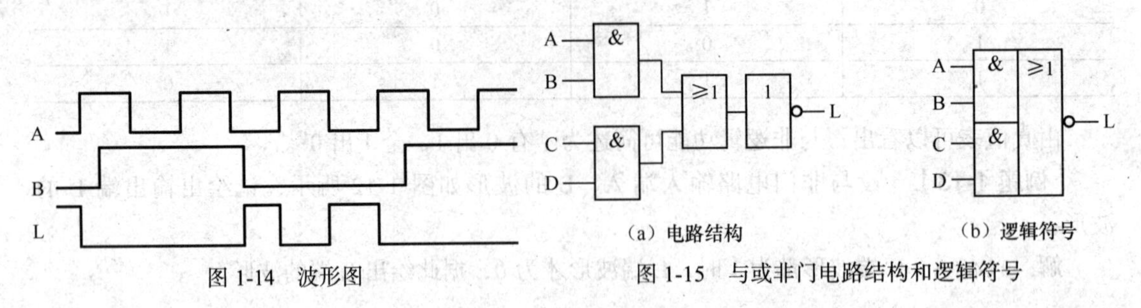

（a）电路结构　（b）逻辑符号

图 1-14　波形图　　图 1-15　与或非门电路结构和逻辑符号

与或非门的逻辑函数式为

$$L=\overline{AB+CD} \tag{1-27}$$

与或非逻辑真值表如表 1-13 所示。

表 1-13　与或非逻辑真值表

AB	CD	AB+CD	$L=\overline{AB+CD}$
00	00	0	1
00	01	0	1
00	10	0	1
00	11	1	0
01	00	0	1
01	01	0	1
01	10	0	1
01	11	1	0
10	00	0	1
10	01	0	1
10	10	0	1
10	11	1	0
11	00	1	0
11	01	1	0
11	10	1	0
11	11	1	0

（七）异或门逻辑电路

异或门是一种有 2 个输入端和 1 个输出端的门电路，其逻辑功能是：当 2 个输入端的电平相同时，输出端为低电平；当 2 个输入端的电平相异时，输出端为高电平。

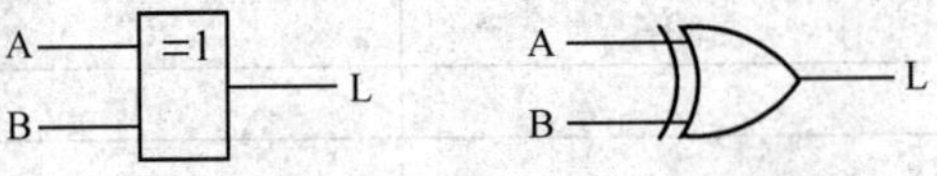

A =1 L B　　A B L

（a）国标符号　（b）国外常用符号

图 1-16　异或门逻辑符号

异或门电路的逻辑符号如图 1-16 所示。

异或门的逻辑函数式为

$$L=A\oplus B=\overline{A}B+A\overline{B} \tag{1-28}$$

读做“L 等于 A 异或 B”。

异或逻辑真值表如表 1-14 所示。

表 1-14　　异或逻辑真值表

输入 A	输入 B	输出 $L = A \oplus B$
0	0	0
0	1	1
1	0	1
1	1	0

由真值表可以看出，异或逻辑功能可简述为“相异出 1，相同出 0”。

（八）同或门逻辑电路

同或门也是一种有 2 个输入端和 1 个输出端的门电路，其逻辑功能是：当 2 个输入端的电平相同时，输出端为高电平；当 2 个输入端的电平相异时，输出端为低电平。显然，同或门也是异或非门。

同或门电路的逻辑符号如图 1-17 所示。

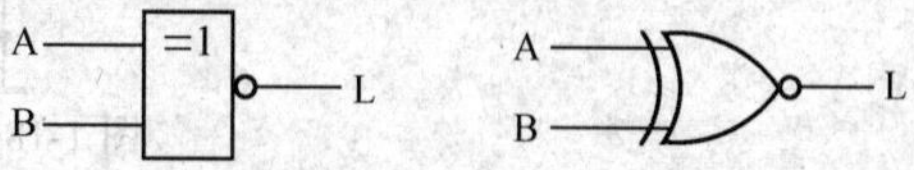

（a）国标符号　（b）国外常用符号

图 1-17　同或门逻辑符号

同或门的逻辑函数式为

$$L = A \odot B = \overline{A}\,\overline{B} + AB \quad (1\text{-}29)$$

读做“L 等于 A 同或 B”。

同或逻辑真值表如表 1-15 所示。

表 1-15　　同或逻辑真值表

输入 A	输入 B	输出 $L = A \odot B$
0	0	1
0	1	0
1	0	0
1	1	1

由真值表可以看出，同或逻辑功能可简述为“相同出 1，相异出 0”。

三、项目实施

仿真实验的目的如下。

（1）初步了解 Multisim 2001 仿真软件的使用。

（2）初步掌握常用门电路的逻辑功能。

（3）初步掌握数字电路的连接方法。

（一）仿真实验 1　测试与门电路的逻辑功能

测试与门逻辑的电路如图 1-18 所示，在 Multisim 2001 软件工作平台上操作步骤如下。

（1）从混合元器件库中拖出 2 输入端与门逻辑符号 U1。

（2）从电源库中拖出电源 V_{CC} 和接地。

（3）从基本元器件库中拖出 2 个电阻（阻值 1kΩ）。

（4）从基本元器件库中拖出 2 个开关，将开关的操作键定义为 A、B。

（5）从显示器材库中拖出指示灯 X1。

（6）完成电路连接后按下仿真开关进行测试。

（7）按照表 1-16 中所示数据操作按键 A 或 B，并将输出结果填入表 1-16 中。

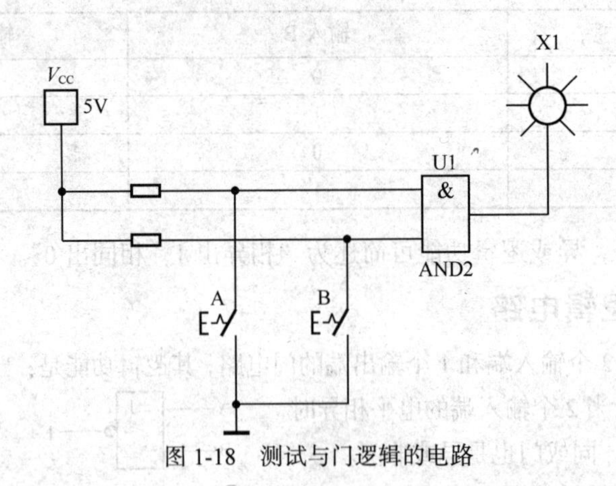

图 1-18 测试与门逻辑的电路

表 1-16 与逻辑测试表

输入 A	输入 B	输出 L
0	0	
0	1	
1	0	
1	1	

（8）检查测试结果是否符合与逻辑。

（二）仿真实验 2 测试或门电路的逻辑功能

测试或门逻辑的电路如图 1-19 所示，在 Multisim 2001 软件工作平台上操作步骤如下。

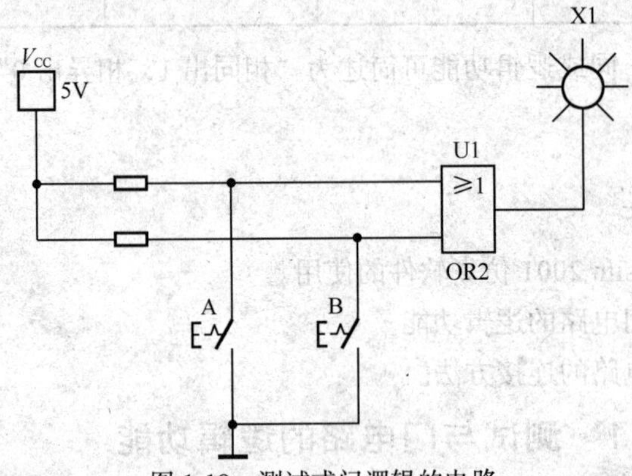

图 1-19 测试或门逻辑的电路

（1）从混合元器件库中拖出 2 输入端或门逻辑符号 U1。

（2）从电源库中拖出电源 V_{CC} 和接地。

（3）从基本元器件库中拖出 2 个电阻（阻值 1kΩ）。

（4）从基本元器件库中拖出 2 个开关，将开关的操作键定义为 A、B。

（5）从显示器材库中拖出指示灯 X1。

（6）完成电路连接后按下仿真开关进行测试。

（7）按照表 1-17 中所示数据操作按键 A 或 B，并将输出结果填入表 1-17 中。

表 1-17　　或逻辑测试表

输入 A	输入 B	输出 L
0	0	
0	1	
1	0	
1	1	

（8）检查测试结果是否符合或逻辑。

（三）仿真实验 3　测试非门电路的逻辑功能

测试非门逻辑的电路如图 1-20 所示，在 Multisim 2001 软件工作平台上操作步骤如下。

（1）从混合元器件库中拖出非门逻辑符号 U1（使用极性指示符号）。

（2）从电源库中拖出电源 V_{CC} 和接地。

（3）从基本元器件库中拖出一个电阻（阻值 1kΩ）。

（4）从基本元器件库中拖出一个开关，将开关的操作键定义为 A。

（5）从显示器材库中拖出指示灯 X1。

（6）完成电路连接后按下仿真开关进行测试。

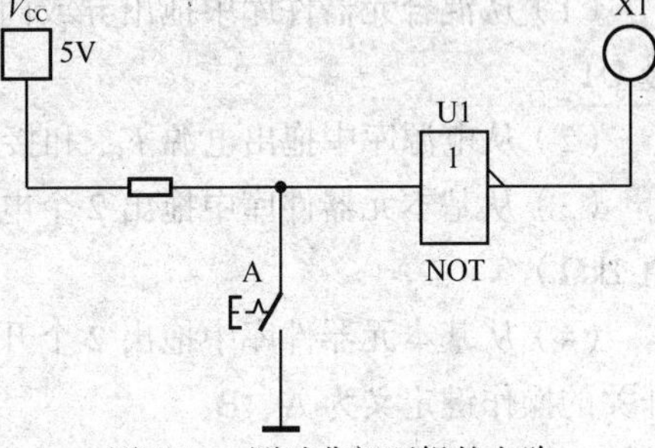

图 1-20　测试非门逻辑的电路

（7）按照表 1-18 中所示数据操作按键 A，并将输出结果填入表 1-18 中。

表 1-18　　非逻辑测试表

输入 A	输出 L
0	
1	

（8）检查测试结果是否符合非逻辑。

（四）仿真实验 4　测试与非门电路的逻辑功能

测试与非门逻辑的电路如图 1-21 所示，在 Multisim 2001 软件工作平台上操作步骤如下。

（1）从混合元器件库中拖出 2 输入端与非门逻辑符号 U1。

（2）从电源库中拖出电源 V_{CC} 和接地。

（3）从基本元器件库中拖出 2 个电阻（阻值 1kΩ）。

（4）从基本元器件库中拖出 2 个开关，将开关的操作键定义为 A、B。

（5）从显示器材库中拖出指示灯 X1。

（6）完成电路连接后按下仿真开关进行测试。

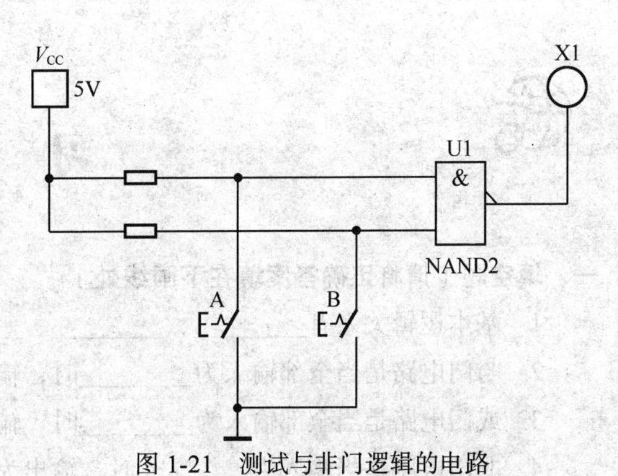

图 1-21　测试与非门逻辑的电路

（7）按照表 1-19 中所示数据操作按键 A 或 B，并将输出结果填入表 1-19 中。

表 1-19　与非逻辑测试表

输入 A	输入 B	输出 L
0	0	
0	1	
1	0	
1	1	

（8）检查测试结果是否符合与非逻辑。

（五）仿真实验 5　测试异或门电路的逻辑功能

测试异或门逻辑的电路如图 1-22 所示，在 Multisim 2001 软件工作平台上操作步骤如下。

（1）从混合元器件库中拖出异或门逻辑符号 U1。

（2）从电源库中拖出电源 V_{CC} 和接地。

（3）从基本元器件库中拖出 2 个电阻（阻值 1kΩ）。

（4）从基本元器件库中拖出 2 个开关，将开关的操作键定义为 A、B。

（5）从显示器材库中拖出指示灯 X1。

（6）完成电路连接后按下仿真开关进行测试。

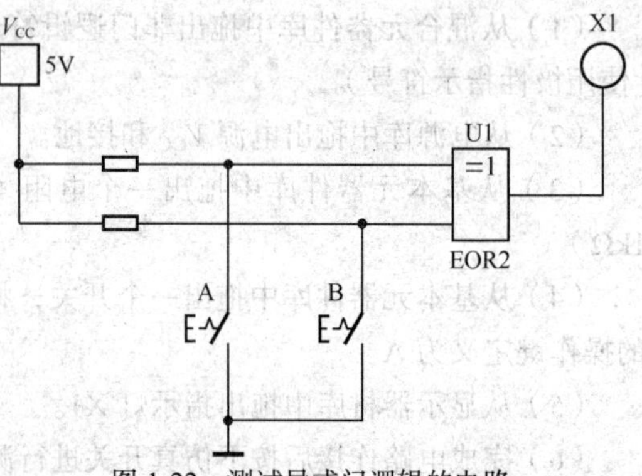

图 1-22　测试异或门逻辑的电路

（7）按照表 1-20 中所示数据操作按键 A 或 B，并将输出结果填入表 1-20 中。

表 1-20　异或逻辑测试表

输入 A	输入 B	输出 L
0	0	
0	1	
1	0	
1	1	

（8）检查测试结果是否符合异或逻辑。

习　题

一、填空题（请将正确答案填在下画线处）

1. 基本逻辑关系有________、________、________ 3 种。
2. 与门电路是当全部输入为________时，输出才为 1。
3. 或门电路是当全部输入为________时，输出才为 0。
4. 非门电路是当输入为________时，输出为 0；输入为________时，输出为 1。

5. “L 等于 A 与 B”的逻辑函数式为________。
6. “L 等于 A 或 B”的逻辑函数式为________。
7. “L 等于 A 非”的逻辑函数式为________。
8. “L 等于（A 与 B）非”的逻辑函数式为________。
9. “L 等于（A 或 B）非”的逻辑函数式为________。

二、选择题（请在下列选项中选择一个正确答案并填在括号内）

1. 2 输入端与非门电路在输入端为（　　）状态下输出为 0。
A. 00　　B. 01　　C. 10　　D. 11
2. 2 输入端或非门电路在输入端为（　　）状态下输出为 1。
A. 00　　B. 01　　C. 10　　D. 11

三、判断题（判断正误并在括号内填√或×）

1. 逻辑“1”大于逻辑“0”。（　　）
2. 逻辑“0”大于逻辑“1”。（　　）
3. 门电路可以有多个输出端。（　　）
4. 门电路可以有多个输入端。（　　）

四、问答题

1. 有 4 个开关 A、B、C、D 串联控制照明灯 L，试写出该电路的逻辑函数式。
2. 有 4 个开关 A、B、C、D 并联控制照明灯 L，试写出该电路的逻辑函数式。

五、绘图题

1. 已知某 2 输入端的与门电路输入波形如图 1-23 所示，试绘出输出波形 L。
2. 已知某 2 输入端的或门电路输入波形如图 1-24 所示，试绘出输出波形 L。

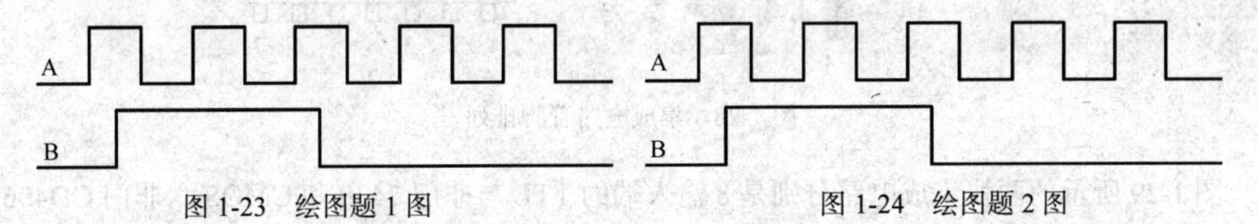

图 1-23　绘图题 1 图　　图 1-24　绘图题 2 图

3. 已知某非门电路输入波形如图 1-25 所示，试绘出输出波形 L。
4. 已知某两输入端的与非门电路输入波形如图 1-26 所示，试绘出输出波形 L。

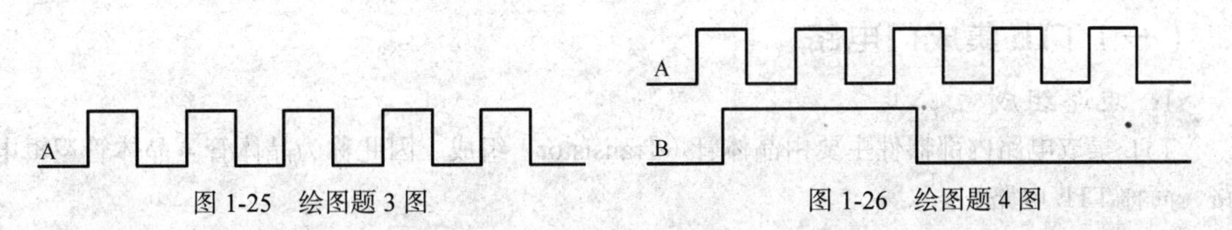

图 1-25　绘图题 3 图　　图 1-26　绘图题 4 图

5. 已知某两输入端的与非门电路输入波形如图 1-27 所示，试绘出输出波形 L。

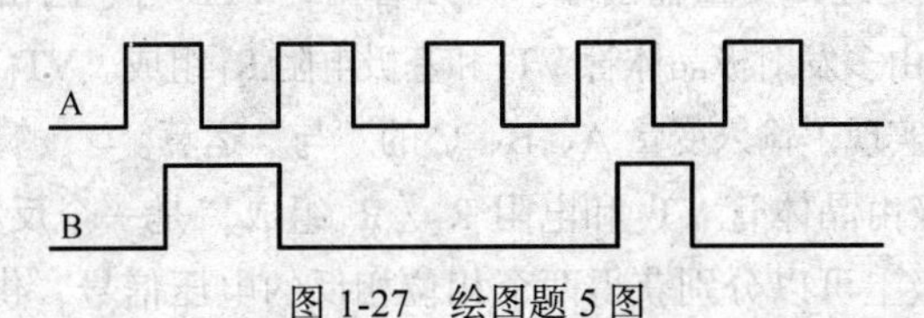

图 1-27　绘图题 5 图

项目四　集成门电路

一、项目分析

在数字控制系统中普遍使用集成电路，常用的集成门电路有 TTL 和 CMOS 两大类。了解集成门电路的结构、特性、工作原理和使用注意事项，有助于掌握数字电路的工作原理、正确使用和维护数字控制系统。

集电极开路门和三态门是具有特殊作用的门电路，在实际电路中应用广泛。

二、相关知识

集成电路可以将一个完整的逻辑电路中的全部元器件和连线制作在一块很小的半导体芯片上，它具有体积小，重量轻、速度快、功耗低、可靠性高等优点。

某 14 个管脚的集成电路外形如图 1-28 所示。其管脚排列为凹口处左下角管脚为 1，从顶端看按逆时针方向顺序编号。

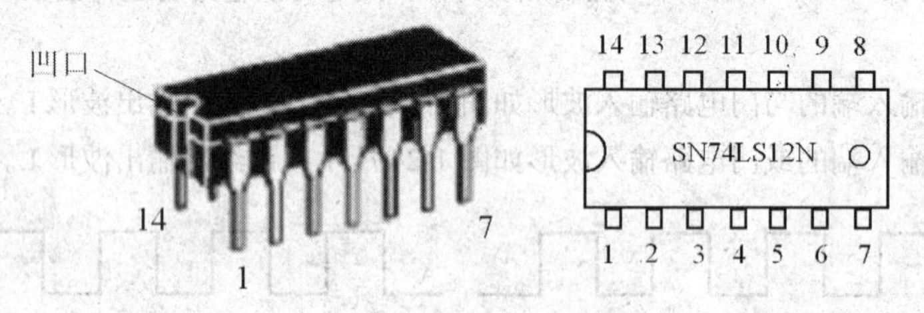

图 1-28　集成电路管脚排列

图 1-29 所示的两块集成电路分别是 8 输入端的 TTL 与非门 7430 和 CMOS 六非门 CD4069。图中 V_{CC} 和 GND 为 TTL 门电路的电源和地，V_{DD} 和 V_{SS} 为 CMOS 门电路的电源和地，NC 为空管脚，A，B，…，H 为逻辑输入端，Y 为逻辑输出端。CD4069 内部有 6 个相互独立的非门，各非门的编号分别为 A～F，如第 1 个非门的编号为 U1A。

（一）TTL 集成门电路

1. 电路组成

TTL 集成电路内部器件主要由晶体管（Transistor）组成，因此称为晶体管－晶体管逻辑电路，简称 TTL 电路。

典型的 TTL 与非门电路结构如图 1-30（a）所示，图 1-30（b）所示为其逻辑符号。A、B、C 是逻辑变量输入端，L 是逻辑变量输出端。可以看出，TTL 与非门由以下 3 部分组成。

（1）输入级。输入级由多发射极晶体管 VT_1 和基极电阻 R_1 组成。VT_1 的引入，不但提高了 TTL 与非门的工作速度，而且实现了输入变量 A、B、C 的“与”运算。

（2）中间级。中间级由晶体管 VT_2 和电阻 R_2、R_3 组成，是一个反相器，实现“非”运算。从 VT_2 的集电极和发射极上可以分别获得两个相位相反的电压信号，供给输出级使用。

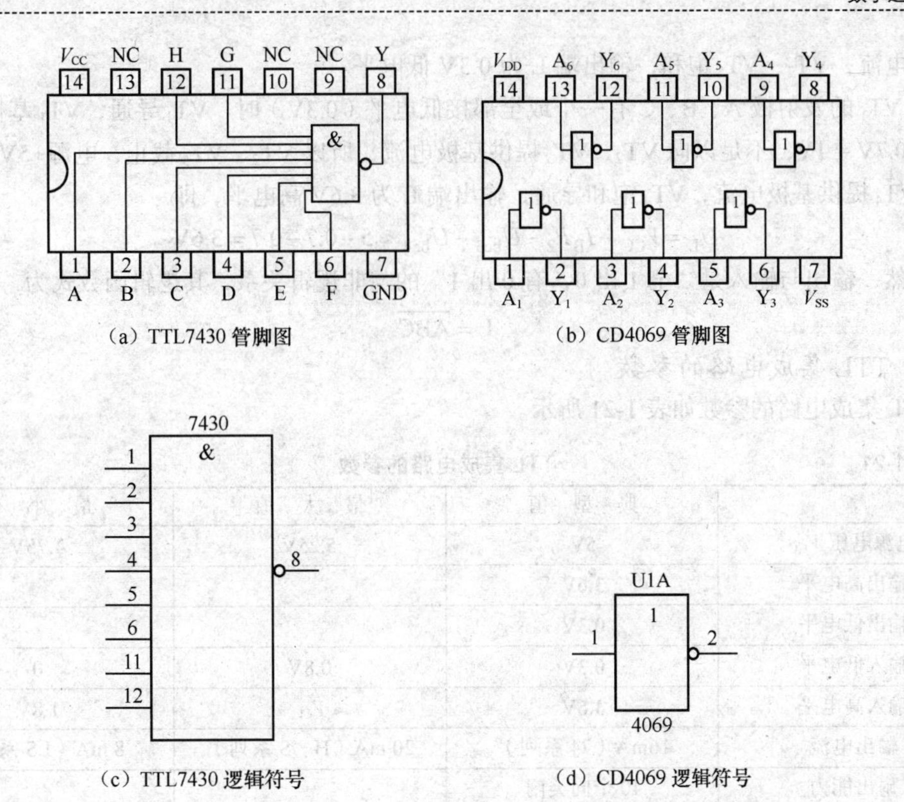

（a）TTL7430 管脚图　（b）CD4069 管脚图

（c）TTL7430 逻辑符号　（d）CD4069 逻辑符号

图 1-29　TTL 与非门 7430 和 CMOS 非门 CD4069

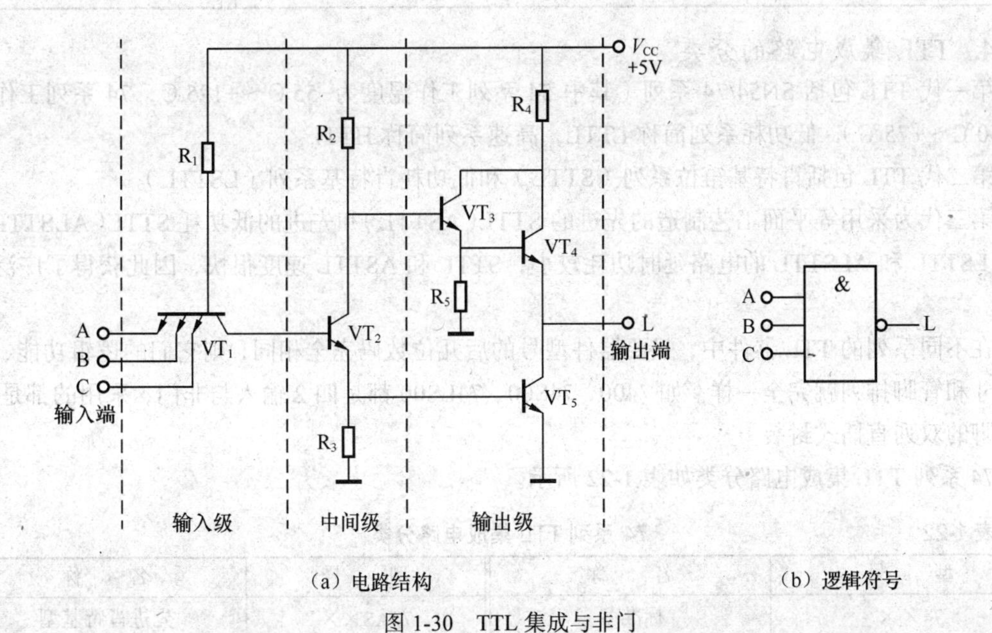

（a）电路结构　（b）逻辑符号

图 1-30　TTL 集成与非门

（3）输出级。输出级由晶体管 VT_3、VT_4、VT_5 和电阻 R_4、R_5 组成，其中 VT_3 和 VT_4 构成复合管。由于复合管与 VT_5 的基极信号相反，所以当 VT_5 导通时，VT_4 截止；VT_4 导通时，VT_5 截止。这种电路形式称为推挽式结构，具有较强的带负载能力。

2. 工作原理

当 VT_1 的发射极 A、B、C 均接高电平时，电源+5V 经 R_1、VT_1（BC 结）向 VT_2、VT_5 提

供基极电流，VT_2、VT_5饱和，输出端 L 为 0.3V 低电平。

当 VT_1 的发射极 A、B、C 有一个或全部接低电平（0.3V）时，VT_1 导通，VT_1 基极电位为 0.3V + 0.7V = 1V，不足以向 VT_2、VT_5 提供基极电流，所以 VT_2、VT_5 截止，电源+5V 经 R_2 向 VT_3、VT_4 提供基极电流，VT_4 饱和导通，输出端 L 为 3.6V 高电平，即

$$U_L = V_{CC} - I_B R_2 - U_{be3} - U_{be4} \approx 5 - 0.7 - 0.7 = 3.6\text{V}$$

显然，输出与输入是“全 1 出 0，有 0 出 1”的与非逻辑关系，其逻辑函数式为

$$L = \overline{ABC}$$

3. TTL 集成电路的参数

TTL 集成电路的参数如表 1-21 所示。

表 1-21　　TTL 集成电路的参数

	典型值	最大值	最小值
电源电压 V_{CC}	5V	5.25V	4.75V
输出高电平	3.6V		
输出低电平	0.3V		
输入低电平	0.3V	0.8V	0
输入高电平	3.6V	V_{CC}	1.8V
输出电流	16mA（74 系列）	20 mA（H、S 系列）	8 mA（LS 系列）
扇出能力	40 个同类门		
频率特性	<35MHz		

4. TTL 集成电路的分类

第一代 TTL 包括 SN54/74 系列（其中 54 系列工作温度为−55℃～+125℃，74 系列工作温度为 0℃～+75℃），低功耗系列简称 LTTL，高速系列简称 HTTL。

第二代 TTL 包括肖特基箝位系列（STTL）和低功耗肖特基系列（LSTTL）。

第三代为采用等平面工艺制造的先进的 STTL（ASTTL）和先进的低功耗 STTL（ALSTTL）。由于 LSTTL 和 ALSTTL 的电路延时功耗较小，STTL 和 ASTTL 速度很快，因此获得了广泛的应用。

在不同系列的 TTL 器件中，只要器件型号的后几位数码完全相同，则它们的逻辑功能、外形尺寸和管脚排列就完全一样。如 7400、74S00、74LS00 都是四 2 输入与非门，采用的都是 14 个管脚的双列直插式封装。

74 系列 TTL 集成电路分类如表 1-22 所示。

表 1-22　　74 系列 TTL 集成电路分类

型号	名称	型号	名称
74××	标准型	74AS××	先进肖特基型
74LS××	低功耗肖特基型	74ALS××	先进低功耗肖特基型
74S××	肖特基型	74F××	高速型

5. 判断 TTL 集成电路好坏的方法

用万用表电阻挡测试 74 系列 TTL 集成电路，正常阻值如表 1-23 所示。万用表的红表笔接电源负极脚，黑表笔接其他脚为正向测试，反之为反向测试。

表 1-23　　　　74 系列 TTL 集成电路正常阻值

测 试 种 类	正向电阻值	反向电阻值
电源正极与负极之间	十几 kΩ～100kΩ	7kΩ
其他管脚与负极之间	100kΩ～∞	7～10kΩ

如果测量阻值接近正常阻值，可以初步判断集成电路是好的。比较可靠的方法是用对比法，先测出好的同型号集成电路各管脚的阻值，再去比较被测试集成电路相应管脚的阻值，如果两者阻值接近，可以认为被测试集成电路基本上是好的。

6. TTL 集成电路使用注意事项

TTL 电路的电源电压范围很窄，通常为 4.75～5.25V，典型值为 V_{CC} = 5V。输入信号电压不得高于 V_{CC}，也不得低于 GND（地电位）。

不能带电插拔集成电路，必须在拔插前切断电源。

集成电路及其引线应远离脉冲高压源等装置。

连接集成电路的引线要尽量短。

7. TTL 集成电路多余输入、输出端的处理

TTL 集成电路的多余输入端最好不要悬空。虽然悬空相当于高电平，并不影响“与门、与非门”的逻辑关系，但悬空容易受干扰，有时会造成电路误动作。因此，多余输入端要根据实际需要作适当处理。例如，“与门、与非门”的多余输入端可直接接到电源 V_{CC} 上或将多余的输入端与正常使用的输入端并联使用。对于“或门、或非门”的多余输入端应直接接地。

对于多余的输出端，应该悬空处理，决不允许直接接到电源或地。否则会产生过大的短路电流而使器件损坏。

（二）CMOS 集成门电路

CMOS 集成门电路由绝缘栅场效应管组成，与 TTL 集成门电路相比，具有制造工艺简单、集成度高、输入阻抗高、体积小、功耗低、抗干扰能力强等优点，缺点是工作速度较低。

1. CMOS 集成非门

CMOS 非门电路结构和逻辑符号如图 1-31 所示。VT_1 是 NMOS 管，源极接地，称为驱动管；VT_2 是 PMOS 管，源极接电源+V_{DD}，称为负载管。两管的栅极相连，作为信号输入端 A；两管的漏极相连，作为信号输出端 L。

当 A 为高电平时，VT_1 管导通，VT_2 管截止，输出端 L 为低电平。

当 A 为低电平时，VT_2 管导通，VT_1 管截止，输出端 L 为高电平。

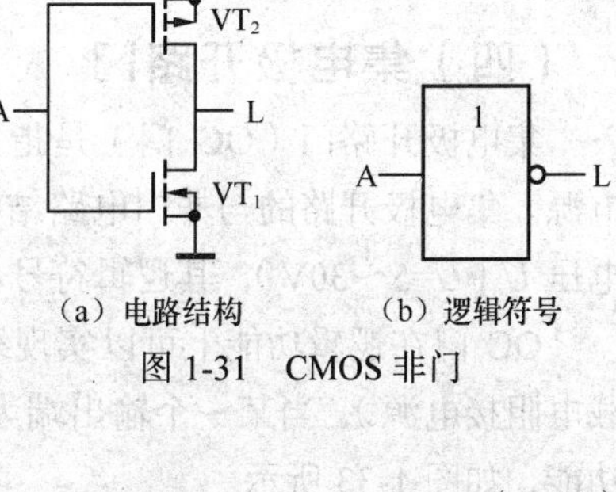

（a）电路结构　　（b）逻辑符号

图 1-31　CMOS 非门

输出与输入之间符合“非”逻辑关系，即

$$L = \overline{A} \qquad (1\text{-}30)$$

2. 使用 CMOS 型集成电路应注意的问题

CMOS 器件是用一层极薄的二氧化硅材料作为电极的绝缘层，如果电极上有较高的电压，绝缘层易被击穿而损坏。因此，使用 CMOS 器件应注意以下几个问题。

（1）手拿 CMOS 器件时，应拿芯片的两头，尽量避免碰其管脚。

（2）在焊接中应尽量使用集成电路插座，待焊接完成后再插入 CMOS 集成电路。

（3）保存 CMOS 器件时，应插在导电泡沫橡胶上或用锡箔纸包好。

（4）CMOS 器件输入端不能悬空，必须与逻辑电路输出端相连，或按逻辑要求经电阻接 V_{DD}（电源正极）或 V_{SS}（电源负极），否则会由于感应静电或各种脉冲信号造成干扰，破坏电路逻辑状态，甚至损坏集成电路。

（5）在未加电源电压的情况下，不允许在 CMOS 集成电路输入端接入信号。开机时，应先加电源电压，再加输入信号；关机时，应先关掉输入信号，再切断电源。

（6）CMOS 集成电路输出端不允许与 V_{DD} 或 V_{SS} 直接短接。一般情况下，不同的集成电路输出端不得直接并联，但对于同一块集成电路功能相同的输出端，为了增加驱动能力可以并接。

（7）CMOS 器件一般输出电流驱动能力都比较小，若直接驱动发光二极管，其工作电流不能像 TTL 器件那样大，可以采用同片相同功能输出端并联的方法，提高驱动能力。

（8）CMOS 集成电路的信号输入端电压不应超过电源电压 V_{DD} 或低于地电位；输入端电流的最大定额为 10mA。

（9）当 CMOS 集成电路与 TTL 集成电路电源电压不相等时，逻辑功能端通常不能直接连接。如果相等，可以直接连接。

（三）TTL 集成电路与 CMOS 集成电路的区别

1．从型号上区别

TTL 型集成电路型号上标有 74××××。

CMOS 型集成电路型号上标有 CC××××、CD××××、HD××××。

2．从电源电压上区别

TTL 型集成电路的电源电压为 5V；电源符号是 V_{CC}，接地符号是 GND。

CMOS 型集成电路的电源电压为 3～18V；电源符号是 V_{DD}，接地符号是 V_{SS}。

3．从输出电压的动态范围上区别

TTL 型集成电路输出电压高电平为 3.6V，低电平为 0.3V，动态范围是 3.3V。

CMOS 型集成电路输出电压高电平接近电源电压，低电平为 0V，动态范围是整个电源电压。

（四）集电极开路门

集电极开路门（OC 门）是指集成电路输出级晶体管的集电极上无负载电阻，也没有连接电源。集电极开路的与非门电路结构如图 1-32（a）所示，工作时需要外接负载电阻 R 和驱动电压 U（U=5～30V），其逻辑符号如图 1-32（b）所示。

OC 门在逻辑功能上可以实现线与，即两个以上的 OC 门的输出端可以直接连接（通过负载电阻接电源），当某一个输出端为低电平时，公共输出端 L 为低电平，即实现“线与”逻辑功能，如图 1-33 所示。

图 1-33 所示电路的逻辑函数式为

$$L = \overline{ABC} \cdot \overline{DEF} = \overline{ABC + DEF}$$

OC 门的另一个作用是可以变换输出电压，其输出电压值由外接电源电压 U 确定。

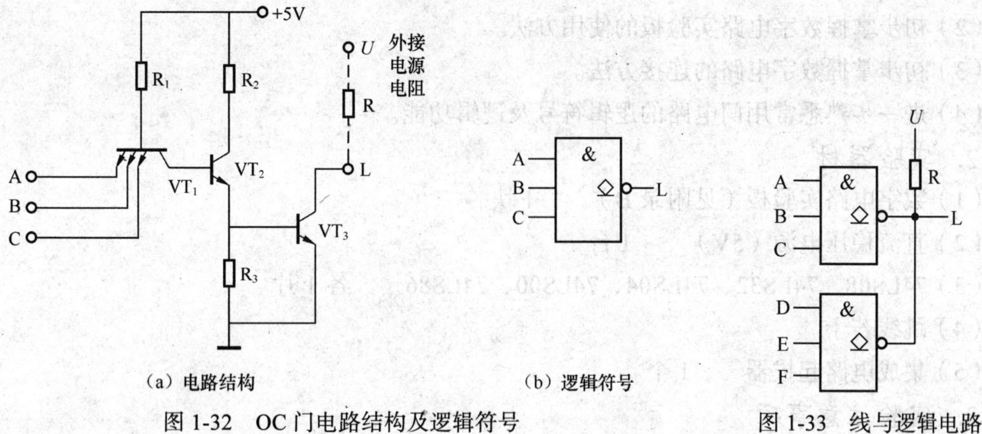

图 1-32　OC 门电路结构及逻辑符号

图 1-33　线与逻辑电路

（五）三态门

在三态输出的门电路中，输出端除了有高电平和低电平两种可能的状态以外，还有第 3 种可能的状态——高阻态（Z）。三态与非门的电路结构和逻辑符号如图 1-34 所示，除了输入端、输出端外还有一个使能端 EN，使能端有个小圆圈表示低电平有效，使能端没有小圆圈则表示高电平有效。

由图 1-34（a）可见，当使能端 $\overline{EN}=1$ 时，VT_7 导通，VT_1、VD_8 导通，VT_2、VT_4、VT_5 同时截止，这时从外向输出端看去，电路输出端呈现高阻态（Z），即输出端与外部连接线路隔离。当使能端 $\overline{EN}=0$ 时，VT_6 导通，VT_7、VD_8 截止，此时三态门就是普通的 TTL 与非门，按与非逻辑 $L=\overline{AB}$ 工作。

三态门（TSL）的特点使得在一根导线（常称为总线）上可以连接多个三态门的输出端，轮流接收来自不同三态门的输出信号。当然，在接收某个三态门信号时，其他三态门必须处于高阻态。例如，图 1-35 所示的总线上并接了两个三态倒相门 G_1 和 G_2，当控制信号 EN = 0 时，G_1 门工作，G_2 门处于高阻态，总线信号 $L=\overline{A_1}$；当 EN = 1 时，G_2 门工作，G_1 门处于高阻态，总线信号 $L=\overline{A_2}$。

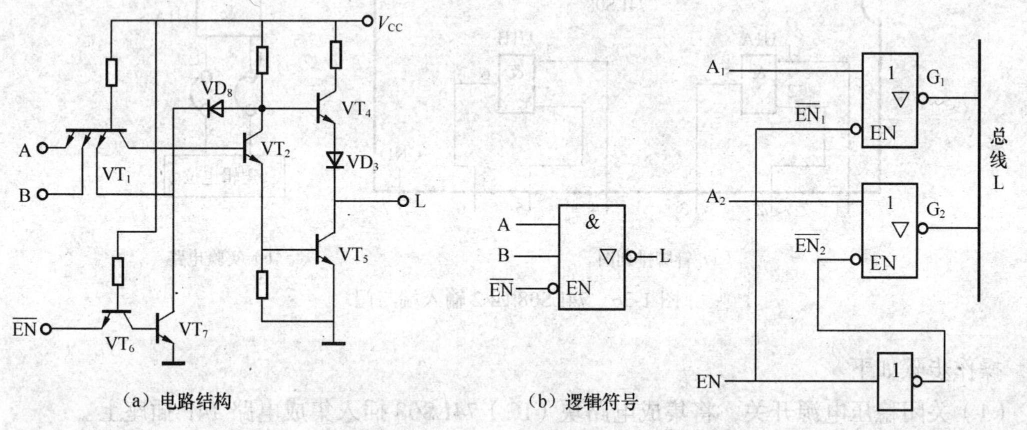

图 1-34　三态与非门

图 1-35　三态门用于总线信号传送电路

三、项目实施

1. 实验目的

（1）认识常用逻辑门集成电路芯片及其功能管脚的排列。

（2）初步掌握数字电路实验板的使用方法。

（3）初步掌握数字电路的连接方法。

（4）进一步熟悉常用门电路的逻辑符号及逻辑功能。

2. 实验器材

（1）数字电路实验板（见附录B）　　1块

（2）直流稳压电源（5V）　　1台

（3）74LS08、74LS32、74LS04、74LS00、74LS86　　各1片

（4）跳线若干

（5）集成电路起拔器　　1个

3. 实验注意事项

（1）不要在带电状态下插拔集成电路，否则容易造成集成电路内部电路损坏。

（2）安装集成电路芯片时要注意缺口方向，起拔集成电路芯片时要用集成电路起拔器。

（3）TTL电路（OC门和三态门除外）的输出端不允许并联使用，也不允许直接与+5V电源或地线相连，否则将会损坏电路。

（4）应仔细检查、核对线路是否连接正确，经指导教师检查后再接通电源。

（一）实验1　测试74LS08与门逻辑功能

74LS08芯片上集成了4个2输入端的与门，每个与门的编号分别是U1A、U1B、U1C和U1D，其管脚排列如图1-36（a）所示，实验电路如图1-36（b）所示。

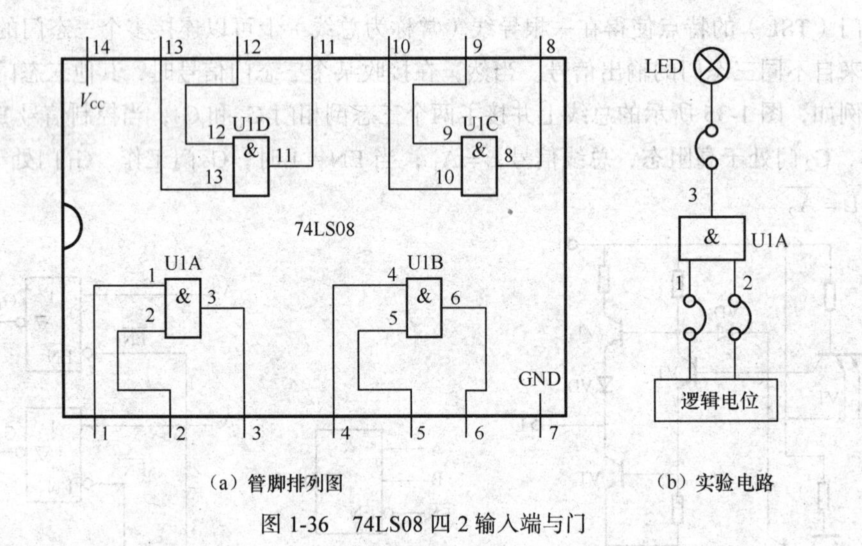

（a）管脚排列图　　（b）实验电路

图1-36　74LS08四2输入端与门

操作步骤如下。

（1）关闭稳压电源开关，将集成电路块（IC）74LS08插入集成电路14P插座上。

（2）将+5V电源接到IC的管脚14，将电源负极接到IC的管脚7。

（3）将逻辑门的输入端1、2用跳线接到逻辑电位上，高电平为逻辑1，低电平为逻辑0。

（4）将逻辑门的输出端3用跳线接到LED指示器上，LED亮为逻辑1，不亮为逻辑0。

（5）改变输入端的电位，并将测试结果记入表1-24中。

表 1-24　　74LS08 与门逻辑测试表

输入端 1	输入端 2	输出端 3
0	0	
0	1	
1	0	
1	1	

（6）检查测试结果是否符合与门逻辑。

（二）实验 2　测试 74LS32 或门逻辑功能

74LS32 芯片上集成了 4 个 2 输入端的或门，其管脚排列如图 1-37（a）所示，实验电路如图 1-37（b）所示。

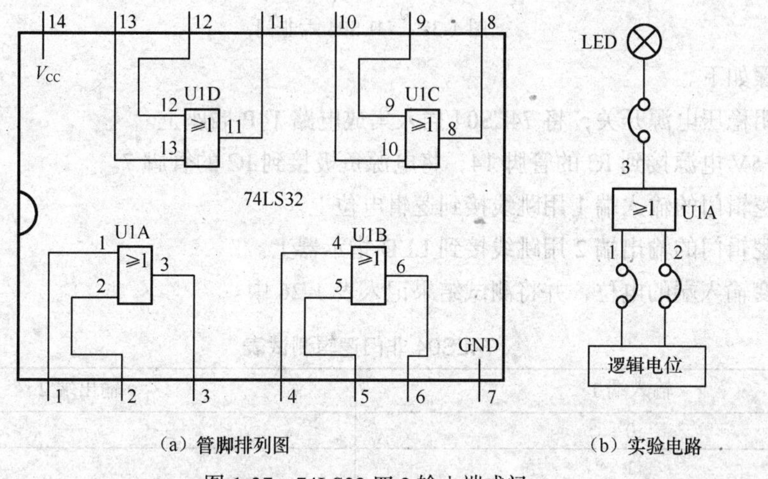

（a）管脚排列图　　（b）实验电路

图 1-37　74LS32 四 2 输入端或门

操作步骤如下。

（1）关闭稳压电源开关，将 74LS32 插入集成电路 14P 插座上。

（2）将+5V 电源接到 IC 的管脚 14，将电源负极接到 IC 的管脚 7。

（3）将逻辑门的输入端 1、2 用跳线接到逻辑电位上。

（4）将逻辑门的输出端 3 用跳线接到 LED 指示器上。

（5）改变输入端的电位，并将测试结果记入表 1-25 中。

表 1-25　　74LS32 或门逻辑测试表

输入端 1	输入端 2	输出端 3
0	0	
0	1	
1	0	
1	1	

（6）检查测试结果是否符合或门逻辑。

（三）实验 3　测试 74LS04 非门逻辑功能

74LS04 芯片上集成了 6 个非门，其管脚排列如图 1-38（a）所示，实验电路如图 1-38（b）所示。

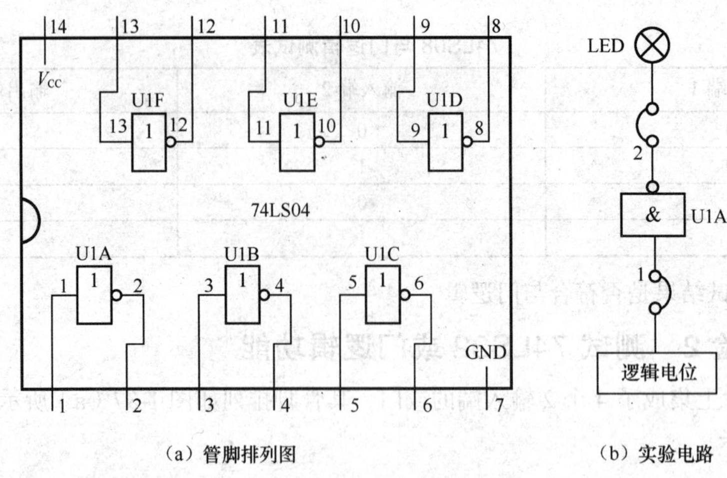

（a）管脚排列图　　（b）实验电路

图 1-38　74LS04 六非门

操作步骤如下。

（1）关闭稳压电源开关，将 74LS04 插入集成电路 14P 插座上。

（2）将+5V 电源接到 IC 的管脚 14，将电源负极接到 IC 的管脚 7。

（3）将逻辑门的输入端 1 用跳线接到逻辑电位上。

（4）将逻辑门的输出端 2 用跳线接到 LED 指示器上。

（5）改变输入端的电位，并将测试结果记入表 1-26 中。

表 1-26　74LS04 非门逻辑测试表

输入端 1	输出端 2
0	
1	

（6）检查测试结果是否符合非门逻辑。

（四）实验 4　测试 74LS00 与非门逻辑功能

74LS00 芯片上集成了 4 个 2 输入端的与非门，其管脚排列如图 1-39（a）所示，实验电路如图 1-39（b）所示。

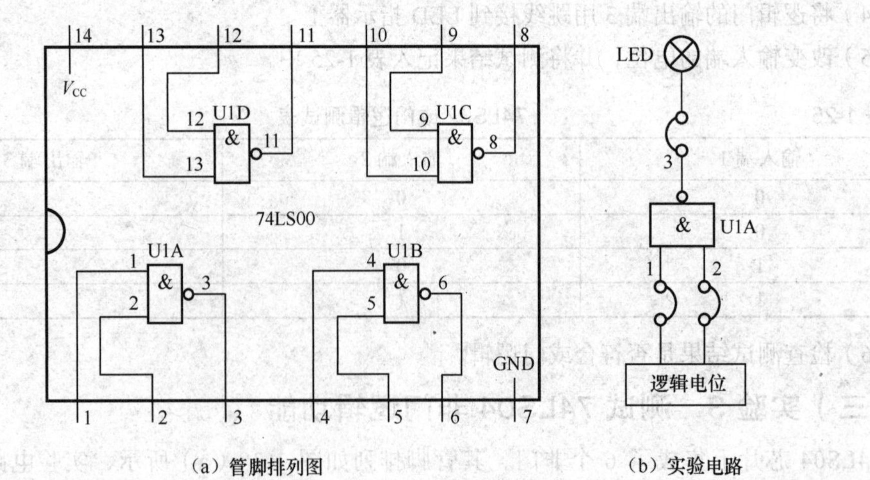

（a）管脚排列图　　（b）实验电路

图 1-39　74LS00 四 2 输入端与非门

操作步骤如下。

（1）关闭稳压电源开关，将 74LS00 插入集成电路 14P 插座上。

（2）将+5V 电源接到 IC 的管脚 14，将电源负极接到 IC 的管脚 7。

（3）将逻辑门的输入端 1、2 用跳线接到逻辑电位上。

（4）将逻辑门的输出端 3 用跳线接到 LED 指示器上。

（5）改变输入端的电位，并将测试结果记入表 1-27 中。

表 1-27　　74LS00 与非门逻辑测试表

输入端 1	输入端 2	输出端 3
0	0	
0	1	
1	0	
1	1	

（6）检查测试结果是否符合与非门逻辑。

（五）实验 5　测试 74LS86 异或门逻辑功能

74LS86 芯片上集成了 4 个异或门，其管脚排列如图 1-40（a）所示，实验电路如图 1-40（b）所示。

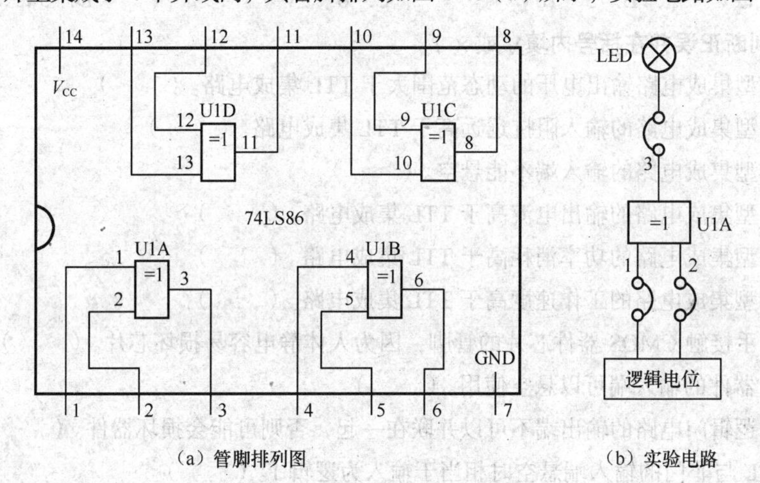

（a）管脚排列图　　（b）实验电路

图 1-40　74LS86 四异或门

操作步骤如下。

（1）关闭稳压电源开关，将 74LS86 插入集成电路 14P 插座上。

（2）将+5V 电源接到 IC 的管脚 14，将电源负极接到 IC 的管脚 7。

（3）将逻辑门的输入端 1、2 用跳线接到逻辑电位上。

（4）将逻辑门的输出端 3 用跳线接到 LED 指示器上。

（5）改变输入端的电位，并将测试结果记入表 1-28 中。

表 1-28　　74LS86 异或门逻辑测试表

输入端 1	输入端 2	输出端 3
0	0	
0	1	
1	0	
1	1	

（6）检查测试结果是否符合异或门逻辑。

习 题

一、填空题（请将正确答案填在下画线处）

1. 数字电路中使用的集成门电路按使用器件可分成________和________两类。
2. 集成电路具有________、________、________、________、________等优点。
3. 三态门的 3 种输出状态分别是________、________和________。
4. 使用________门可以实现总线结构。

二、选择题（请在下列选项中选择一个正确答案并填在括号内）

1. TTL 集成电路使用的电源电压典型值是（　　）。

A. 12V　　B. 3V　　C. 6V　　D. 5V

2. CMOS 集成电路的使用的电源电压范围是（　　）。

A. 0～12V　　B. 3～18V　　C. 6～9V　　D. 5V

三、判断题（判断正误并在括号内填√或×）

1. CMOS 型集成电路输出电压的动态范围大于 TTL 集成电路。（　　）
2. CMOS 型集成电路的输入阻抗远远高于 TTL 集成电路。（　　）
3. CMOS 型集成电路的输入端不能悬空。（　　）
4. CMOS 型集成电路的输出电流高于 TTL 集成电路。（　　）
5. CMOS 型集成电路的功率消耗高于 TTL 集成电路。（　　）
6. CMOS 型集成电路的工作速度高于 TTL 集成电路。（　　）
7. 不要用手接触 CMOS 器件芯片的管脚，因为人体静电容易损坏芯片。（　　）
8. CMOS 器件的输入端可以悬空使用。（　　）
9. 普通的逻辑门电路的输出端不可以并联在一起，否则可能会损坏器件。（　　）
10. 当 TTL 与非门的输入端悬空时相当于输入为逻辑 1。（　　）
11. 三态门高阻状态时，相当于输出端悬空。（　　）
12. 三态门的 3 种状态分别为：高电平、低电平、1/2 高电压。（　　）
13. OC 门工作时需要外接电源和负载电阻。（　　）
14. 一般 TTL 门电路的输出端可以直接相连，实现线与。（　　）

项目五　逻辑代数定律与逻辑化简

一、项目分析

在数字电路中，相同的逻辑功能可以用不同的逻辑函数式来表示，它们的简繁程度不一。逻辑函数式越简单与之对应的逻辑电路也越简单，使用的器件少，可靠性高，不仅降低了成本，而且功耗也相应减小，所以化简逻辑有其重要意义。常用的化简工具是逻辑代数定律、卡诺图和相应的计算机仿真软件。

“与或”式是最基本的逻辑函数式，逻辑化简的目的是消去“与或”逻辑函数式中多余的乘积项和多余的逻辑变量。最简“与或”逻辑函数式的标准是：

（1）逻辑函数式中乘积项的个数最少；

（2）每个乘积项中的逻辑变量数最少。

二、相关知识

逻辑代数和普通代数一样也用字母表示变量，但是，逻辑代数的变量取值只有“1”和“0”两种，即所谓逻辑“1”和逻辑“0”，没有第3种可能。这里“1”和“0”所表示的不是数量的大小，而是两种不同的状态（如开关的通、断，电压的高、低，事物的真、假等），这是它与普通代数本质上的区别。

（一）逻辑代数运算规则和基本定律

1. 运算规则

逻辑代数的运算规则如表1-29所示。

表1-29　逻辑代数运算规则

逻　辑　乘	逻　辑　加	反　转　律
$A\times 0=0$	$A+0=A$	$\overline{\overline{A}}=A$
$A\times 1=A$	$A+1=1$	
$A\times A=A$	$A+A=A$	
$A\times\overline{A}=0$	$A+\overline{A}=1$	

2. 交换律、结合律和分配律

逻辑代数的交换律、结合律和分配律如表1-30所示。

表1-30　逻辑代数交换律、结合律和分配律

交换律	$A+B=B+A$
	$AB=BA$
结合律	$A+B+C=(A+B)+C=A+(B+C)$
	$ABC=(AB)C=A(BC)$
分配律	$A(B+C)=AB+AC$
	$A+BC=(A+B)(A+C)$

例如：证明分配律 $A+BC=(A+B)(A+C)$

证明：右边 $=AA+AC+AB+BC=A+AC+AB+BC=A(1+C+B)+BC=A+BC=$ 左边　证毕。

3. 吸收律

逻辑代数的吸收律如表1-31所示。

表1-31　逻辑代数吸收律

吸　收　律	证　　明
$A+AB=A$	$A+AB=A(1+B)=A$
$A(A+B)=A$	$A(A+B)=AA+AB=A+AB=A(1+B)=A$
$A+\overline{A}B=A+B$	$A+B=(A+\overline{A})(A+B)=A+AB+\overline{A}B=A+\overline{A}B$

4．摩根定律

逻辑代数的摩根定律如表 1-32 所示。

表 1-32　　逻辑代数摩根定律

摩 根 定 律	摩根定律的推广式
$\overline{AB}=\overline{A}+\overline{B}$	$\overline{A\cdot B\cdot C\cdots}=\overline{A}+\overline{B}+\overline{C}+\cdots$
$\overline{A+B}=\overline{A}\cdot\overline{B}$	$\overline{A+B+C+\cdots}=\overline{A}\cdot\overline{B}\cdot\overline{C}\cdots$

例如：证明　$ABC+\overline{A}+\overline{B}+\overline{C}=1$

证明：根据摩根定律　　左边 $=ABC+\overline{ABC}=1=$ 右边　证毕。

（二）公式化简法

1．用并项法化简逻辑函数

运用公式 $A+\overline{A}=1$，将两项合并为一项，消去一个变量。

【例题 1-15】　化简函数　$L=A(BC+\overline{B}\,\overline{C})+A(B\overline{C}+\overline{B}C)$

解：

$$
\begin{aligned}
L&=A(BC+\overline{B}\,\overline{C})+A(B\overline{C}+\overline{B}C)\\
&=ABC+A\overline{B}\,\overline{C}+AB\overline{C}+A\overline{B}C\\
&=AB(C+\overline{C})+A\overline{B}(C+\overline{C})\\
&=AB+A\overline{B}\\
&=A(B+\overline{B})\\
&=A
\end{aligned}
$$

2．用吸收法化简逻辑函数

运用吸收律 A+AB=A，消去多余的与项。例如

$$L=A\overline{B}+A\overline{B}(C+DE)=A\overline{B}$$

3．用消去法化简逻辑函数

运用吸收律 $A+\overline{A}B=A+B$ 消去多余的逻辑变量。例如

$$L=\overline{A}+AB+\overline{B}E=\overline{A}+B+\overline{B}E=\overline{A}+B+E$$

4．用配项法化简逻辑函数

先通过乘以 $A+\overline{A}$ 或加上 $A\overline{A}$，增加必要的乘积项，再进行化简。

【例题 1-16】　化简函数 $L=A\overline{B}+B\overline{C}+\overline{B}C+\overline{A}B$

解：

$$
\begin{aligned}
L&=A\overline{B}+B\overline{C}+\overline{B}C+\overline{A}B\\
&=A\overline{B}+B\overline{C}+(A+\overline{A})\overline{B}C+\overline{A}B(C+\overline{C})\\
&=A\overline{B}+B\overline{C}+A\overline{B}C+\overline{A}\,\overline{B}C+\overline{A}BC+\overline{A}B\overline{C}\\
&=A\overline{B}+B\overline{C}+\overline{A}C
\end{aligned}
$$

在化简逻辑函数时，要灵活运用上述方法，才能化为最简逻辑函数式。

（三）卡诺图化简法

1. 逻辑函数的最小项与真值表

每一个逻辑函数所表达的逻辑关系都可由与其对应的一张真值表加以描述，逻辑真值表通常包含逻辑变量的全部取值组合。取 0 值的变量称为反变量，取 1 值的变量称为原变量。这种包含全部变量的乘积项称做变量的“最小项”，用 m_n 表示，在某一个最小项中每个变量只能以原变量或反变量的形式出现一次。

例如，A、B 两个变量的最小项有 $\overline{A}\,\overline{B}$、$\overline{A}B$、$A\overline{B}$和 AB，共 4 个（即 2^2个）。同理，三变量的最小项有 2^3 个，四变量的最小项有 2^4 个。依此类推，*n* 个变量的最小项有 2^n 个。

表 1-33、表 1-34 和表 1-35 分别是两变量、三变量和四变量逻辑函数真值表中最小项的基本形式。

表 1-33　　两变量逻辑真值表中最小项形式

AB	L=f(A,B)	AB	L=f(A,B)
0 0	$m_0=\overline{A}\,\overline{B}$	10	$m_2=A\overline{B}$
01	$m_1=\overline{A}B$	11	$m_3=AB$

表 1-34　　三变量逻辑真值表中最小项形式

ABC	L=f(A,B,C)	ABC	L=f(A,B,C)
000	$m_0=\overline{A}\,\overline{B}\,\overline{C}$	100	$m_4=A\overline{B}\,\overline{C}$
001	$m_1=\overline{A}\,\overline{B}C$	101	$m_5=A\overline{B}C$
010	$m_2=\overline{A}B\overline{C}$	110	$m_6=AB\overline{C}$
011	$m_3=\overline{A}BC$	111	$m_7=ABC$

表 1-35　　四变量逻辑真值表中最小项形式

ABCD	L=f(A,B,C,D)	ABCD	L=f(A,B,C,D)
0000	$m_0=\overline{A}\,\overline{B}\,\overline{C}\,\overline{D}$	1000	$m_8=A\overline{B}\,\overline{C}\,\overline{D}$
0001	$m_1=\overline{A}\,\overline{B}\,\overline{C}D$	1001	$m_9=A\overline{B}\,\overline{C}D$
0010	$m_2=\overline{A}\,\overline{B}C\overline{D}$	1010	$m_{10}=A\overline{B}C\overline{D}$
0011	$m_3=\overline{A}\,\overline{B}CD$	1011	$m_{11}=A\overline{B}CD$
0100	$m_4=\overline{A}B\overline{C}\,\overline{D}$	1100	$m_{12}=AB\overline{C}\,\overline{D}$
0101	$m_5=\overline{A}B\overline{C}D$	1101	$m_{13}=AB\overline{C}D$
0110	$m_6=\overline{A}BC\overline{D}$	1110	$m_{14}=ABC\overline{D}$
0111	$m_7=\overline{A}BCD$	1111	$m_{15}=ABCD$

【例题 1-17】　写出逻辑函数 L = A(B + C)的真值表。

解： 函数有 3 个变量 A、B、C，全部变量的组合数为 $2^3 = 8$ 种，用配项法将逻辑函数式转换为标准的与或式（最小项式）。按原变量对应 1，反变量对应 0 的关系，确定各最小项的值，做出的真值表如表 1-36 所示。

$$\begin{aligned}L&=A(B+C)\\&=AB+AC\\&=AB(C+\overline{C})+AC(B+\overline{B})\\&=ABC+AB\overline{C}+ABC+A\overline{B}C\\&=ABC+AB\overline{C}+A\overline{B}C\end{aligned}$$

表 1-36　　　　　　　　　　　　L = A(B + C)真值表

ABC	L = A(B + C)	ABC	L = A(B + C)
000	0	100	0
001	0	101	1
010	0	110	1
011	0	111	1

2. 卡诺图的制作

将函数自变量的组合看成是函数的坐标，则在真值表中，坐标是按一维方式排列的。如果将函数的坐标分成两组，按行和列两个方向排列（其中两坐标按循环码，次序是 00，01，11，10），称为卡诺图。图 1-41（a）、（b）、（c）所示分别为二变量卡诺图、三变量卡诺图和四变量卡诺图。

【例题 1-18】　制作逻辑函数 L = A(B+C)的卡诺图。

解：① 将逻辑函数式转换为标准的与或式。

$$L=A(B+C)=ABC+AB\overline{C}+A\overline{B}C=m_7+m_6+m_5$$

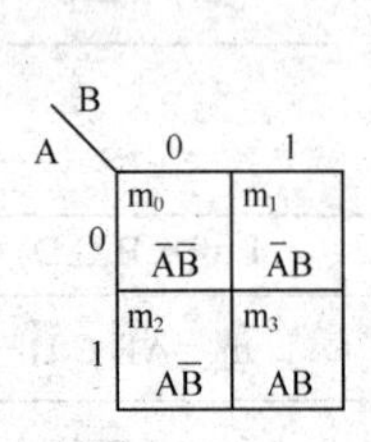

（a）二变量卡诺图

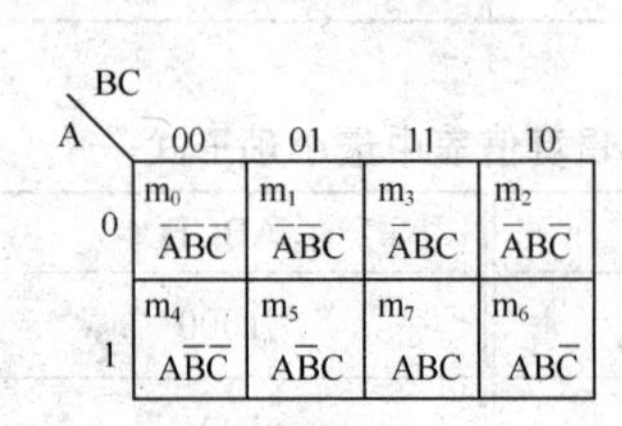

（b）三变量卡诺图

AB \ CD	00	01	11	10
00	m_0 $\overline{A}\,\overline{B}\,\overline{C}\,\overline{D}$	m_1 $\overline{A}\,\overline{B}\,\overline{C}D$	m_3 $\overline{A}\,\overline{B}CD$	m_2 $\overline{A}\,\overline{B}C\overline{D}$
01	m_4 $\overline{A}B\overline{C}\,\overline{D}$	m_5 $\overline{A}B\overline{C}D$	m_7 $\overline{A}BCD$	m_6 $\overline{A}BC\overline{D}$
11	m_{12} $AB\overline{C}\,\overline{D}$	m_{13} $AB\overline{C}D$	m_{15} $ABCD$	m_{14} $ABC\overline{D}$
10	m_8 $A\overline{B}\,\overline{C}\,\overline{D}$	m_9 $A\overline{B}\,\overline{C}D$	m_{11} $A\overline{B}CD$	m_{10} $A\overline{B}C\overline{D}$

（c）四变量卡诺图

图 1-41　卡诺图

② 画出三变量的空白卡诺图，然后在 3 个最小项所在的方格中填入 1（其余格中的 0 可以不填入），得到的卡诺图如图 1-42 所示。

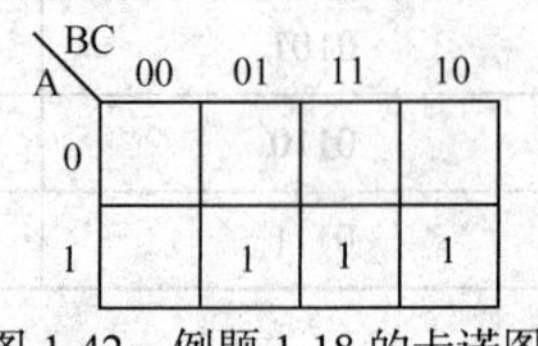

图 1-42　例题 1-18 的卡诺图

对逻辑函数的一般与或式也可以应用行列法找出最小项，然后填制卡诺图。

【例题 1-19】　制作逻辑函数 $L=AD+A\overline{C}\,\overline{D}+\overline{A}CD+BCD$ 的卡诺图。

解：逻辑函数 $L=AD+A\overline{C}\,\overline{D}+\overline{A}CD+BCD$ 中的乘积项不是标准的与或式，因此应用行列法找

出其最小项。

① 对于 AD 项找 A = 1 的行与 D = 1 的列相交的方格，最小项有 m_9、m_{11}、m_{13}、m_{15}。

② 对于 $A\overline{C}\,\overline{D}$ 项找 A = 1 的行与 CD = 00 的列相交的方格，最小项有 m_8、m_{12}。

③ 对于 $\overline{A}CD$ 项找 A = 0 的行与 CD = 11 的列相交的方格，最小项有 m_3、m_7。

④ 对于 BCD 项找 B = 1 的行与 CD = 11 的列相交的方格，最小项有 m_7、m_{15}。

⑤ 在最小项对应的方格中填入 1，制作的卡诺图如图 1-43 所示。

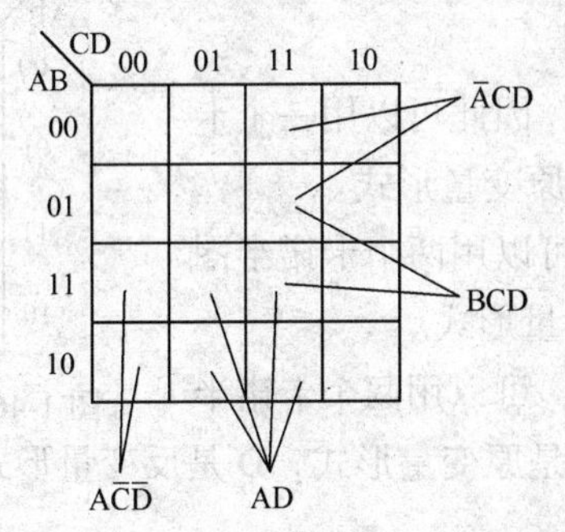

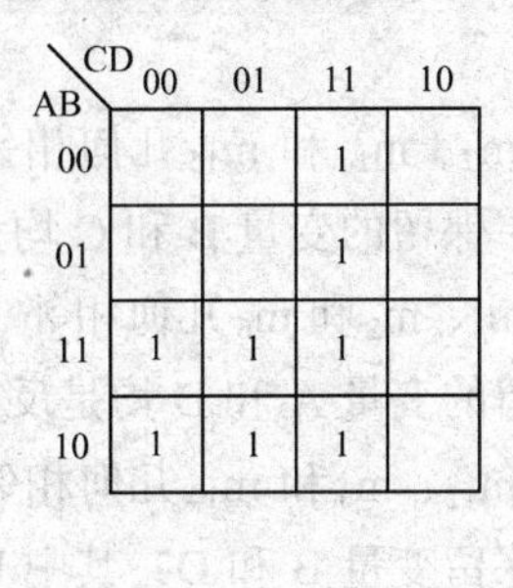

图 1-43 例题 1-19 的卡诺图

【例题 1-20】 制作逻辑函数 $L=\sum m(0,2,4,6,7,12,14,15)$ 的卡诺图。

解：该逻辑函数式已直接给出包含的所有最小项，因此直接按照各最小项的位置在方格中填写 1 即可，如图 1-44 所示。

3. 用卡诺图化简逻辑函数

由于卡诺图的坐标采用循环码编排，使得卡诺图上任何相邻小方格中的最小项只有一个变量不同。根据公式 $AB+A\overline{B}=A$，可将两项合并为一项，即消去一个互非的变量，只保留相同的变量。

合并最小项的规律：处于同一行或同一列两端的两个相邻小方格，可合并为一项，同时消去一个互非的变量；4 个小方格组成一个大方块，或组成一行（列），或在相邻两行（列）的两端，或处于 4 个角，可以合并为一项，同时消去两个互非的变量；8 个小方格组成一个长方形，或处于两边的两行（列），可以合并为一项，同时消去 3 个互非的变量。

【例题 1-21】 化简例题 1-19 中的逻辑函数 $L=AD+A\overline{C}\,\overline{D}+\overline{A}CD+BCD$。

解：此逻辑函数的卡诺图填写在前面已经完成，利用卡诺图化简如图 1-45 所示。

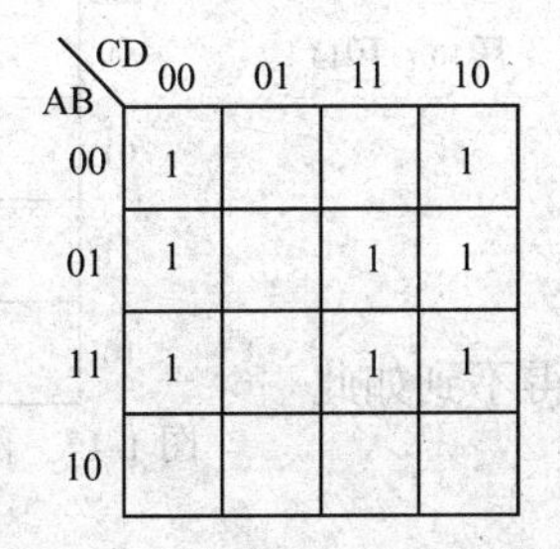

图 1-44 例题 1-20 的卡诺图

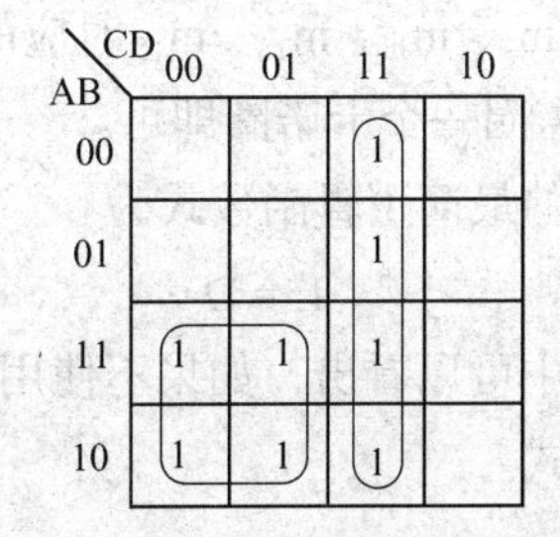

图 1-45 例题 1-21 的卡诺图

卡诺图中 m_8、m_9、m_{12} 和 m_{13} 几何相邻，可以用一个卡诺圈把它们圈起来。此卡诺圈中变量 B 和 D 互非，因此消去 B 和 D。保留两个相同的变量 A 和 C，其中 A 是原变量形式，C 是反变量形式。

卡诺图中 m_3、m_7、m_{11} 和 m_{15} 四个变量处于同一列，可以用一个卡诺圈把它们圈起来。此卡诺圈中变量 A 和 B 互非，因此消去 A 和 B。保留两个相同的变量 C 和 D，C 和 D 均是原变量形式。

例题 1-21 的化简结果为

$$L=A\overline{C}+CD$$

【例题 1-22】 化简例题 1-20 中的逻辑函数 $L=\sum m(0,2,4,6,7,12,14,15)$。

解： 此逻辑函数的卡诺图填写在前面已经完成，利用卡诺图化简如图 1-46 所示。

卡诺图中 m_6、m_7、m_{14} 和 m_{15} 几何相邻，因此可以用一个卡诺圈把它们圈起来，保留的变量 B 和 C 均是原变量形式。

卡诺图中 m_0、m_4、m_2 和 m_6 几何相邻，可以用两个卡诺半圈把它们圈起来，保留的变量 A 和 D 均是反变量形式。

卡诺图中 m_4、m_{12}、m_6 和 m_{14} 几何相邻，可以用两个卡诺半圈把它们圈起来。保留变量 B 和 D，其中 B 是原变量形式，D 是反变量形式。

AB \ CD	00	01	11	10
00	1			1
01	1		1	1
11	1		1	1
10				

图 1-46 例题 1-22 的卡诺图

例题 1-22 的化简结果为

$$L=\overline{A}\,\overline{D}+B\overline{D}+BC$$

4. 带有约束项的逻辑函数的化简

约束是用来说明逻辑变量之间互相制约的关系。例如，用 A、B、C 三个变量分别表示电动机停止、正转和反转状态，即 A、B、C 三个变量只可能出现 100、010、001 的取值，而不会出现 000、011、101、110、111 的取值。这说明 A、B、C 是一组有约束的变量，约束条件为

$$\overline{A}\,\overline{B}\,\overline{C}+\overline{A}BC+A\overline{B}C+AB\overline{C}+ABC=0$$

既然约束项恒等于 0，那么将约束项加到函数式中或者从函数式中去掉，对函数没有影响，因此在化简的过程中，可以根据需要将这些约束项看作 1 或者 0。约束项在卡诺图中填写时用符号“×”表示。

【例题 1-23】 用卡诺图化简逻辑函数 $L=\sum m(1,3,5,9)+\sum d(7,10,11,13,14,15)$，其中 $\sum d(7,10,11,13,14,15)$ 表示约束项。

解： 此函数的卡诺图如图 1-47 所示。利用卡诺图化简时，根据需要将约束项 m_7、m_{11}、m_{13}、m_{15} 对应的方格看做 1，m_{10}、m_{14} 看做 0，此时只需圈一个卡诺圈即可。

合并后得到的最简逻辑函数式为

$$L=D$$

从这个例子中可以看出，如果不使用约束项，就得不到如此简化的逻辑函数式。

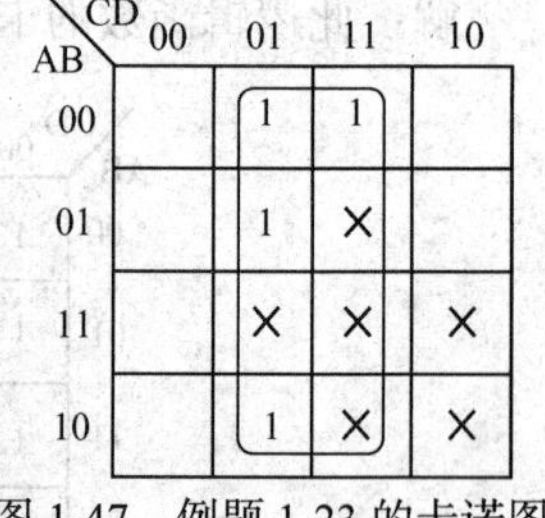

图 1-47 例题 1-23 的卡诺图

（四）仿真软件化简法

用卡诺图化简逻辑函数直观方便，但只适用于变量较少的情况，如果变量大于 4，化简就比较困难。在变量较多时采用计算机软件化简是一个很好的选择，仿真软件最多可以化简 8 个变量的逻辑函数。

仿真软件 Multisim 2001 的虚拟仪器库中有一个逻辑转换仪，图 1-48 所示为逻辑转换仪的工作界面。逻辑转换仪不仅可以实现逻辑电路、真值表和逻辑函数式之间的相互转换，而且可以化简逻辑函数式。需要注意的是在软件中函数式的形式 A′D′+BD′+BC=$\overline{A}\,\overline{D}+B\overline{D}+BC$，符号“′”表示函数变量的“非”形式。

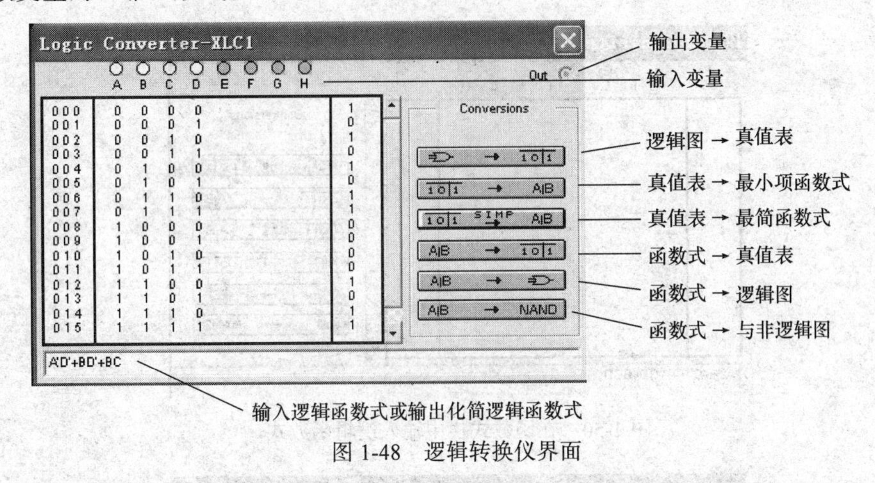

图 1-48　逻辑转换仪界面

三、项目实施

仿真实验的目的如下。

（1）了解 Multisim 2001 仿真软件中逻辑转换仪的使用方法。

（2）掌握逻辑函数式的化简方法。

（一）仿真实验 1　化简逻辑函数 $L=AD+A\overline{C}\,\overline{D}+\overline{A}CD+BCD$

在 Multisim 2001 软件工作平台上操作步骤如下。

（1）单击仪器栏中逻辑转换仪的按钮，鼠标指针上就出现逻辑转换仪的图标。移动鼠标到电路编辑区窗口合适的位置单击，放入逻辑转换仪 XLC1，如图 1-49（a）所示。

（2）双击逻辑转换仪图标，显示逻辑转换仪工作界面，如图 1-49（b）所示。

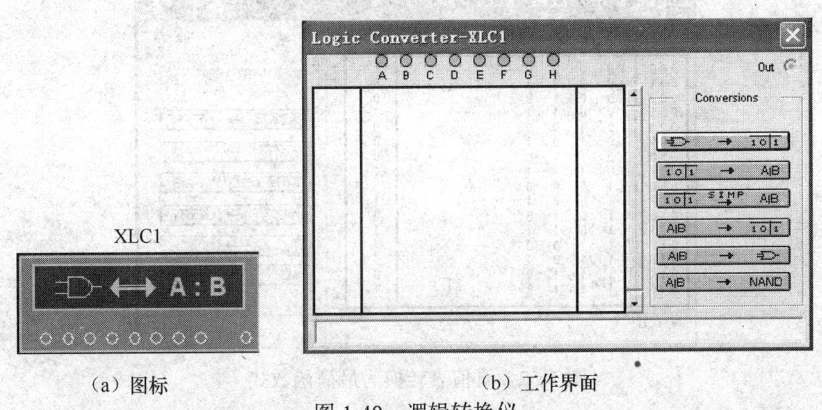

（a）图标　　（b）工作界面

图 1-49　逻辑转换仪

（3）在函数式栏中输入逻辑函数式 AD+AC′D′+A′CD+BCD，如图 1-50 所示。

（4）按下逻辑转换仪面板上“函数式→真值表”键，在工作界面上出现该逻辑函数的真值表，如图 1-51 所示。

（5）按下“真值表→最简函数式”键，在函数式栏中出现该逻辑函数的最简函数式，如图 1-52 所示。

（6）在逻辑函数式栏中其最简函数式为 AC′+CD，所以化简后的逻辑函数式为

$$L=A\overline{C}+CD$$

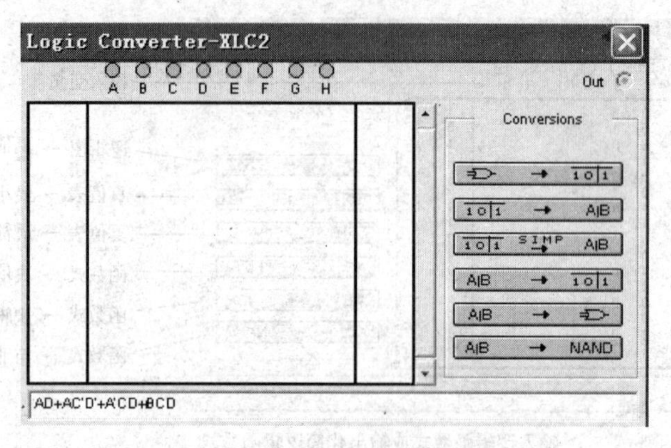

图 1-50　在函数式栏中输入逻辑函数式

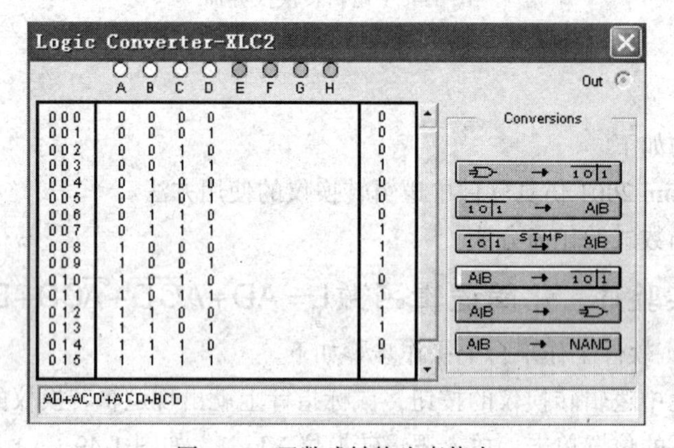

图 1-51　函数式转换为真值表

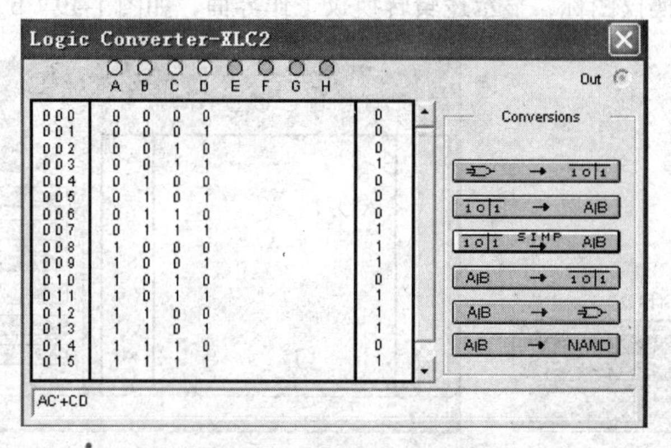

图 1-52　真值表转换为最简函数式

（二）仿真实验 2　化简逻辑函数 $L=\sum m(0,2,4,6,7,12,14,15)$

在 Multisim 2001 软件工作平台上操作步骤如下。

（1）在逻辑转换仪工作界面上选中 A、B、C、D 四个变量，出现如图 1-53 所示界面，各

最小项逻辑值均为“？”号。

（2）用鼠标单击“？”号，将该逻辑函数所包含的最小项的逻辑值改为1，其余改为0，如图1-54所示。

（3）按下“真值表→最简函数式”键，在函数式栏中出现该逻辑函数的最简函数式，如图1-55所示。

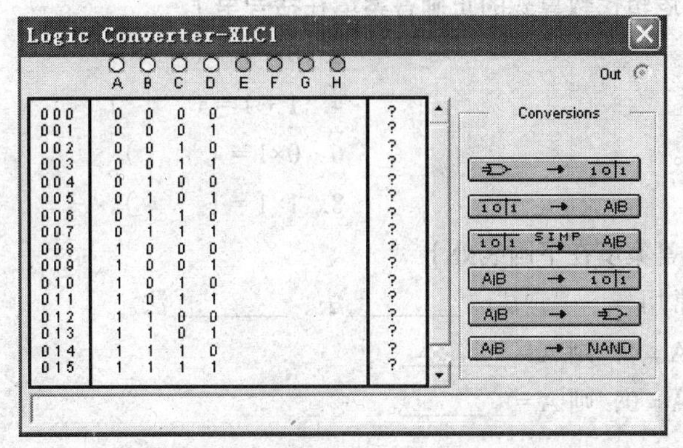

图1-53　在逻辑转换仪中选中4个变量

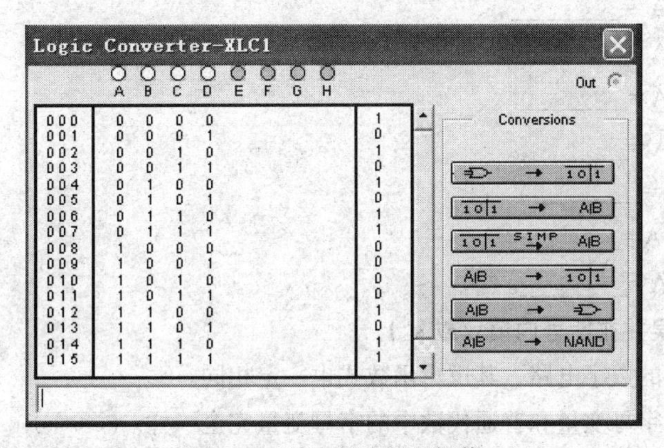

图1-54　填入最小项逻辑值

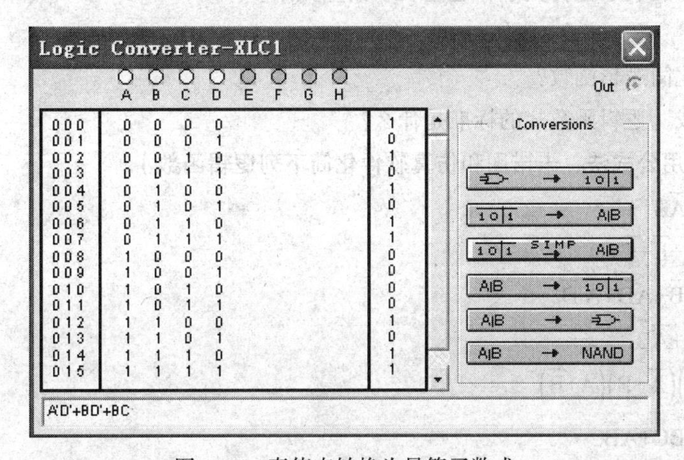

图1-55　真值表转换为最简函数式

（4）在逻辑函数式栏中其最简函数式为A′D′+BD′+BC，所以化简后的逻辑函数式为

$$L=\overline{A}\,\overline{D}+B\overline{D}+BC$$

习　题

一、填空题（请将下列逻辑代数算式的正确答案填在括号里）

1. $0+0=$（　　）。　　2. $0+1=$（　　）。

3. $1+0=$（　　）。　　4. $1+1=$（　　）。

5. $0\times0=$（　　）。　　6. $0\times1=$（　　）。

7. $1\times0=$（　　）。　　8. $1\times1=$（　　）。

二、填空题（请将正确答案填在下画线处）

1. 化简逻辑函数常用________法、________法、________法。
2. 如果逻辑变量 $A\neq1$，则 $A=$________。
3. 如果逻辑变量 $A\neq0$，则 $A=$________。
4. 逻辑变量 $A+A=$________。
5. 逻辑变量 $A+\overline{A}=$________。
6. 逻辑变量 $0+A=$________。
7. 逻辑变量 $1+A=$________。
8. 逻辑变量 $A\times\overline{A}=$________。
9. 逻辑变量 $1\times A=$________。
10. 逻辑变量 $A\times A=$________。
11. 逻辑变量 $0\times A=$________。

三、判断题（判断正误并在括号内填√或×）

1. 逻辑功能相同的数字电路，其逻辑函数式也一定相同。（　　）
2. 逻辑代数中的字母变量和普通代数中的字母变量完全一样。（　　）
3. 逻辑代数即能表示逻辑关系，也能表示数量关系。（　　）

四、问答题

1. 为什么要化简逻辑函数？
2. 最简“与或”逻辑函数式的标准是什么？

五、化简题（分别用公式法、卡诺图和仿真软件化简下列逻辑函数）

1. $L=A\overline{B}+B+\overline{A}B$
2. $L=ABC+\overline{A}+\overline{B}+\overline{C}+D$
3. $L=A\overline{B}C+A\overline{B}+A\overline{D}+\overline{A}\,\overline{D}$
4. $L=AB+A\overline{B}+\overline{A}B$
5. $L=A\left(\overline{A}+\overline{B}\right)\left(\overline{A}+B\right)\left(A+\overline{B}\right)$
6. $L=ABC+\overline{A}BC+A\overline{B}C$

六、化简题（用卡诺图化简下列逻辑函数）

1. $L=\sum m(0,2,8,9,10,11)$
2. $L=\sum m(0,1,4,5,6,12,13)+\sum d(2,3,7,8,9)$

根据电路结构和逻辑功能的不同，可以把数字电路分为两大类，一类称为组合逻辑电路，在本模块叙述；另一类称为时序逻辑电路，将在以后的模块介绍。

组合逻辑电路由门电路组成，电路的输出信号只由当时的输入信号状态组合所决定，是数字电路中无记忆性电路。在组合逻辑电路中，信号只能通过逻辑门从输入端向输出端传送，没有任何反馈信号，这是确认组合逻辑电路的关键。

常用的组合逻辑电路有编码器、译码器、加法器、数值比较器和数据选择器。

项目一　组合逻辑电路的分析与设计

一、项目分析

对于给定的组合逻辑电路，找出其输入信号与输出信号之间的逻辑关系，确定电路的逻辑功能称为组合逻辑电路的分析。对组合逻辑电路进行分析不仅可以了解该电路的逻辑功能，而且也是制作、修改和完善组合逻辑电路的重要手段。

把生产中对电路逻辑功能的实际要求，抽象为逻辑函数加以描述，再用具体的逻辑电路来实现，称为组合逻辑电路的设计。

随着计算机技术的发展，人们越来越多地利用计算机软件对逻辑电路进行分析和设计。利用仿真软件在虚拟环境下“通电”工作，用各种虚拟仪器进行测量，并对电路进行分析和设计的方法称为电路仿真。电路仿真技术可以将逻辑电路自动转换为真值表，以便于人们分析电路的逻辑功能；也可以根据人为设定的真值表，自动设计出逻辑电路图，从而提高工作效率。

二、相关知识

（一）组合逻辑电路的分析

对于给定的组合逻辑电路进行分析，可按如下步骤进行。

（1）根据逻辑电路图逐级写出“与或”形式的逻辑函数式。

（2）由逻辑函数式列出真值表。

（3）由真值表分析逻辑功能。

【例题 2-1】 分析图 2-1 所示组合逻辑电路的逻辑功能。

解：① 根据逻辑电路图写出逻辑函数式（P 为中间变量）。

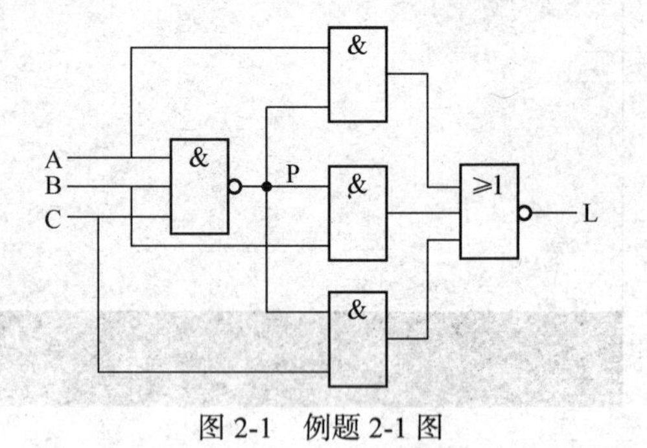

图 2-1 例题 2-1 图

$$P=\overline{ABC}$$

$$\begin{aligned}L&=\overline{AP+BP+CP}\\&=\overline{P(A+B+C)}\\&=\overline{\overline{ABC}\,(A+B+C)}\\&=ABC+\overline{A}\,\overline{B}\,\overline{C}\end{aligned}$$

② 根据逻辑函数式列出真值表如表 2-1 所示。

表 2-1 **例题 2-1 真值表**

输入信号			输出信号
A	B	C	L
0	0	0	1
0	0	1	0
0	1	0	0
0	1	1	0
1	0	0	0
1	0	1	0
1	1	0	0
1	1	1	1

③ 分析逻辑功能。观察真值表会发现：当 A、B、C 三个变量一致时，输出为“1”，不一致时则为“0”，该组合逻辑电路具有判断输入变量是否一致的逻辑功能，所以图 2-1 所示逻辑电路称为“输入一致判别器”。

（二）组合逻辑电路的设计

设计组合逻辑电路可按以下步骤进行。

（1）根据逻辑要求列出真值表。

（2）由真值表转换为卡诺图，并通过化简卡诺图得到最简逻辑函数式。

（3）由逻辑函数式绘出逻辑电路图。

【例题 2-2】 若十进制数用 8421BCD 码表示，试设计对一位十进制数“四舍五入”进位信号的逻辑电路。

解：① 列出真值表。设 L 代表“四舍五入”的进位信号，则电路的真值表如表 2-2 所示。

表 2-2 **例题 2-2 真值表**

十进制数	输入信号				输出信号
	A	B	C	D	L
0	0	0	0	0	0
1	0	0	0	1	0
2	0	0	1	0	0

续表

十进制数	输入信号				输出信号
	A	B	C	D	L
3	0	0	1	1	0
4	0	1	0	0	0
5	0	1	0	1	1
6	0	1	1	0	1
7	0	1	1	1	1
8	1	0	0	0	1
9	1	0	0	1	1
—	1	0	1	0	×
—	1	0	1	1	×
—	1	1	0	0	×
—	1	1	0	1	×
—	1	1	1	0	×
—	1	1	1	1	×

② 由真值表转换为卡诺图。由于只有 0～9 共 10 个数码，所以函数真值表中只有前 10 行有定义，后 6 行是不会出现的，因而认为它们对应的 L 值是 1 还是 0 是没有意义的，所以在相应处打上“×”。该函数的表达式为

$$L=\sum m(5,6,7,8,9)+\sum d(10,11,12,13,14,15)$$

式中 $\sum d(10,11,12,13,14,15)$ 表示约束项（或无关项），该函数的卡诺图如图 2-2（a）所示，对卡诺图化简后得到逻辑函数式为

$$L=A+BC+BD$$

③ 根据逻辑函数式绘出的逻辑电路图如图 2-2（b）所示。

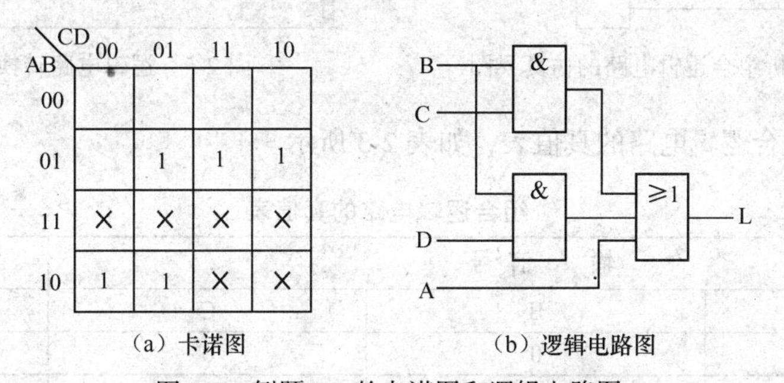

（a）卡诺图　　（b）逻辑电路图

图 2-2　例题 2-2 的卡诺图和逻辑电路图

三、项目实施

仿真实验的目的如下。

（1）掌握 Multisim 2001 仿真软件中逻辑转换仪的使用方法。

（2）掌握应用逻辑转换仪分析组合逻辑电路的方法。

（3）掌握应用逻辑转换仪设计组合逻辑电路的方法。

(一) 仿真实验 1　对给定的组合逻辑电路进行分析

在 Multisim 2001 软件工作平台上对图 2-3 所示的组合逻辑电路进行分析，操作步骤如下。

(1) 从仪器栏中拖出逻辑转换仪图标 XLC1。

(2) 从混合元器件库中拖出 1 个非门、1 个或门和 4 个与非门逻辑符号构成如图 2-3 所示的逻辑电路。

(3) 如图 2-4 所示，将逻辑电路的输入端按 A、B、C 顺序接入逻辑转换仪的输入端，将逻辑电路的输出端接入逻辑转换仪的输出端 Out。

(4) 双击逻辑转换仪图标，显示逻辑转换仪工作界面。

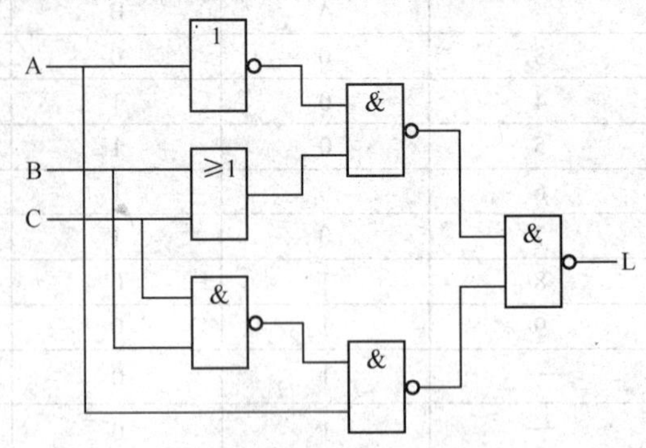

图 2-3　待分析的组合逻辑电路图

(5) 按下逻辑转换仪面板上“逻辑图→真值表”键，在工作界面上出现该组合逻辑电路的真值表，如图 2-5 所示。

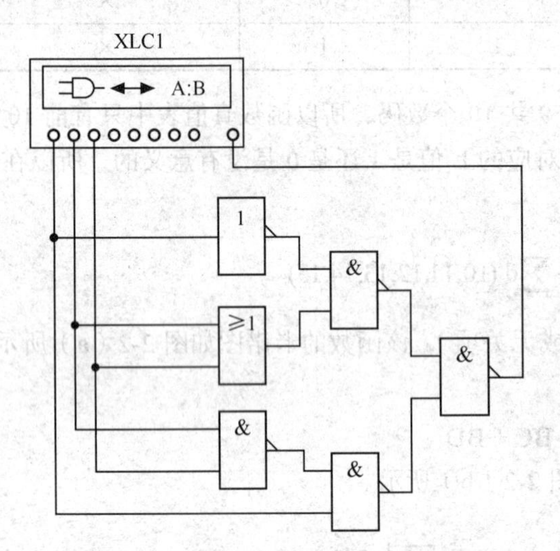

图 2-4　分析组合逻辑电路的仿真界图

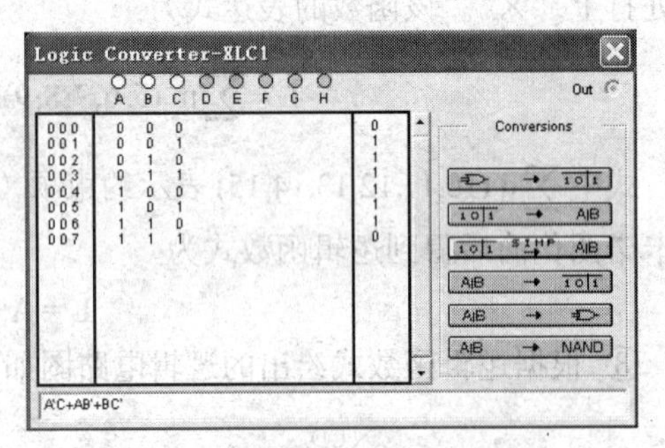

图 2-5　逻辑电路转换为真值表

(6) 分析该组合逻辑电路的真值表，如表 2-3 所示。

表 2-3　组合逻辑电路的真值表

输入信号			输出信号
A	B	C	L
0	0	0	0
0	0	1	1
0	1	0	1
0	1	1	1
1	0	0	1
1	0	1	1
1	1	0	1
1	1	1	0

观察真值表可以看出，当 3 个输入信号完全相同时输出为 0，若 3 个输入信号中至少有一

个不相同时输出即为1。由于三变量不一致时输出为1，因此这是一个三变量不一致判别电路。

（二）仿真实验2　设计一个两地控制逻辑电路

设计一个两地控制逻辑电路，要求在A、B两地的开关都能独立控制负载的通电或断电。设计思路如下：A、B两个开关都能单独控制负载，则两个输入变量中“1”的个数为奇数时，逻辑输出为1，否则为0，其真值表如表2-4所示。

表2-4　两地控制逻辑电路的真值表

开关A	开关B	负载L
0	0	0
0	1	1
1	0	1
1	1	0

在Multisim 2001软件工作平台上对两地控制的逻辑电路进行设计的操作步骤如下。

（1）从仪表栏中拖出逻辑转换仪图标XLC1。

（2）双击逻辑转换仪图标，显示逻辑转换仪工作界面。

（3）在逻辑转换仪工作界面上选择A、B两个变量，填入真值表逻辑值。

（4）按下逻辑转换仪面板上“真值表→最简函数式”键，在逻辑函数式栏中出现该组合逻辑电路的最简逻辑函数式A′B＋AB′（即$L=\overline{A}B+A\overline{B}$），如图2-6所示。

（5）按下逻辑转换仪面板上“函数式→逻辑电路”键，在软件的电路编辑区呈现对应的组合逻辑电路，如图2-7所示。

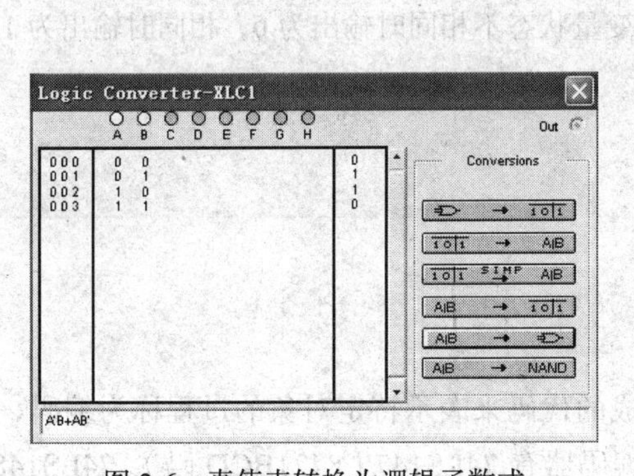

图2-6　真值表转换为逻辑函数式

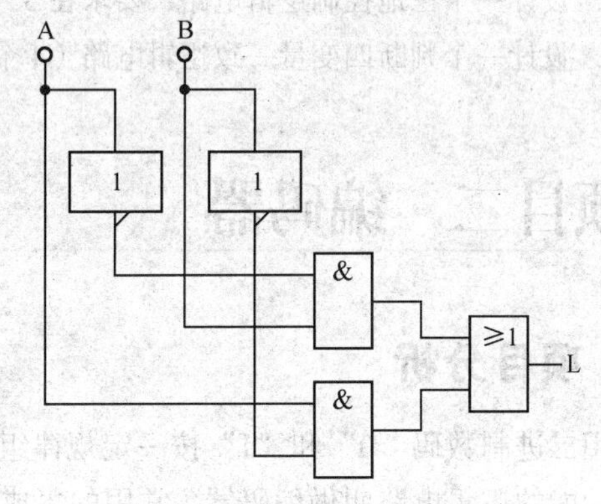

图2-7　函数式转换为逻辑电路

可以看出，由仿真软件设计的组合逻辑电路由2个非门、2个与门和1个或门组合而成。

习　题

一、填空题（请将正确答案填在下画线处）

1. 用________电路组成的电路称为组合逻辑电路。

2. 组合逻辑电路的分析步骤为：已知逻辑电路图→写出________→化简________→列出________→

分析________。

3. 组合逻辑电路的设计步骤为：根据逻辑关系列出符合要求的________→写出________→化简________→绘出________。

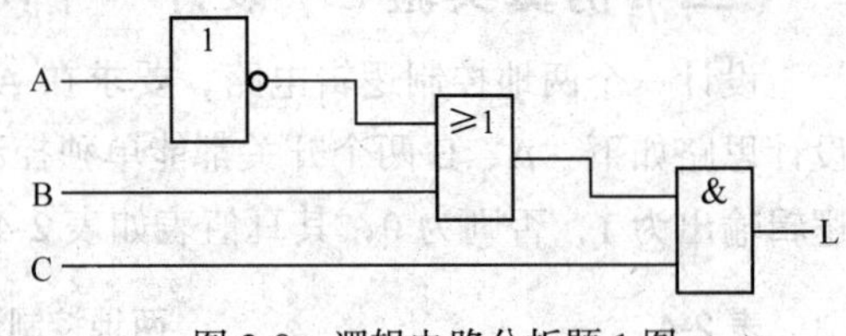

图 2-8 逻辑电路分析题 1 图

二、组合逻辑电路分析题

1. 写出如图 2-8 所示逻辑电路的逻辑函数式，并用仿真软件验证。

2. 写出如图 2-9 所示逻辑电路的逻辑函数式，并用仿真软件验证。

3. 写出如图 2-10 所示逻辑电路的逻辑函数式，并用仿真软件验证。

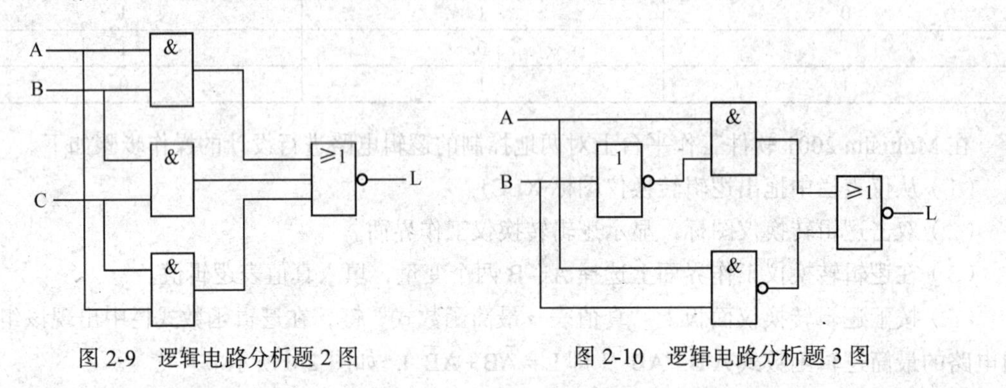

图 2-9 逻辑电路分析题 2 图　　图 2-10 逻辑电路分析题 3 图

三、组合逻辑电路仿真设计题（利用仿真软件列出真值表，写出逻辑表达式，绘出逻辑电路图）

1. 设计一个三地控制逻辑电路，要求在 3 个不同地方都能独立控制负载的通电或断电。

2. 设计一个判断四变量一致逻辑电路（4 个变量状态不相同时输出为 0，相同时输出为 1）。

项目二 编码器

一、项目分析

用二进制数码“0”和“1”按一定规律组成的代码来表示特定对象的过程称为编码，具有编码功能的逻辑电路叫做编码器。常用的集成编码器有 74LS147（8421BCD 码）、74LS148（八线—三线优先编码器）等。

二—十进制编码器是将十进制数 0～9 编成 BCD 码。集成电路 74LS147 是二—十进制优先编码器，它对每一个十进制数 0～9（分别用 I_0～I_9 表示）产生相应的 8421BCD 码。

二、相关知识

（一）二—十进制普通编码器

1. 确定编码器的输出位数

要表示一位十进制数，至少需要 4 位二进制数，如 8421BCD 码是用 4 位二进制数 0000～1001 分别表示 0～9 这 10 个数码，因此编码器输出端为 4 位，分别是 Y_3、Y_2、Y_1 和 Y_0。

2. 编码器输入端与8421BCD码对应关系的真值表

编码器输入端与8421BCD码对应关系的真值表如表2-5所示。

表2-5　编码器输入端与8421BCD码的真值表

十进制数	输入端	输出端			
		Y_3	Y_2	Y_1	Y_0
0	I_0	0	0	0	0
1	I_1	0	0	0	1
2	I_2	0	0	1	0
3	I_3	0	0	1	1
4	I_4	0	1	0	0
5	I_5	0	1	0	1
6	I_6	0	1	1	0
7	I_7	0	1	1	1
8	I_8	1	0	0	0
9	I_9	1	0	0	1

3. 由真值表写出逻辑函数式

$$Y_3 = I_8 + I_9$$
$$Y_2 = I_4 + I_5 + I_6 + I_7$$
$$Y_1 = I_2 + I_3 + I_6 + I_7$$
$$Y_0 = I_1 + I_3 + I_5 + I_7 + I_9$$

4. 绘出二—十进制普通编码器逻辑电路

由逻辑函数式可知，二—十进制普通编码器的逻辑电路由一个2输入端的或门、两个4输入端的或门和一个5输入端的或门构成，其逻辑电路如图2-11所示。

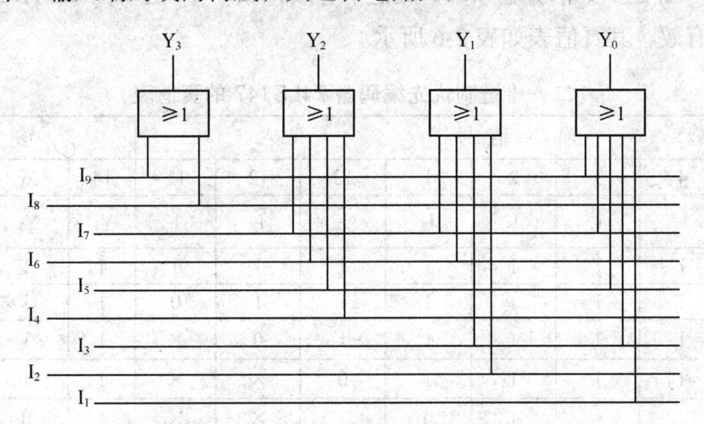

图2-11　二—十进制普通编码器逻辑电路

对于如图2-11所示的二—十进制普通编码器，高电平是有效输入信号，低电平是无效信号，在任一时刻只能输入一个有效信号，不允许同时输入两个以上的信号。

输入信号I_0的编码是隐含着的，即当输入信号I_1～I_9全为0时，它的输出端$Y_3Y_2Y_1Y_0$组成的代码为“0000”，即为I_0的编码。

二—十进制普通编码器的输出代码反映了输入信号的状态。例如，输出代码为“0001”时，说明输入端I_1为有效输入信号；又如输出编码为“0101”，说明输入端I_5为有效输入信号。

二—十进制编码器用 4 位输出信号对 10 个输入信号进行编码，所以也称为 10 线—4 线编码器。

（二）二—十进制优先编码器

普通编码器每次只允许一个输入信号有效，但在实际应用中，常会出现多个输入信号同时请求编码的情况，为避免多个输入信号同时存在时产生错误的输出，实际集成电路编码器采用对所有输入信号按优先顺序排队编码的方式，即允许同时存在多个输入信号，但编码器只对优先级别最高的输入信号进行编码，而对优先级别低的输入信号不予响应，这样的编码器称为优先编码器。

74LS147 是典型的二—十进制优先编码器，其逻辑符号和管脚排列如图 2-12 所示。

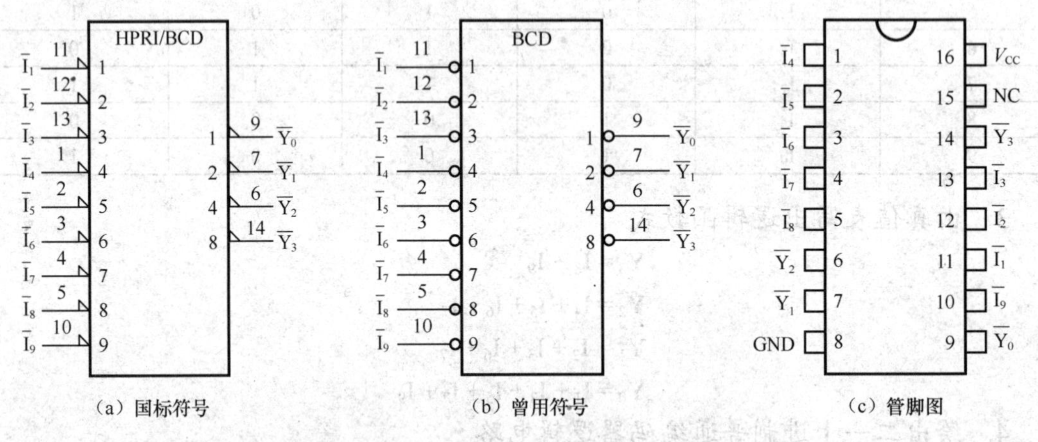

图 2-12　二—十进制优先编码器 74LS147

图 2-12 中 $\overline{I_1} \sim \overline{I_9}$ 是 9 个信号输入端，低电平有效；$\overline{Y_3} \sim \overline{Y_0}$ 是 4 位 8421BCD 码的反码输出端，也是低电平有效，其真值表如表 2-6 所示。

表 2-6　　二—十进制优先编码器 74LS147 的真值表

输入信号									输出信号			
10	5	4	3	2	1	13	12	11	14	6	7	9
$\overline{I_9}$	$\overline{I_8}$	$\overline{I_7}$	$\overline{I_6}$	$\overline{I_5}$	$\overline{I_4}$	$\overline{I_3}$	$\overline{I_2}$	$\overline{I_1}$	$\overline{Y_3}$	$\overline{Y_2}$	$\overline{Y_1}$	$\overline{Y_0}$
1	1	1	1	1	1	1	1	1	1	1	1	1
1	1	1	1	1	1	1	1	0	1	1	1	0
1	1	1	1	1	1	1	0	×	1	1	0	1
1	1	1	1	1	1	0	×	×	1	1	0	0
1	1	1	1	1	0	×	×	×	1	0	1	1
1	1	1	1	0	×	×	×	×	1	0	1	0
1	1	1	0	×	×	×	×	×	1	0	0	1
1	1	0	×	×	×	×	×	×	1	0	0	0
1	0	×	×	×	×	×	×	×	0	1	1	1
0	×	×	×	×	×	×	×	×	0	1	1	0

注：表格中“×”表示任意电平。

从真值表中可以看出 74LS147 的逻辑功能如下。

① 输入信号低电平有效。“0”表示有输入信号，“1”表示无输入信号。

② 输出信号是将相应输入信号的 8421BCD 码各位分别取反后输出。例如，当输入信号 $\overline{I}_9$ 有效时，相应的 8421BCD 码是 1001，对 1001 的各位进行取反，输出即是 8421BCD 反码 0110。

③ $\overline{I}_9$ 的优先级别最高，其他依次降低，$\overline{I}_1$ 的优先级别最低。例如，当 $\overline{I}_8$ 有效、$\overline{I}_9$ 无效时，无论 $\overline{I}_1$ ~ $\overline{I}_7$ 是否有效，编码器均按 $\overline{I}_8$ 编码，即输出为对应于 8 的 8421BCD 反码 0111。

④ 无 $\overline{I}_0$ 输入端。当无编码信号即输入全为高电平时，输出为 1111，此时相当于对 $\overline{I}_0$ 进行编码。

三、项目实施

（一）仿真实验　测试 10 线—4 线优先编码器 74LS147 的逻辑功能

测试编码器 74LS147 逻辑功能的电路如图 2-13 所示，在 Multisim 2001 软件工作平台上操作步骤如下。

（1）从 TTL 集成电路库中拖出 74LS147。

（2）从电源库中拖出电源 V_{CC} 和接地。

（3）从基本元器件库中拖出 9 个 1kΩ 电阻，3 个开关，将开关的操作键定义为 A、B、C。

（4）从指示元器件库中拖出 4 个逻辑指示灯。

（5）按图 2-13 所示连接电路，检查电路无误后按下仿真开关进行测试。

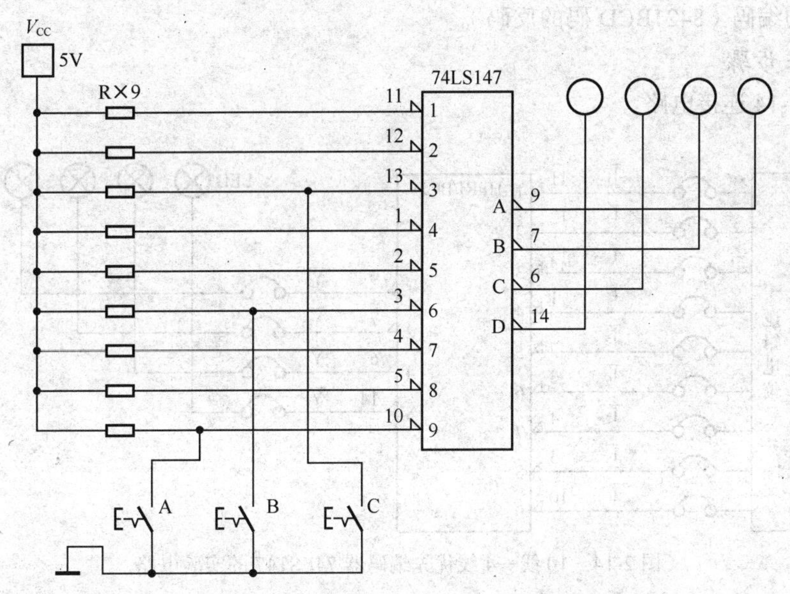

图 2-13　10 线—4 线优先编码器 74LS147 的仿真测试电路

（6）当信号输入端开关全部打开，即输入信号全部为高电平时，4 个逻辑指示灯亮，表示逻辑输出为 1111。

（7）操作开关键，使某个输入端通过开关接地，即输入有效信号，4 个逻辑指示灯显示相应输出的 8421BCD 码的反码。

（8）操作开关键，同时使两个以上的输入端接地，可以看出译码显示为优先级别最高的数码，即只对优先级别最高的输入信号进行编码。

（9）改变输入信号状态，重新做第（7）项和第（8）项。

（10）检查仿真结果，验证 74LS147 对十进制数按优先级别编出 8421BCD 码反码的逻辑功能。

（二）实验　测试 10 线—4 线优先编码器 74LS147 的逻辑功能

1. 实验目的

掌握 10 线—4 线优先编码器 74LS147 的逻辑功能。

2. 实验器材

（1）数字电路实验板　　　1 块

（2）直流稳压电源（5V）　1 台

（3）74LS147　　1 片

（4）跳线若干

（5）集成电路起拔器　　1 个

3. 注意事项

（1）不要在带电状态下插拔集成电路，否则容易造成集成电路内部电路损坏。

（2）安装集成电路芯片时要注意缺口方向，起拔集成电路芯片时要用集成电路起拔器。

（3）应仔细检查、核对线路是否连接正确，经指导教师检查后再接通电源。

（4）当多个信号同时输入时，应找出优先级别最高的输入信号。此时输出为优先级别最高的输入信号的编码（8421BCD 码的反码）。

4. 操作步骤

参考图 2-14 连接电路。

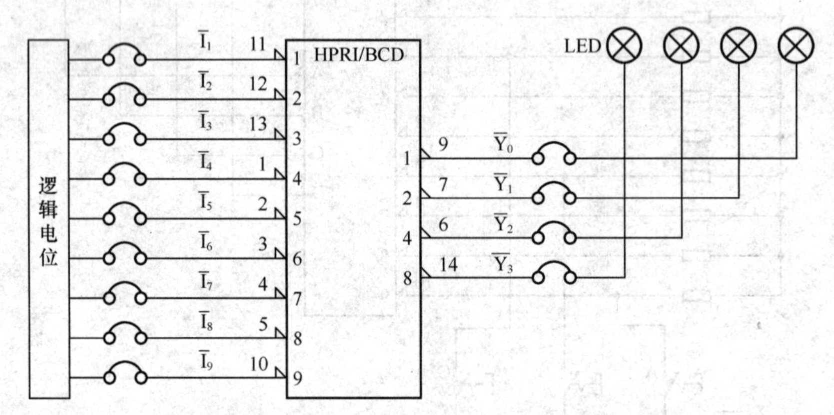

图 2-14　10 线—4 线优先编码器 74LS147 的实验电路

（1）关闭直流稳压电源开关，将集成电路块 74LS147 插入集成电路 16P 插座上。

（2）将 +5V 电压接到 IC 的管脚 16，将电源负极接到 IC 的管脚 8。

（3）将编码器的 9 个输入端用跳线接实验板的高电位端。

（4）将编码器的 4 个输出端 Y_3～Y_0 管脚用跳线接到 LED 指示器上。检查无误后接通电源，4 个 LED 灯应全亮。

（5）用跳线将编码器的 9 个输入端逐个接入实验板的低电位，输出显示应为 8421BCD 码的反码，将测试结果记入表 2-7 中。

表 2-7　　二—十进制优先编码器 74LS147 的功能测试表

输入信号									输出信号			
10	5	4	3	2	1	13	12	11	14	6	7	9
$\overline{I}_9$	$\overline{I}_8$	$\overline{I}_7$	$\overline{I}_6$	$\overline{I}_5$	$\overline{I}_4$	$\overline{I}_3$	$\overline{I}_2$	$\overline{I}_1$	$\overline{Y}_3$	$\overline{Y}_2$	$\overline{Y}_1$	$\overline{Y}_0$
1	1	1	1	1	1	1	1	1				
1	1	1	1	1	1	1	1	0				
1	1	1	1	1	1	1	0	×				
1	1	1	1	1	1	0	×	×				
1	1	1	1	1	0	×	×	×				
1	1	1	1	0	×	×	×	×				
1	1	1	0	×	×	×	×	×				
1	1	0	×	×	×	×	×	×				
1	0	×	×	×	×	×	×	×				
0	×	×	×	×	×	×	×	×				

（6）用跳线将两个以上输入端接入低电平，输出显示应为优先级别高的 8421BCD 码的反码，即只对优先级别高的输入信号进行编码。

四、知识扩展

（一）8 线—3 线二进制优先编码器 74LS148

74LS148 是 8 线输入—3 线输出的二进制优先编码器，其逻辑符号和管脚排列如图 2-15 所示。

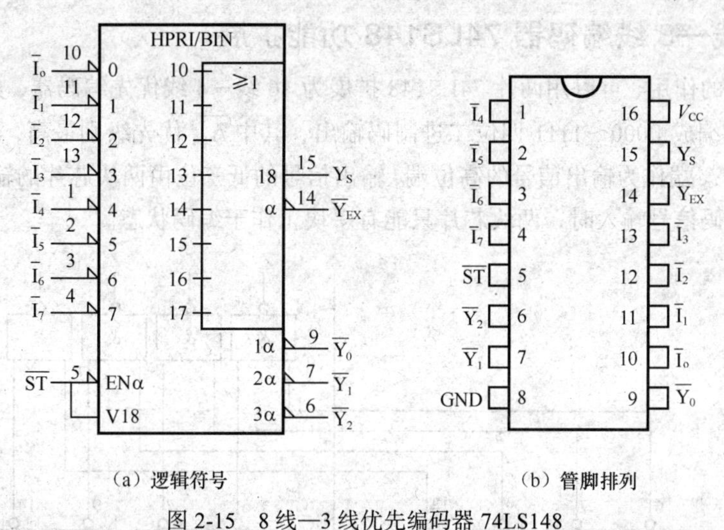

（a）逻辑符号　　（b）管脚排列

图 2-15　8 线—3 线优先编码器 74LS148

74LS148 的数据输入 $\overline{I}_0 \sim \overline{I}_7$ 为低电平有效，输出编码 $\overline{Y}_2 \sim \overline{Y}_0$ 为相应输入信号的反码。并设置了使能输入端 $\overline{ST}$，选通输出端 Y_S 和扩展输出端 $\overline{Y_{EX}}$ 。

图 2-15（a）中 HPRI/BIN 是优先权编码器的总限定符号，V18 为或关联标注的符号，其中数字 18 为其标识序号，用以标明受 V18 输入影响的输出。

ENα 为使能关联标注的符号，其中的 α 为标识序号，用以表示所影响的输出端（α、1α、2α、3α）。

8 线—3 线优先编码器 74LS148 的真值表如表 2-8 所示。

表 2-8　　8 线—3 线优先编码器 74LS148 的真值表

输入信号									输出信号				
5	4	3	2	1	13	12	11	10	6	7	9	14	15
$\overline{ST}$	$\overline{I_7}$	$\overline{I_6}$	$\overline{I_5}$	$\overline{I_4}$	$\overline{I_3}$	$\overline{I_2}$	$\overline{I_1}$	$\overline{I_0}$	$\overline{Y_2}$	$\overline{Y_1}$	$\overline{Y_0}$	$\overline{Y_{EX}}$	Y_S
1	×	×	×	×	×	×	×	×	1	1	1	1	1
0	1	1	1	1	1	1	1	1	1	1	1	1	0
0	1	1	1	1	1	1	1	0	1	1	1	0	1
0	1	1	1	1	1	1	0	×	1	1	0	0	1
0	1	1	1	1	1	0	×	×	1	0	1	0	1
0	1	1	1	1	0	×	×	×	1	0	0	0	1
0	1	1	1	0	×	×	×	×	0	1	1	0	1
0	1	1	0	×	×	×	×	×	0	1	0	0	1
0	1	0	×	×	×	×	×	×	0	0	1	0	1
0	0	×	×	×	×	×	×	×	0	0	0	0	1

74LS148 的逻辑功能如下。

① $\overline{ST}=1$ 禁止编码，输出 $\overline{Y_2}\ \overline{Y_1}\ \overline{Y_1}=111$。$\overline{ST}=0$ 允许编码。

② Y_S 主要用于多个编码器电路的级联控制，即 Y_S 总是接在优先级别低的相邻编码器的 $\overline{ST}$ 端。当优先级别高的编码器允许编码，而无输入申请时，$Y_S=0$，从而允许优先级别低的相邻编码器工作；反之若优先级别高的编码器编码时，$Y_S=1$，禁止相邻低级别的编码器工作。

③ $\overline{Y_{EX}}=0$ 表示 $\overline{Y_2}\ \overline{Y_1}\ \overline{Y_1}$ 是编码输出状态，$\overline{Y_{EX}}=1$ 表示 $\overline{Y_2}\ \overline{Y_1}\ \overline{Y_1}$ 不是编码输出状态，$\overline{Y_{EX}}$ 为输出标志位。

（二）8 线—3 线编码器 74LS148 功能扩展

利用使能端的作用，可以用两片 74LS148 扩展为 16 线—4 线优先编码器，如图 2-16 所示。将 $\overline{A_0}\sim\overline{A_{15}}$ 分别编成 0000～1111 四位二进制码输出，其中 $\overline{A_{15}}$ 优先级别最高，$\overline{A_0}$ 优先级别最低。高位芯片的 Y_S 端作为输出信号的高位端，输出信号的低三位由两块芯片的输出端相“与非”后得到。在有编码信号输入时，两块芯片只能有一块工作于编码状态。

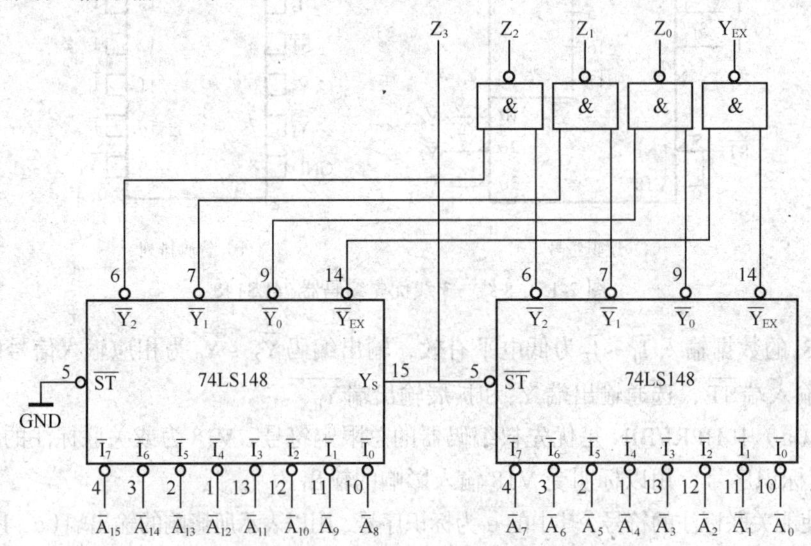

图 2-16　74LS148 的功能扩展

高位芯片的使能输入端$\overline{ST}$恒为 0，允许对$\overline{A_8}$~$\overline{A_{15}}$编码，当高位芯片有编码信号输入时，Y_S为 1，它控制低位芯片处于禁止状态。例如，当$\overline{A_8}$为 0 时，$Z_3 = Y_S = 1$，$Z_2 = Z_1 = Z_0 = 0$，此时输出代码为 1000。

当高位芯片无编码信号输入时，Y_S为 0，低位芯片处于编码状态。例如，当$\overline{A_7}$为 0 时，$Z_3 = Y_S = 0$，$Z_2 = Z_1 = Z_0 = 1$，此时输出代码为 0111。

注：由于图 2-16 中的与非门采用了逻辑非符号“o”，所以 74LS148 不再采用极性指示符号（在同一逻辑电路中逻辑符号约定应相同）。

习　题

一、填空题（请将正确答案填在下画线处）

1. 将特定信息转换为一组二进制代码的过程称为________。
2. 二—十进制编码器是将十进制数编成________代码。
3. 集成电路 74LS147 是二—十进制________编码器。

二、问答题

1. 为什么实际集成电路编码器对所有输入信号采用按优先顺序排队编码的方式？
2. 集成电路 74LS147 的哪个输入端优先级别最高？哪个输入端优先级别最低？哪个输入端隐含？
3. 74LS147 的输出编码有什么特点？

项目三　译码器

一、项目分析

译码是编码的逆过程，即把二进制代码编码时的原信号“翻译”出来，实现译码功能的电路叫做译码器。例如，译码器 74LS138 可将二进制代码 000～111 分别译为$\overline{Y}_0$～$\overline{Y}_7$，74LS42 可将 8421BCD 码 0000～1001 分别译为$\overline{Y}_0$～$\overline{Y}_9$，74LS48 可将 10 个 8421BCD 码分别译为七段显示码。

在电子控制装置中，常常将测量和控制数据直接用十进制形式显示出来，供人们读取结果，这种显示器由七段码译码器和显示字符的数码管组成。

二、相关知识

（一）集成二进制译码器 74LS138

1. 74LS138 逻辑功能

74LS138 逻辑符号及管脚排列如图 2-17 所示。

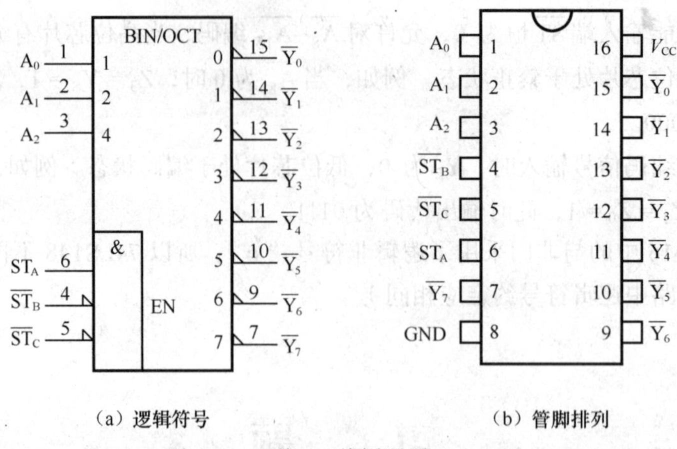

（a）逻辑符号　　（b）管脚排列

图 2-17　3 线—8 线译码器 74LS138

在图 2-17 中，A_0～A_2是二进制译码输入信号，$\overline{Y}_0$ ~ $\overline{Y}_7$ 是 8 个低电平有效的译码输出信号。ST_A、$\overline{ST}_B$、$\overline{ST}_C$为 3 个使能控制端，可在扩展或级联时应用。只有当 $ST_A = 1$，$\overline{ST}_B = \overline{ST}_C = 0$ 同时满足时，才能让使能输入 EN 处于内部逻辑 1 状态，译码器方可进行译码，3 个条件中有一个不满足就禁止译码。

74LS138 的真值表如表 2-9 所示。

表 2-9　74LS138 的真值表

译码控制		输入			输出							
6	4　5	3	2	1	15	14	13	12	11	10	9	7
ST_A	$\overline{ST_B}+\overline{ST_C}$	A_2	A_1	A_0	$\overline{Y_0}$	$\overline{Y_1}$	$\overline{Y_2}$	$\overline{Y_3}$	$\overline{Y_4}$	$\overline{Y_5}$	$\overline{Y_6}$	$\overline{Y_7}$
0	×	×	×	×	1	1	1	1	1	1	1	1
×	1	×	×	×	1	1	1	1	1	1	1	1
1	0	0	0	0	0	1	1	1	1	1	1	1
1	0	0	0	1	1	0	1	1	1	1	1	1
1	0	0	1	0	1	1	0	1	1	1	1	1
1	0	0	1	1	1	1	1	0	1	1	1	1
1	0	1	0	0	1	1	1	1	0	1	1	1
1	0	1	0	1	1	1	1	1	1	0	1	1
1	0	1	1	0	1	1	1	1	1	1	0	1
1	0	1	1	1	1	1	1	1	1	1	1	0

从表 2-9 中可以看出，当译码条件不满足时，输出端全部为高电平（无效电平）；当译码条件满足时，在译码地址输入端 A_0～A_2 加入二进制编码，则在一个相应的输出端输出低电平（有效电平），其余的输出端均为高电平。例如，当输入二进制编码 011 时，$\overline{Y}_3$ 为 0，其余输出为 1；当输入编码为 110 时，$\overline{Y}_6$ 为 0，其余输出为 1。

2. 最小项译码器

用 74LS138 还可以实现三变量或两变量的逻辑函数。因为译码器的每一个输出端的低电平都与输入逻辑变量的一个最小项相对应，所以当我们将逻辑函数变换为最小项表达式时，只要从相应的输出端取出信号，送入与非门的输入端，与非门的输出信号就是要求的逻辑函数，所以也称这种逻辑电路为最小项译码器。

【例题 2-3】 用译码器 74LS138 实现逻辑函数 $L=AC+\overline{A}B$。

解：逻辑函数的最小项表达式为

$$
\begin{aligned}
L &= AC+\overline{A}B \\
&= AC(B+\overline{B})+\overline{A}B(C+\overline{C}) \\
&= ABC+A\overline{B}C+\overline{A}BC+\overline{A}B\overline{C} \\
&= \sum m(2,3,5,7)
\end{aligned}
$$

逻辑电路如图 2-18 所示。

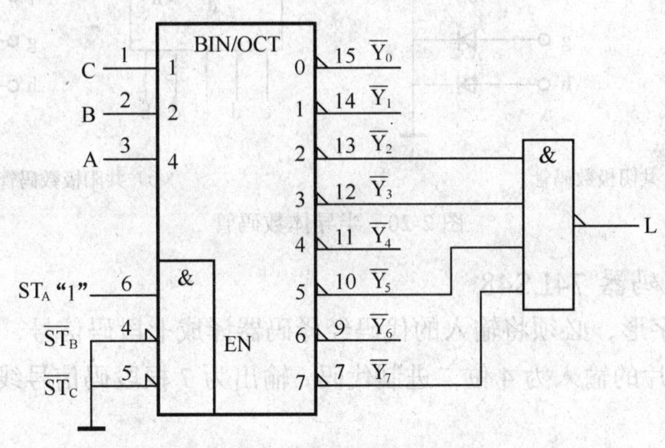

图 2-18 例题 2-3 逻辑电路

3. 74LS138 的扩展使用

用两片 74LS138 可以扩展为 4 线—16 线译码器，如图 2-19 所示，输入信号范围为 0000～1111，输出信号范围为 $\overline{Y}_0\sim\overline{Y}_{15}$。其中，地址码的低三位 A、B、C 作为每片 74LS138 的片内地址，高位 D 为片选信号控制两片 74LS138 的使能端。当 D = 0 时，低位 74LS138 被选中允许译码，高位 74LS138 禁止译码，在 A、B、C 作用下 $\overline{Y}_0\sim\overline{Y}_7$ 译码输出。当 D = 1 时，高位 74LS138 被选中允许译码，低位 74LS138 禁止译码，在 A、B、C 作用下 $\overline{Y}_8\sim\overline{Y}_{15}$ 译码输出。

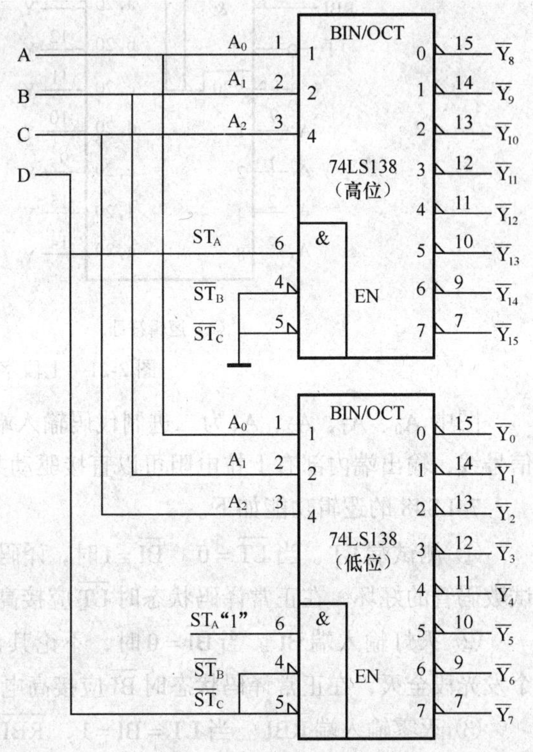

图 2-19 两片 74LS138 扩展成 4 线—16 线译码器逻辑电路

（二）七段字形译码器 74LS48

1. 数码管

半导体数码管由七段发光二极管组成，其字型清晰，工作电压低（1.5～3V），体积小，可靠性好，寿命长，响应速度快。当某段 LED 通入正向电流时，该段发光，否则不发光，发光颜色因所用材料不同有红色、绿色、黄色等，可以直接用 TTL 门电路驱动。

图 2-20 所示为半导体数码管的外形及

等效电路，按内部连接方式不同，分为共阴极和共阳极两种类型。常用型号有 BS202、NEX-4015AS、LC5011-11 等。

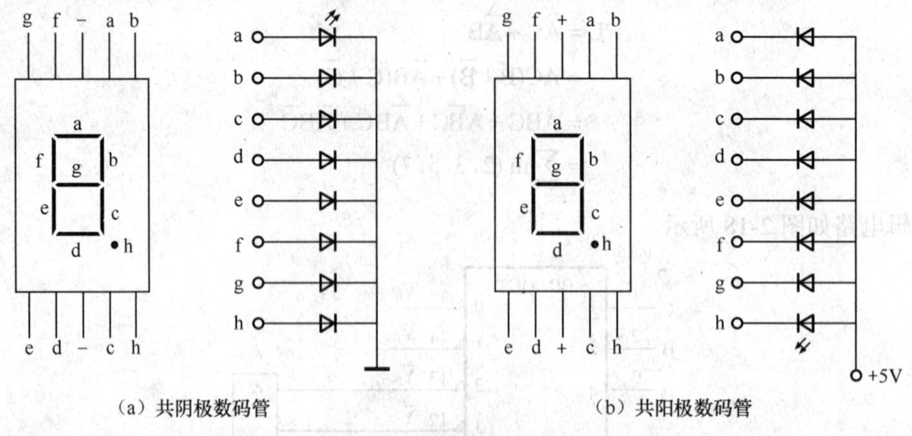

（a）共阴极数码管　　（b）共阳极数码管

图 2-20　半导体数码管

2. 七段字形译码器 74LS48

数码管要显示出字形，必须将输入的代码经译码器译成七段码信号，然后点亮数码管相应的段。74LS48 集成芯片的输入为 4 位二进制代码，输出为 7 根段码信号线，其逻辑符号与管脚排列如图 2-21 所示。

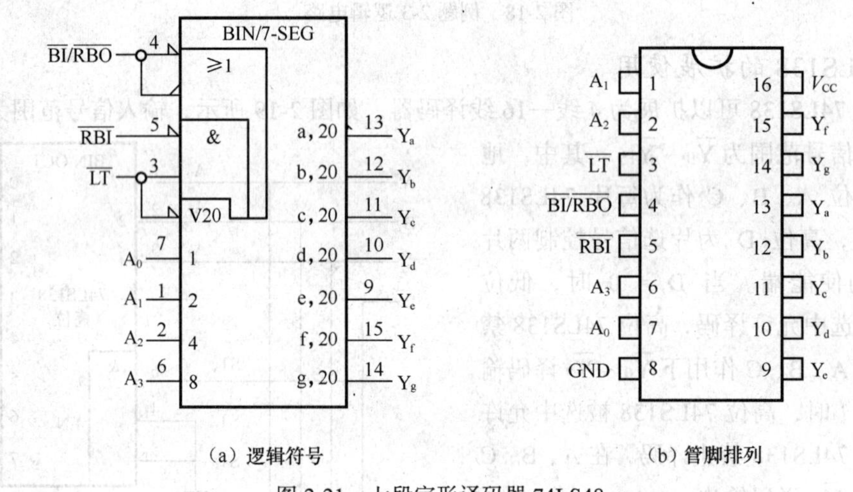

（a）逻辑符号　　（b）管脚排列

图 2-21　七段字形译码器 74LS48

图中 A_0、A_1、A_2、A_3 为二进制代码输入端，Y_a、Y_b、Y_c、Y_d、Y_e、Y_f、Y_g 为译码输出端信号线，输出端内部有上拉电阻可以直接驱动共阴极数码管。

74LS48 的逻辑功能如下。

① 测试端 $\overline{LT}$。当 $\overline{LT}=0$，$\overline{BI}=1$ 时，译码输出全为高电平，7 个发光段全亮，常用此法测试数码管的好坏，在正常译码状态时 $\overline{LT}$ 应接高电平。

② 灭灯输入端 $\overline{BI}$。当 $\overline{BI}=0$ 时，不论其他输入端为何种电平，译码输出全为低电平，7 个发光段全灭，在正常译码状态时 $\overline{BI}$ 应接高电平。

③ 灭零输入端 $\overline{RBI}$。当 $\overline{LT}=\overline{BI}=1$，$\overline{RBI}=0$ 时，不显示数码 0，其他数码正常显示。

④ 灭零输出端 $\overline{RBO}$。$\overline{RBO}$ 和灭灯输入端 $\overline{BI}$ 连在一起。$\overline{RBI}=0$ 且 $A_0A_1A_2A_3=0000$ 时，

$\overline{RBO}$ 输出为 0，表明译码器处于灭零状态。

⑤ 在正常译码状态下，$\overline{LT}$、$\overline{BI}/\overline{RBO}$、$\overline{RBI}$ 均接高电平，在 A_0、A_1、A_2、A_3 端输入一组二进制代码，在输出端可得到一组 7 位的二进制代码，代码组送入数码管，数码管就可以显示与输入代码相对应的字形。

74LS48 的真值表如表 2-10 所示。

表 2-10　　　　　　　　　　74LS48 真值表

控制端			输入	段码输出	功能
$\overline{LT}$	$\overline{RBI}$	$\overline{BI}/\overline{RBO}$	A_3 A_2 A_1 A_0	a b c d e f g	
0	×	1	× × × ×	1 1 1 1 1 1 1	试灯
×	×	0	× × × ×	0 0 0 0 0 0 0	熄灭
1	0	1	0 0 0 0	0 0 0 0 0 0 0	灭 0
1	1	1	0 0 0 0	1 1 1 1 1 1 0	0
1	×	1	0 0 0 1	0 1 1 0 0 0 0	1
1	×	1	0 0 1 0	1 1 0 1 1 0 1	2
1	×	1	0 0 1 1	1 1 1 1 0 0 1	3
1	×	1	0 1 0 0	0 1 1 0 0 1 1	4
1	×	1	0 1 0 1	1 0 1 1 0 1 1	5
1	×	1	0 1 1 0	0 0 1 1 1 1 1	6
1	×	1	0 1 1 1	1 1 1 0 0 0 0	7
1	×	1	1 0 0 0	1 1 1 1 1 1 1	8
1	×	1	1 0 0 1	1 1 1 0 0 1 1	9
1	×	1	1 0 1 0	0 0 0 1 1 0 1	c
1	×	1	1 0 1 1	0 0 1 1 0 0 1	ɔ
1	×	1	1 1 0 0	0 1 0 0 0 1 1	u
1	×	1	1 1 0 1	1 0 0 1 0 1 1	ɕ
1	×	1	1 1 1 0	0 0 0 1 1 1 1	t
1	×	1	1 1 1 1	0 0 0 0 0 0 0	无显示

74LS48 的最大输出电流为 38mA，可直接驱动 LED 显示器件。

74LS48 与共阴极数码管 BS202 的连接如图 2-22 所示。在 IC 输出端与 LED 之间串入限流电阻可调节亮度。

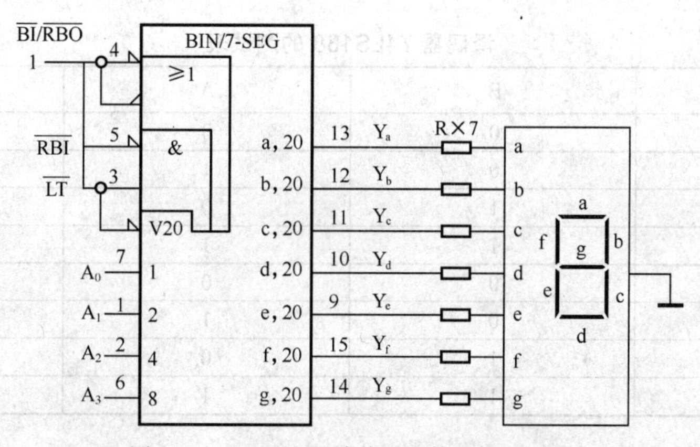

图 2-22　74LS48 驱动共阴极数码管 BS202

三、项目实施

（一）仿真实验 1 测试译码器 74LS138 的逻辑功能

测试译码器 74LS138 逻辑功能的仿真电路如图 2-23 所示，在 Multisim 2001 软件工作平台上操作步骤如下。

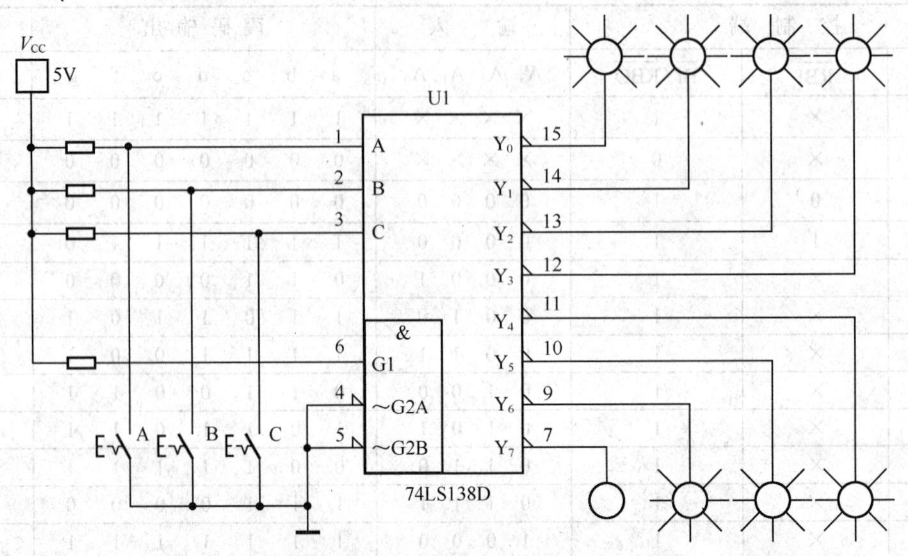

图 2-23　74LS138 逻辑功能仿真测试电路

（1）从 TTL 集成电路库中拖出 74LS138。

（2）从电源库中拖出电源 V_{CC} 和接地。

（3）从基本元器件库中拖出 4 个 1kΩ 电阻。

（4）从基本元器件库中拖出 3 个开关，将开关的操作键定义为 A、B、C（高位）。

（5）从显示器材库中拖出 8 个逻辑指示灯。

（6）按图 2-23 所示连接电路，检查电路无误后按下仿真开关进行测试。

（7）按照表 2-11 中所示数据操作按键 A、B、C，不亮的灯即为有效输出信号，并将对应编码的有效输出信号填入表 2-11 中。

表 2-11　　译码器 74LS138 的测试表

C	B	A	输出 Y
0	0	0	
0	0	1	
0	1	0	
0	1	1	
1	0	0	
1	0	1	
1	1	0	
1	1	1	

（8）检查测试结果是否符合 74LS138 的逻辑功能。

（二）仿真实验 2　用译码器实现逻辑函数 $L=AC+\overline{A}B$

将逻辑函数 $L=AC+\overline{A}B$ 转换为最小项表达式

$$\begin{aligned}L&=AC+\overline{A}B\\&=ABC+A\overline{B}C+\overline{A}BC+\overline{A}B\overline{C}\\&=\sum m(2,3,5,7)\end{aligned}$$

用译码器实现逻辑函数 $L=AC+\overline{A}B$ 的电路如图 2-24 所示，在 Multisim 2001 软件工作平台上操作步骤如下。

（1）从 TTL 集成电路库中拖出 74LS138 和 74LS20。

（2）从电源库中拖出电源 V_{CC} 和接地。

（3）从基本元器件库中拖出 4 个 1kΩ 电阻。

（4）从基本元器件库中拖出 3 个开关，将开关的操作键定义为 A、B、C（低位）。

（5）从指示元器件库中拖出一个逻辑指示灯。

（6）按图 2-24 所示连接电路，检查电路无误后按下仿真开关进行测试。

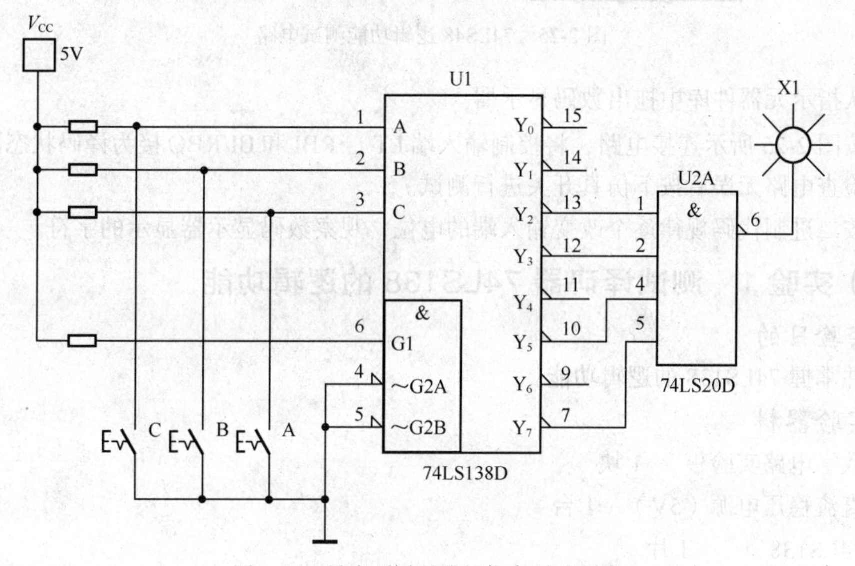

图 2-24　最小项译码器的仿真测试电路

（7）按逻辑函数的各个最小项分别进行接线测试，此时逻辑指示灯应亮，否则逻辑指示灯应灭。例如，当译码输入端 A、B、C 全部接高电平时，逻辑指示灯应亮。

注：在逻辑函数最小项中 A 表示最高位，C 表示最低位，所以逻辑开关 A 对应测试电路输入端的最高位 C。

（三）仿真实验 3　测试七段译码器 74LS48

测试译码器 74LS48 的电路如图 2-25 所示，在 Multisim 2001 软件工作平台上操作步骤如下。

（1）从 TTL 集成电路库中拖出 74LS48。

（2）从电源库中拖出电源 V_{CC} 和接地。

（3）从基本元器件库中拖出 5 个 1kΩ 电阻。

（4）从基本元器件库中拖出 4 个开关，将开关的操作键定义为 A、B、C、D。

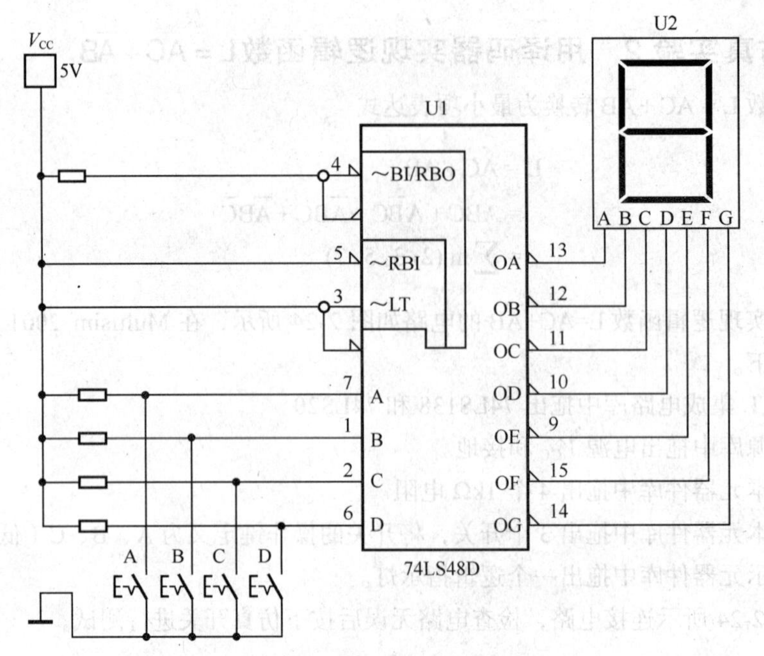

图 2-25　74LS48 逻辑功能测试电路

（5）从指示元器件库中拖出数码显示器。

（6）按图 2-25 所示连接电路，将控制输入端 $\overline{\text{LT}}$ 、$\overline{\text{RBI}}$ 和 $\overline{\text{BI/RBO}}$ 接为译码状态。

（7）检查电路无误后按下仿真开关进行测试。

（8）按二进制代码规律逐个改变输入端的电位，观察数码显示器显示的字符。

（四）实验 1　测试译码器 74LS138 的逻辑功能

1. 实验目的

测试并掌握 74LS138 的逻辑功能。

2. 实验器材

（1）数字电路实验板　　1 块

（2）直流稳压电源（5V）　1 台

（3）74LS138　　　1 片

（4）跳线若干

（5）集成电路起拔器　　1 个

3. 注意事项

（1）不要在带电状态下插拔集成电路，否则容易造成集成电路内部电路损坏。

（2）安装集成电路芯片时要注意缺口方向，起拔集成电路芯片时要用集成电路起拔器。

（3）应仔细检查、核对线路是否连接正确，经指导教师检查后再接通电源。

4. 操作步骤

参考图 2-17 接线。

（1）关闭稳压电源开关，将集成电路块 74LS138 插入集成电路 16P 插座上。

（2）将 + 5V 电源接到 IC 的管脚 16，将电源负极接到 IC 的管脚 8。

（3）将输出端用跳线接到 LED 指示器上。

（4）用跳线将控制输入端ST_A、$\overline{ST_B}$和$\overline{ST_C}$接为禁止译码状态，观察输出显示。

（5）用跳线将控制输入端ST_A、$\overline{ST_B}$和$\overline{ST_C}$接为译码状态，逐个改变译码输入端的电位，观察输出显示是否与表 2-12 所示数据一致。

表 2-12　　74LS138 的真值表

控制输入		译码输入			输出							
6	4　5	3	2	1	15	14	13	12	11	10	9	7
ST_A	$\overline{ST_B}+\overline{ST_C}$	A_2	A_1	A_0	Y_0	Y_1	Y_2	Y_3	Y_4	Y_5	Y_6	Y_7
0	×	×	×	×	1	1	1	1	1	1	1	1
×	1	×	×	×	1	1	1	1	1	1	1	1
1	0	0	0	0	0	1	1	1	1	1	1	1
1	0	0	0	1	1	0	1	1	1	1	1	1
1	0	0	1	0	1	1	0	1	1	1	1	1
1	0	0	1	1	1	1	1	0	1	1	1	1
1	0	1	0	0	1	1	1	1	0	1	1	1
1	0	1	0	1	1	1	1	1	1	0	1	1
1	0	1	1	0	1	1	1	1	1	1	0	1
1	0	1	1	1	1	1	1	1	1	1	1	0

（五）实验 2　用译码器实现逻辑函数$L=AC+\overline{A}B$

1. 实验目的

用译码器 74LS138 和四 2 输入与非门 74LS20 实现三变量逻辑函数

$$
\begin{aligned}
L &= AC+\overline{A}B \\
&= ABC+A\overline{B}C+\overline{A}BC+\overline{A}B\overline{C} \\
&= \sum m(2,3,5,7)
\end{aligned}
$$

实验电路如图 2-26 所示。

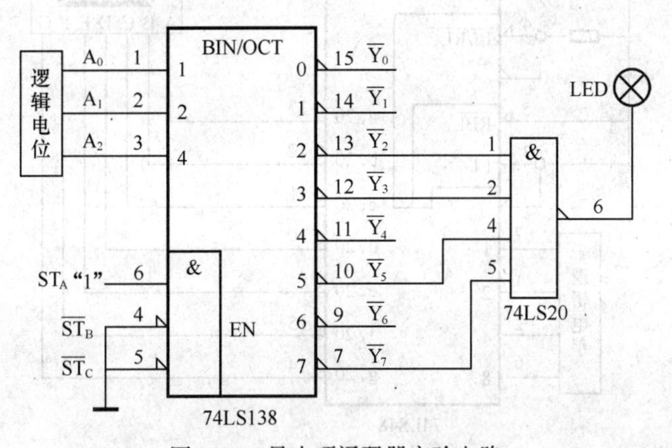

图 2-26　最小项译码器实验电路

2. 实验器材

（1）数字电路实验板　　1 块

（2）直流稳压电源（5V）　1 台

（3）74LS138、74LS20　　各 1 片

（4）跳线若干

（5）集成电路起拔器　1 个

3. 注意事项

（1）不要在带电状态下插拔集成电路，否则容易造成集成电路内部电路损坏。

（2）应仔细检查、核对线路是否连接正确，经指导教师检查后再接通电源。

4. 操作步骤

（1）关闭直流稳压电源开关，将集成电路块 74LS138、74LS20 分别插入集成电路 16P 和 14P 插座上，参考图 2-26 接线。

（2）将 + 5V 电源接到 74LS138 的管脚 16 和 74LS20 的管脚 14。

（3）将电源负极接到 74LS138 的管脚 8 和 74LS20 的管脚 7。

（4）用跳线将控制输入端 ST_A、$\overline{ST_B}$ 和 $\overline{ST_C}$ 接为译码状态。

（5）用跳线将 74LS20 的输出端接到 LED 指示器上。

（6）用跳线将 74LS138 的输入端接到逻辑电位上。

（7）按照最小项表达式逐个改变译码输入端的电位，LED 指示器应点亮，非最小项时 LED 指示器应熄灭。

（六）实验 3　测试译码器 74LS48 的逻辑功能

1. 实验目的

测试七段显示码译码器 74LS48 的逻辑功能。

七段译码器 74LS48 的实验电路如图 2-27 所示。

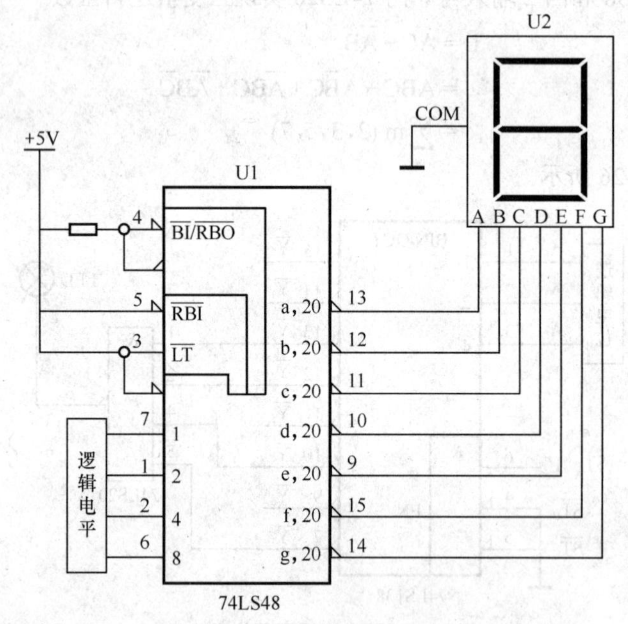

图 2-27　七段译码器 74LS48 的实验电路

2. 实验器材

（1）数字电路实验板　1 块

（2）直流稳压电源（5V）　1 台

（3）74LS48　1 片

（4）共阴极 LED 数码管　　　1 只

（5）跳线若干

（6）集成电路起拔器　　1 个

3．注意事项

（1）不要在带电状态下插拔集成电路，否则容易造成集成电路内部电路损坏。

（2）应仔细检查、核对线路是否连接正确，经指导教师检查后再接通电源。

4．操作步骤

（1）关闭直流稳压电源开关，将集成电路块 74LS138 插入集成电路 16P 插座上。

（2）将 + 5V 电源接到 IC 的管脚 16，将电源负极接到 IC 的管脚 8。

（3）用跳线将控制输入端 $\overline{LT}$ 、$\overline{RBI}$ 和 $\overline{BI}/\overline{RBO}$ 接到高电平。

（4）用跳线将 74LS48 的输出端接到 LED 数码管的对应端子。

（5）用跳线将 LED 数码管的公共端接地。

（6）用跳线输入不同的二进制代码，观察数码管的输出显示情况。

四、知识扩展

74LS42 是二—十进制译码器，因它有 4 个输入端，10 个输出端，所以又称为 4 线—10 线译码器，其逻辑符号和管脚排列如图 2-28 所示。

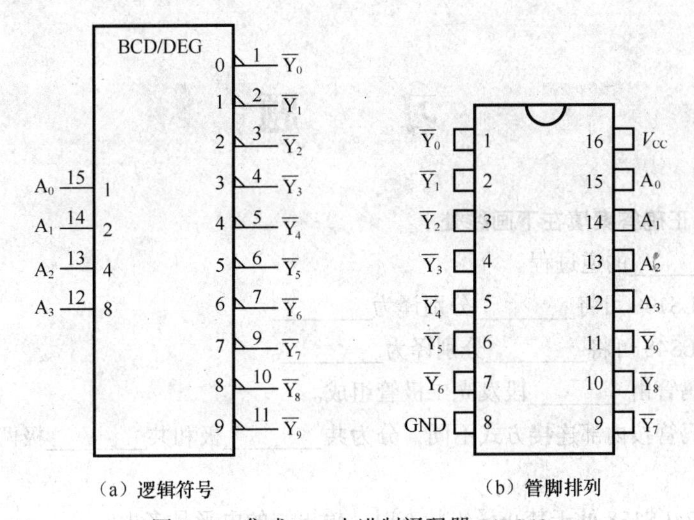

（a）逻辑符号　　　　（b）管脚排列

图 2-28　集成二—十进制译码器 74LS42

图 2-28 中 A_0～A_3 是译码输入信号，$\overline{Y_0}$ ~ $\overline{Y_9}$ 是译码输出信号，低电平有效。其真值表如表 2-13 所示。

表 2-13　　　　　74LS42 真值表

D	输入				输出									
	A_3	A_2	A_1	A_0	$\overline{Y_0}$	$\overline{Y_1}$	$\overline{Y_2}$	$\overline{Y_3}$	$\overline{Y_4}$	$\overline{Y_5}$	$\overline{Y_6}$	$\overline{Y_7}$	$\overline{Y_8}$	$\overline{Y_9}$
0	0	0	0	0	0	1	1	1	1	1	1	1	1	1
1	0	0	0	1	1	0	1	1	1	1	1	1	1	1
2	0	0	1	0	1	1	0	1	1	1	1	1	1	1
3	0	0	1	1	1	1	1	0	1	1	1	1	1	1

续表

D	输入				输出									
	A_3	A_2	A_1	A_0	$\overline{Y_0}$	$\overline{Y_1}$	$\overline{Y_2}$	$\overline{Y_3}$	$\overline{Y_4}$	$\overline{Y_5}$	$\overline{Y_6}$	$\overline{Y_7}$	$\overline{Y_8}$	$\overline{Y_9}$
4	0	1	0	0	1	1	1	1	0	1	1	1	1	1
5	0	1	0	1	1	1	1	1	1	0	1	1	1	1
6	0	1	1	0	1	1	1	1	1	1	0	1	1	1
7	0	1	1	1	1	1	1	1	1	1	1	0	1	1
8	1	0	0	0	1	1	1	1	1	1	1	1	0	1
9	1	0	0	1	1	1	1	1	1	1	1	1	1	0
伪码	1	0	1	0	1	1	1	1	1	1	1	1	1	1
	1	0	1	1	1	1	1	1	1	1	1	1	1	1
	1	1	0	0	1	1	1	1	1	1	1	1	1	1
	1	1	0	1	1	1	1	1	1	1	1	1	1	1
	1	1	1	0	1	1	1	1	1	1	1	1	1	1
	1	1	1	1	1	1	1	1	1	1	1	1	1	1

由真值表可知，当输入端输入 8421BCD 码时，相应的一个输出端为低电平（有效电平）。当输入端输入非 8421BCD 码（伪码）时，全部输出端均为高电平（无效电平）。

习　题

一、填空题（请将正确答案填在下画线处）

1. 译码是________的逆过程。
2. 译码器 74LS138 可将________分别译为________。
3. 译码器 74LS48 可将________分别译为________。
4. 半导体数码管由________段发光二极管组成。
5. 半导体数码管按内部连接方式不同，分为共________极和共________极两种类型。

二、问答题

1. 当译码器 74LS138 处于禁止译码状态时，输出端的电平是多少？
2. 对于译码器 74LS42，当输入码是非 8421BCD 码时，输出数据是多少？

三、设计题

用最小项译码器实现逻辑函数 $L = BC + A\overline{B} + \overline{A}\,\overline{C}$，试绘出逻辑电路图。

项目四　加法器

一、项目分析

加法器的功能是完成两数之间的数值相加运算。加法器分为半加器和全加器，完成仅一位二进制数 A、B 本身相加功能的电路称为半加器。两个多位二进制数相加时，每一位都有来自低位的进位相加，这种运算称为“全加”运算，相应的电路称为全加器。

集成加法器 74LS83 是 4 位串行进位加法器，结构简单，但运行速度较慢。集成加法器 74LS283、CC4008 采用超前进位技术，使加法器各级的进位信号不再是逐级传送，仅由加数和被加数决定，其运算速度大大提高。

二、相关知识

（一）半加器

两个一位二进制数相加，只考虑两个加数本身，不考虑来自低位的进位数，这样的逻辑称为半加，如图 2-29（a）所示。

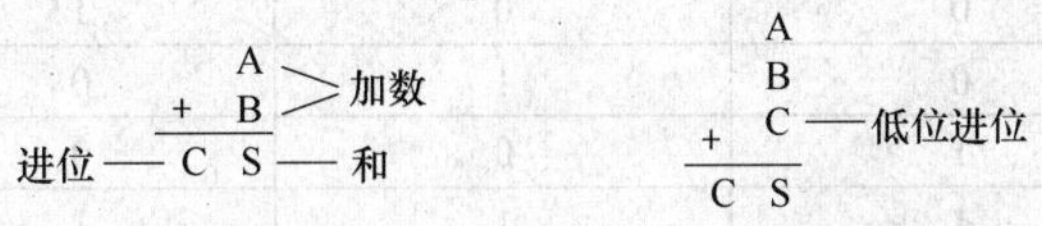

A
\+ B 加数
进位 — C S — 和

（a）半加器

A
B
C — 低位进位
\+
C S

（b）全加器

图 2-29 半加器与全加器的定义

设两个一位二进制数 A、B 相加，和为 S，向高位的进位数为 C，半加器运算的真值表如表 2-14 所示。

表 2-14 半加器运算真值表

输入		输出	
加数 A	加数 B	和 S	进位数 C
0	0	0	0
0	1	1	0
1	0	1	0
1	1	0	1

从真值表中可以看出，和 S 在加数 A、B 逻辑相异时为 1，所以可用异或门电路实现。由真值表可以写出半加器的逻辑表达式为

$$S=\overline{A}B+A\overline{B}=A\oplus B$$
$$C=AB$$

半加器的逻辑电路和逻辑符号如图 2-30 所示。

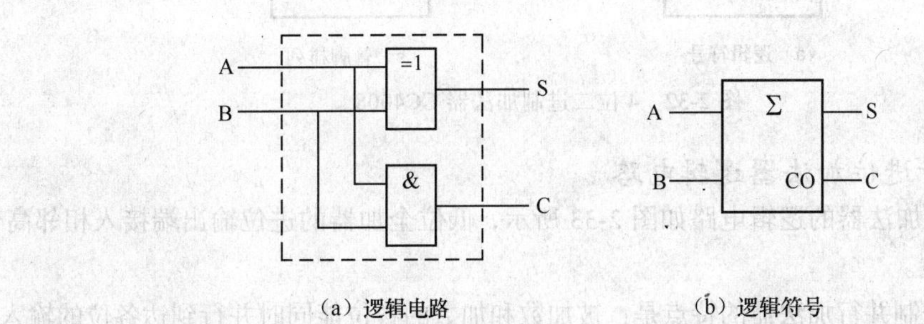

（a）逻辑电路　（b）逻辑符号

图 2-30 半加器

（二）全加器

实现全加运算的逻辑电路称为全加器，如图 2-29（b）所示。

设两个一位二进制数 A_i、B_i相加，C_{i-1}表示相邻低位来的进位，和为 S_i，向高位的进位数为 C_i，全加器运算的真值表如表 2-15 所示。

表 2-15　　全加器运算真值表

输入			输出	
A_i	B_i	C_{i-1}	S_i	C_i
0	0	0	0	0
0	0	1	1	0
0	1	0	1	0
0	1	1	0	1
1	0	0	1	0
1	0	1	0	1
1	1	0	0	1
1	1	1	1	1

全加器的逻辑符号如图 2-31 所示。

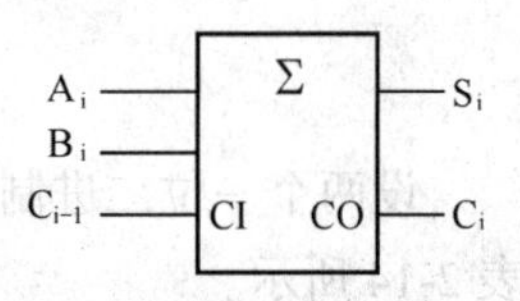

图 2-31　全加器逻辑符号

（三）集成加法器

1. 集成加法器 CC4008

4 位二进制集成加法器 CC4008 的逻辑符号和管脚排列如图 2-32 所示。其中 A_0～A_3和 B_0～B_3为两个 4 位二进制加数的输入端，CI_0为低位进位输入端，S_0～S_3为 4 位本位和输出端，CO_4为向高位进位输出端。

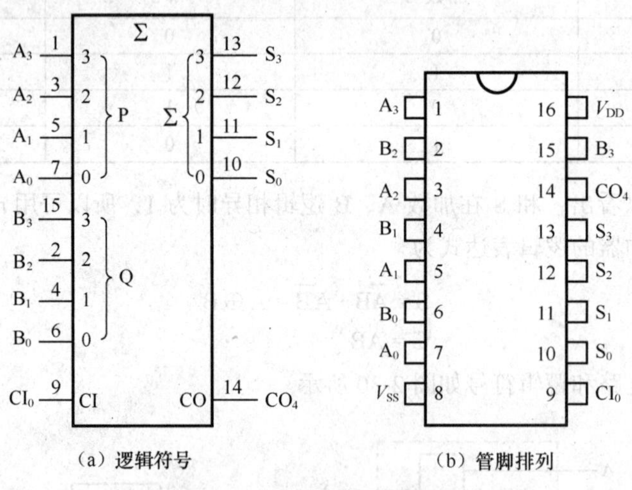

图 2-32　4 位二进制加法器 CC4008

2. 4 位串行进位加法器逻辑电路

4 位串行进位加法器的逻辑电路如图 2-33 所示，低位全加器的进位输出端接入相邻高位全加器的进位输入端。

串行进位二进制并行加法器的特点是：被加数和加数的各位能同时并行到达各位的输入端，而各位全加器的进位输入则是按照由低位向高位逐级串行传递的，各进位形成一个进位链。由于每一位相加的和都与本位进位输入有关，所以，最高位必须等到各低位全部相加完成并送来进位信号之后才能产生运算结果。显然，这种加法器运算速度较慢，而且位数越多，速度就越低。

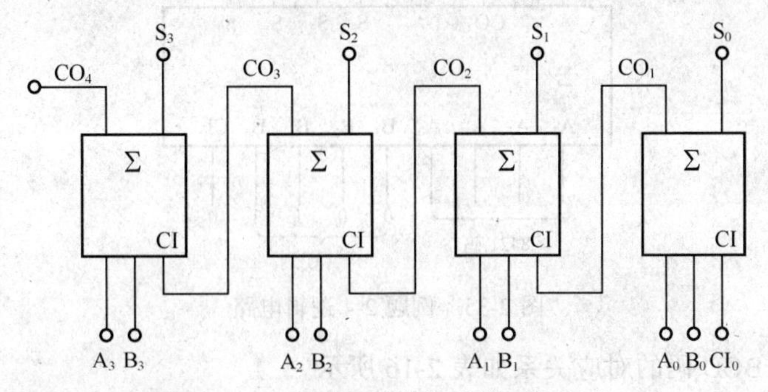

图 2-33　4 位串行进位加法器逻辑电路

3. 超前进位加法器逻辑电路

为了提高加法器的运算速度，必须设法减小或去除由于进位信号逐级传送所花的时间，使各位的进位直接由加数和被加数来决定，而不依赖低位进位。根据这一思想设计的加法器称为超前进位二进制并行加法器。

4 位超前进位加法器的逻辑电路如图 2-34 所示，进位位直接由加数、被加数和最低进位位 CI_0 形成，因此运算速度较快。

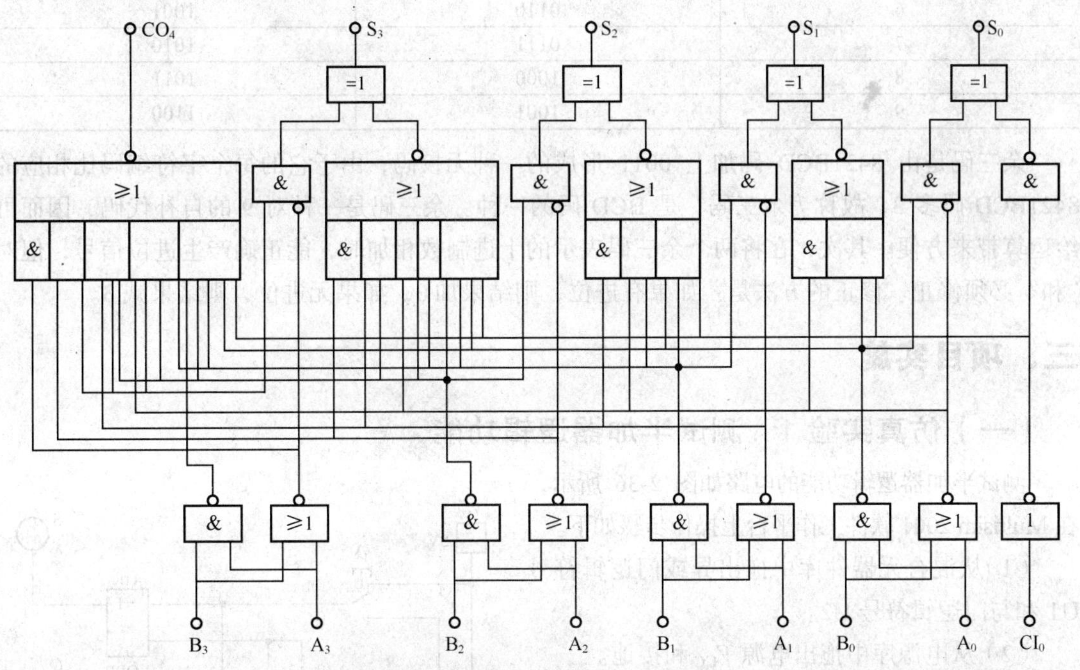

图 2-34　超前进位加法器逻辑电路

【例题 2-4】　试用 4 位加法器实现 8421BCD 码至余 3BCD 码的转换，并列出余 3 码。

解：余 3 码是由 8421BCD 码加 3 形成的代码，所以，用 4 位二进制并行加法器实现 8421BCD 码到余 3 码的转换，只需从 4 位二进制并行加法器的输入端 A_0～A_3 输入 8421BCD 码，而从输入端 B_0～B_3 输入二进制数 0011，进位输入端 CI_0 接 0，便可从输出端 S_0～S_3 得到与输入 8421BCD 码对应的余 3 码。其逻辑电路如图 2-35 所示。

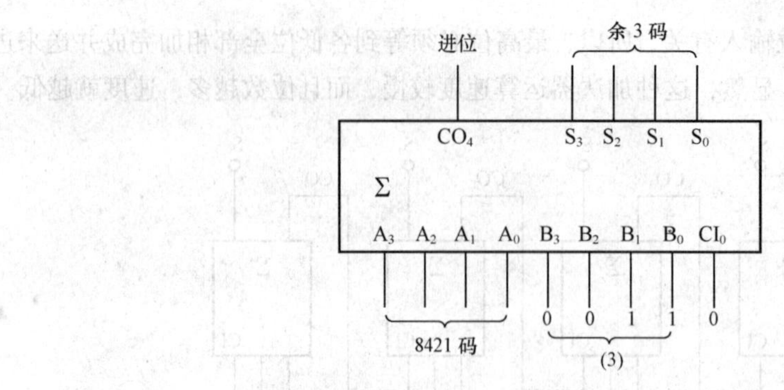

图 2-35　例题 2-4 逻辑电路

余 3 码与 8421BCD 码的对应关系如表 2-16 所示。

表 2-16　　余 3 码与 8421BCD 码的对应关系表

十 进 制 数	8421BCD 码	余 3BCD 码
0	0000	0011
1	0001	0100
2	0010	0101
3	0011	0110
4	0100	0111
5	0101	1000
6	0110	1001
7	0111	1010
8	1000	1011
9	1001	1100

余三码是由 8421BCD 码加上 0011 形成的一种无权码，由于它的每个字符编码比相应的 8421BCD 码多 3，故称为余三码，是 BCD 码的一种。余三码是一种对 9 的自补代码，因而可给运算带来方便。其次，在将两个余三码表示的十进制数相加时，能正确产生进位信号，但对“和”必须修正。修正的方法是：如果有进位，则结果加 3；如果无进位，则结果减 3。

三、项目实施

（一）仿真实验 1　测试半加器逻辑功能

测试半加器逻辑功能的电路如图 2-36 所示，在 Multisim 2001 软件工作平台上操作步骤如下。

（1）从混合元器件库中拖出异或门逻辑符号 U1 和与门逻辑符号 U2。

（2）从电源库中拖出电源 V_{CC} 和接地。

（3）从基本元器件库中拖出两个开关，将开关的操作键定义为 A、B。

（4）从显示器材库中拖出两个指示灯 S、C。

（5）完成电路连接后按下仿真开关进行测试。

（6）按照表 2-17 中所示数据操作按键 A 或 B，并将输出结果填入表 2-17 中。

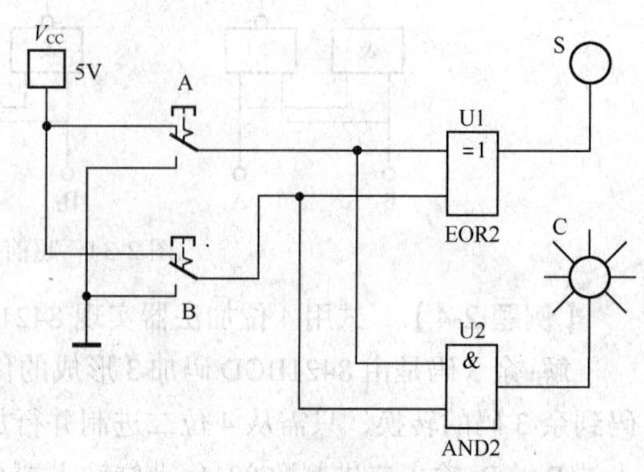

图 2-36　半加器逻辑测试电路

表 2-17　　　　半加器运算测试表

输入		输出	
加数 A	加数 B	和数 S	进位数 C
0	0		
0	1		
1	0		
1	1		

（7）检查测试结果是否符合半加器逻辑功能。

（二）仿真实验 2　用集成加法器实现 8421 码至余 3 码的转换

用集成加法器 CC4008 实现 8421BCD 码至余 3BCD 码的转换电路如图 2-37 所示，在 Multisim 2001 软件工作平台上操作步骤如下。

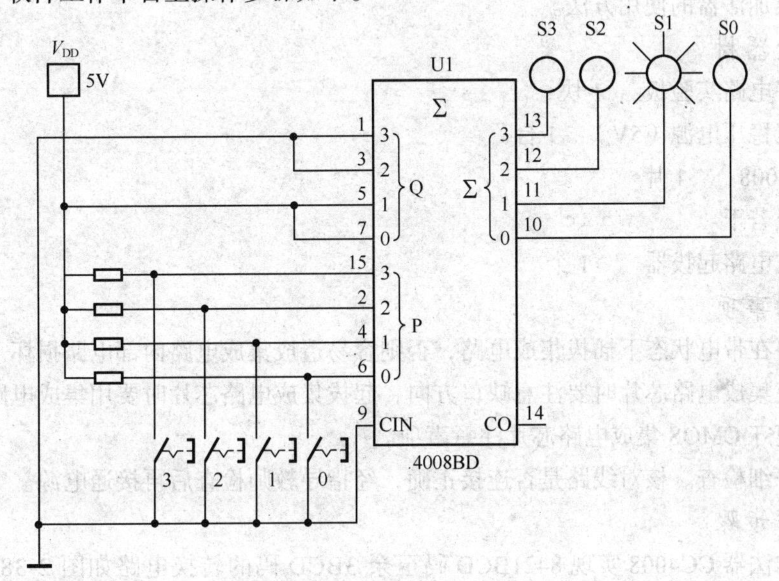

图 2-37　8421 码至余 3 码转换电路

（1）从 CMOS 元件库中拖出集成加法器 CC4008。

（2）从电源库中拖出电源 V_{DD} 和接地。

（3）从基本元器件库中拖出 4 个 1kΩ 电阻。

（4）从基本元器件库中拖出 4 个开关，将开关的操作键定义为 3、2、1、0。

（5）从显示器材库中拖出 4 个指示灯 S3、S2、S1 和 S0。

（6）完成电路连接后按下仿真开关进行测试。

（7）操作按键“3”、“2”、“1”、“0”输入 8421BCD 码，观察输出的余 3BCD 码，并将观察结果填入表 2-18 中。

表 2-18　　　　余 3 码测量表

十进制数	8421BCD 码	余 3BCD 码
0	0000	
1	0001	
2	0010	
3	0011	
4	0100	

续表

十 进 制 数	8421BCD 码	余 3BCD 码
5	0101	
6	0110	
7	0111	
8	1000	
9	1001	

（8）检查测试结果是否完成 8421BCD 码至余 3BCD 码的转换。

（三）实验　用集成加法器实现 8421 码至余 3 码的转换

1. 实验目的

掌握集成加法器的使用方法。

2. 实验器材

（1）数字电路实验板　1 块

（2）直流稳压电源（5V）　1 台

（3）CC4008　1 片

（4）跳线若干

（5）集成电路起拔器　1 个

3. 注意事项

（1）不要在带电状态下插拔集成电路，否则容易造成集成电路内部电路损坏。

（2）安装集成电路芯片时要注意缺口方向，起拔集成电路芯片时要用集成电路起拔器。

（3）要遵守 CMOS 集成电路芯片注意事项。

（4）应仔细检查、核对线路是否连接正确，经指导教师检查后再接通电源。

4. 操作步骤

用集成加法器 CC4008 实现 8421BCD 码至余 3BCD 码的转换电路如图 2-38 所示。

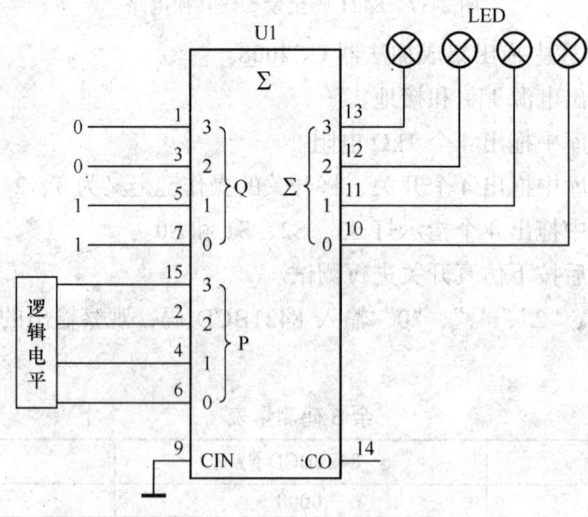

图 2-38　8421 码至余 3 码转换电路

（1）关闭直流稳压电源开关，将 CC4008 插入集成电路 16P 插座上。

（2）将 +5V 电源接到 IC 的管脚 16，将电源负极接到 IC 的管脚 8。

（3）将 IC 的一个加数输入端用跳线接为逻辑电位“0011”。

（4）将 IC 的另一个加数输入端用跳线接到逻辑电位上。

（5）将 IC 的输出端用跳线接到 LED 指示器上。

（6）逐个输入 8421BCD 码，并将测试结果余 3 码记入表 2-19 中。

表 2-19　　余 3 码测量表

十进制数	8421BCD 码	余 3BCD 码
0	0000	
1	0001	
2	0010	
3	0011	
4	0100	
5	0101	
6	0110	
7	0111	
8	1000	
9	1001	

四、知识扩展

【例题 2-5】 用 1 个 4 位并行加法器和 6 个与门设计一个乘法器，实现 $A \times B$，其中 $A = a_3a_2a_1$，$B = b_2b_1$。

解：根据乘数和被乘数的取值范围，可知乘积的范围为 0～21，故该电路应有 5 位输出。设输出用 $S_4S_3S_2S_1\ S_0$ 表示，两数相乘求积的过程如下。

$$
\begin{array}{rrrrrl}
 & & a_3 & a_2 & a_1 & \text{被乘数} \\
\times) & & & b_2 & b_1 & \text{乘数} \\
\hline
 & & a_3b_1 & a_2b_1 & a_1b_1 & \\
+) & a_3b_2 & a_2b_2 & a_1b_2 & & \\
\hline
S_4 & S_3 & S_2 & S_1 & S_0 & \text{乘积}
\end{array}
$$

因为两个一位二进制数相乘的法则和逻辑“与”运算法则相同，所以“积”项 a_ib_j（$i = 1, 2, 3$；$j = 1, 2$）可用两输入与门实现。而对部分积求和可用并行加法器实现。由此可知，实现上述二进制乘法运算的电路由 6 个与门和 1 个 4 位并行加法器构成，逻辑电路如图 2-39 所示。

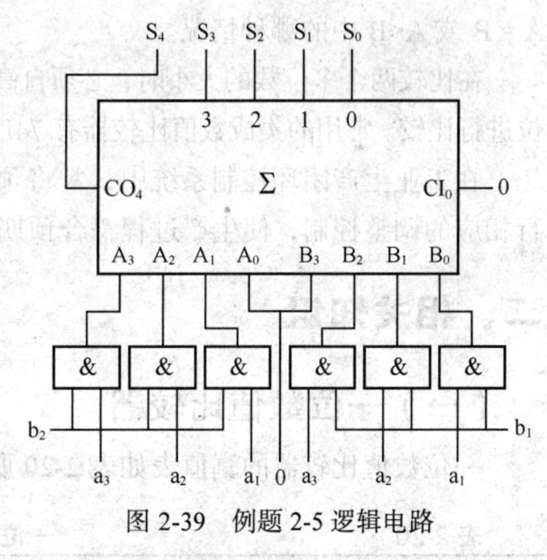

图 2-39　例题 2-5 逻辑电路

习　题

一、填空题（请将正确答案填在下画线处）

1. 两个一位二进制数相加，只考虑两个加数本身，不考虑来自低位的________，这样的运算称为________。

2. 两个一位二进制数相加，除考虑两个加数本身外，还要加上来自相邻低位的________，这种运算称为________。

二、问答题

1. 一片加法器 CC4008 可完成几位二进制加法运算？

2. 要完成 8 位二进制加法运算需要几片 CC4008？

三、判断题（判断正误并在括号内填√或×）

1. 二进制加法计算不必考虑低位的进位。（　　）

2. 用两个半加器组合就可以构成一个全加器。（　　）

四、计算题

求下列二进制加法的和。

1. 11 + 01 =

2. 1101 + 1011 =

3. 1111 1100 + 1010 1010 +1101 =

项目五　数值比较器

一、项目分析

数值比较器就是对两个二进制数 A、B 进行比较，以判断两个二进制数 A 和 B 属于 A>B、A = B 或 A<B 中的哪种情况。

在比较两个多位数的大小时，必须自高而低地逐位比较，而且只有在高位相等时，才对相邻低位进行比较。常用的集成数值比较器有 74LS85（4 位数值比较器）、74LS521（8 位数值比较器）等。

在工业生产闭环控制系统中，常将预定数值与实际数值进行即时比较，并根据比较结果进行相应的调整控制，使生产过程符合预期要求。

二、相关知识

（一）一位数值比较器

一位数值比较器的真值表如表 2-20 所示。

表 2-20　　一位数值比较器真值表

输　入		比 较 输 出		
A	B	A > B	A = B	A < B
0	0	0	1	0
0	1	0	0	1
1	0	1	0	0
1	1	0	1	0

由真值表写出一位数值比较器的逻辑函数式。

$$(A<B)=\overline{A}B$$

$$(A>B)=A\overline{B}$$

$$(A=B)=\overline{A}\,\overline{B}+AB=\overline{\overline{A}B+A\overline{B}}$$

由逻辑函数式绘出逻辑电路图，如图 2-40 所示。

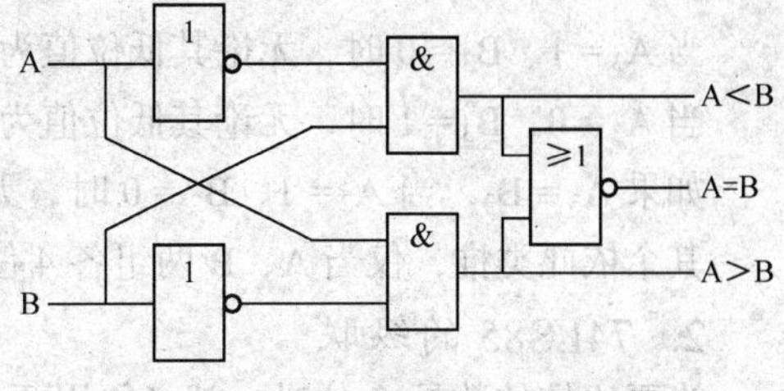

图 2-40　一位数值比较器逻辑电路图

（二）集成数值比较器

1. 集成数值比较器 74LS85

4 位集成数值比较器 74LS85 逻辑符号与管脚排列如图 2-41 所示。

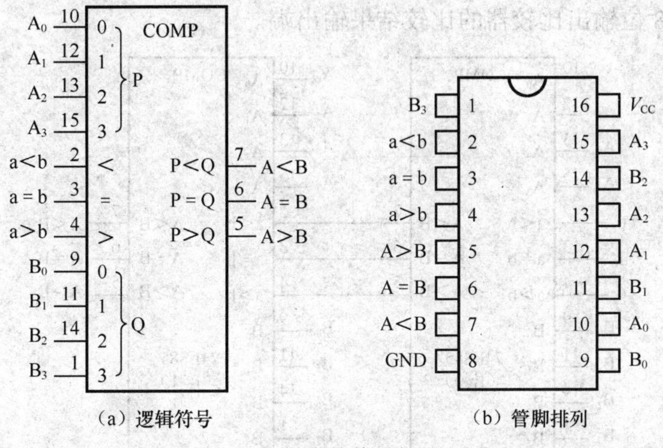

图 2-41　4 位集成数值比较器 74LS85

74LS85 有 8 个数据输入端，可以分别输入两个 4 位二进制数 A（A_0～A_3）和 B（B_0～B_3）。它有 3 个输出端“A<B”、“A>B”和“A = B”，3 个输出端总是只有一个为 1，表示比较结果。例如，若 A<B，则输出“A<B”为 1，“A>B”和“A = B”均为 0。

在 74LS85 中，还有 3 个用于扩展的级联输入端“a<b”、“a = b”、“a>b”，其逻辑功能相当于在 4 位二进制比较器的最低级 A_0、B_0 后添加了一位更低的比较数码。此功能可将多个 74LS85 级联使用，以扩大比较器的位数。74LS85 作为单级或最低级使用时，应将级联输入端“a<b”、“a>b”端子接低电平，“a = b”端子接高电平，表示更低位数值大小相等。

4 位二进制比较器 74LS85 的真值表如表 2-21 所示。

表 2-21　　74LS85 比较器真值表

输入信号				比较结果		
A_3、B_3	A_2、B_2	A_1、B_1	A_0、B_0	A > B	A < B	A = B
1　0	××	××	××	1	0	0
0　1	××	××	××	0	1	0
$A_3=B_3$	1　0	××	××	1	0	0
$A_3=B_3$	0　1	××	××	0	1	0
$A_3=B_3$	$A_2=B_2$	1　0	××	1	0	0
$A_3=B_3$	$A_2=B_2$	0　1	××	0	1	0
$A_3=B_3$	$A_2=B_2$	$A_1=B_1$	1　0	1	0	0
$A_3=B_3$	$A_2=B_2$	$A_1=B_1$	0　1	0	1	0
$A_3=B_3$	$A_2=B_2$	$A_1=B_1$	$A_0=B_0$	0	0	1

由 74LS85 比较器真值表可以看出逻辑关系如下：

当 $A_3=1$、$B_3=0$ 时，无论其低位值为何值，结果总是（A＞B）＝1；

当 $A_3=0$、$B_3=1$ 时，无论其低位值为何值，结果总是（A＜B）＝1；

如果 $A_3=B_3$，当 $A_2=1$、$B_2=0$ 时，无论其低位值为何值，结果总是（A＞B）＝1。

其余依此类推，仅当 A、B 两组各 4 位数码均两两相等时，结果才为（A＝B）＝1。

2. 74LS85 的级联

当要比较的数是 8 位时，就必须用两片 74LS85 串联使用，应使低位比较器的级联输入端"a＝b"为 1，"a＜b"和"a＞b"为 0，即告诉比较器，前级比较结果是"A＝B"。用 74LS85 组成的 8 位二进制数比较电路如图 2-42 所示，A、B 数据的低 4 位接片 0，高 4 位接片 1，片 1 的输出端作为整个 8 位输出比较器的比较结果输出端。

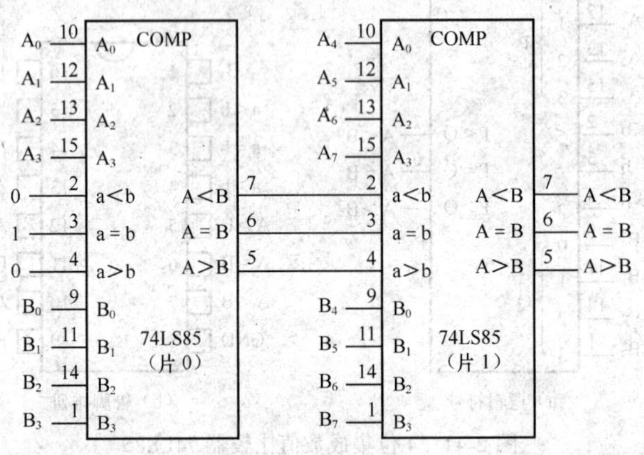

图 2-42　两片 74LS85 串联构成 8 位数值比较逻辑电路

三、项目实施

（一）仿真实验　测试集成数值比较器 74LS85 的逻辑功能

测试数值比较器 74LS85 逻辑功能的电路如图 2-43 所示，在 Multisim 2001 软件工作平台上操作步骤如下。

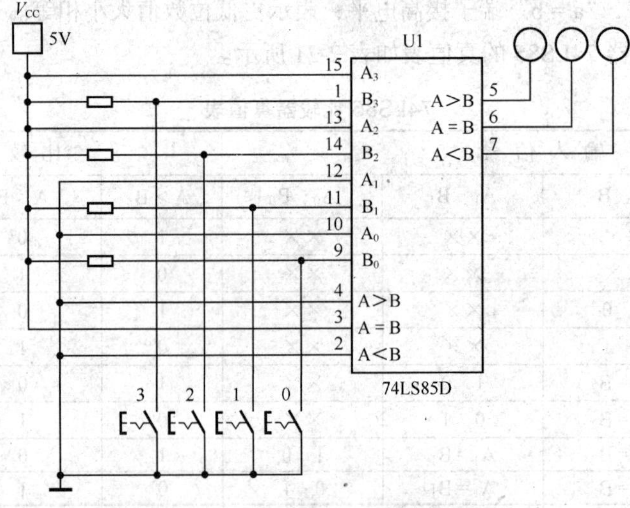

图 2-43　74LS85 逻辑功能仿真测试电路

（1）从 TTL 集成电路库中拖出 74LS85。

（2）从电源库中拖出电源 V_{CC} 和接地。

（3）从基本元器件库中拖出 4 个 1kΩ 电阻。

（4）从基本元器件库中拖出 4 个开关，将开关的操作键定义为 3、2、1、0。

（5）从显示器材库中拖出 3 个逻辑指示灯。

（6）按图 2-43 所示连接电路，将 A 的数值设置为“1100”。

（7）操作按键，输入 4 位二进制数值 B。

（8）观察、比较输出结果是否符合 74LS85 的逻辑功能。

（二）实验　测试集成数值比较器 74LS85 的逻辑功能

1. 实验目的

测试并掌握 74LS85 的逻辑功能。

2. 实验器材

（1）数字电路实验板　1 块

（2）直流稳压电源（5V）　1 台

（3）74LS85　　1 片

（4）跳线若干

（5）集成电路起拔器　　1 个

3. 注意事项

（1）不要在带电状态下插拔集成电路，否则容易造成集成电路内部电路损坏。

（2）安装集成电路芯片时要注意缺口方向，起拔集成电路芯片时要用集成电路起拔器。

（3）应仔细检查与核对线路是否连接正确，经指导教师检查后再接通电源。

4. 操作步骤

参考图 2-44 连接电路。

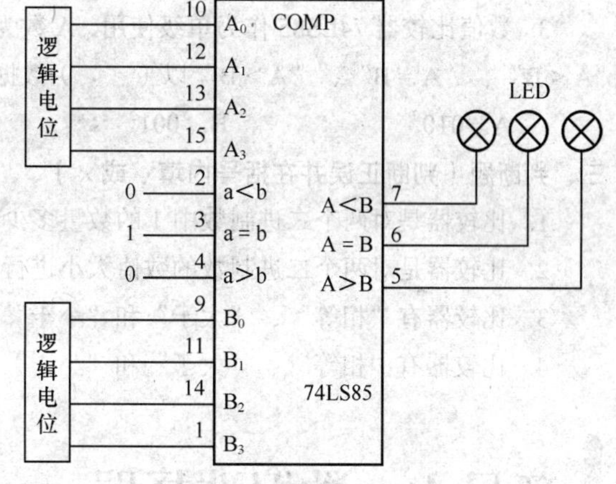

图 2-44　74LS85 逻辑功能测试电路

（1）关闭直流稳压电源开关，将集成电路芯片 74LS85 插入集成电路 16P 插座上。

（2）将 + 5V 电压接到 IC 的管脚 16，将电源负极接到 IC 的管脚 8。

（3）将 74LS85 的级联输入端“A < B”、“A > B”端子接低电平，“A = B”端子接高电平。

（4）按表 2-22 中的数据用跳线将 A_3～A_0、B_3～B_0 连接不同的高低电平。输出端 A > B、A < B、A = B 用跳线接 LED 电平显示端。检查无误后接通电源。

（5）将输出端 A>B、A<B、A = B 比较后的状态填入表 2-22 中。

表 2-22　　74LS85 功能测试表

二进制数 A	0101	1011	1010	1100	1100
二进制数 B	0001	1110	1010	0110	1110
A > B					
A < B					
A = B					

（6）改变 A_3～A_0、B_3～B_0 的电平，重复做第 4 项和第 5 项。

（7）判断表中数据是否符合数值比较运算的规则。

习　题

一、填空题（请将下列各组二进制数的比较结果=、>或<填在下画线处）

01________01　　01________10　　00________100　　111________110

1000________1001　　1011________1011　　1100________1011

二、选择题（请在下列选项中选择一个正确答案并填在括号内）

1. 数值比较器 74LS85（　　）。

A. 只能比较 4 位二进制数

B. 可以级联使用

C. 只能比较 1 位二进制数

2. 两个多位二进制数进行比较，应先从（　　）位开始比较。

A. 最高位　　B. 最低位　　C. 次高位　　D. 次低位

3. 数值比较器 74LS85 作为单级使用，A 数为 0010，B 数为 1100，则比较结果按顺序在输出端“A < B”、“A = B”、“A > B”以（　　）数据形式呈现。

A. 010　　B. 001　　C. 100　　D. 110

三、判断题（判断正误并在括号内填√或×）

1. 比较器是对两个二进制数中 1 的数量多少进行比较。（　　）

2. 比较器是对两个二进制数的数值大小进行比较。（　　）

3. 比较器有“相等”、“大于”和“小于”3 个输出端。（　　）

4. 比较器有“相等”、“大于”和“小于”3 个级联输入端。（　　）

项目六　数据选择器

一、项目分析

数据选择器是一个具有多端输入、单端输出的组合逻辑电路。数据选择器能在一组控制信号（又称地址码）的控制下，从多路输入信号中选择某一路信号进行输出。数据选择器常用做多路信号切换开关。图 2-45 所示为四选一数据选择器的示意图。

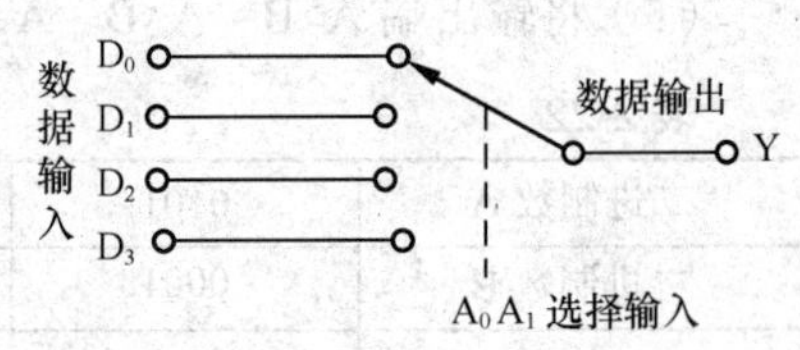

图 2-45　四选一数据选择器示意图

常用的数据选择器有 74LS153（双四选一），74LS151（八选一），74LS150（十六选一），74LS253（双四选一、三态输出），还有 74LS353（双四选一、三态反码输出）。

二、相关知识

（一）四选一数据选择器原理

四选一数据选择器有 4 个信号输入端 D_0、D_1、D_2、D_3，一个信号输出端 Y，一个使能控制端$\overline{ST}$，两个地址信号 A_1 和 A_0。四选一数据选择器真值表如表 2-23 所示。

表 2-23　　四选一数据选择器真值表

输入				输出
使能端	地址信号		数据	
$\overline{ST}$	A_1	A_0	D_i	Y
1	×	×	×	0
0	0	0	D_0～D_3	D_0
0	0	1	D_0～D_3	D_1
0	1	0	D_0～D_3	D_2
0	1	1	D_0～D_3	D_3

从真值表中可以看出，当使能端$\overline{ST}$=1 时，数据选择器不工作，Y = 0；当$\overline{ST}$ = 0 时，数据选择器工作，输出信号等于地址码选择的信号。逻辑函数式为

$$Y=\overline{A_1}\,\overline{A_0}D_0+\overline{A_1}A_0D_1+A_1\overline{A_0}D_2+A_1A_0D_3$$

由逻辑函数式绘出逻辑电路图如图 2-46 所示。

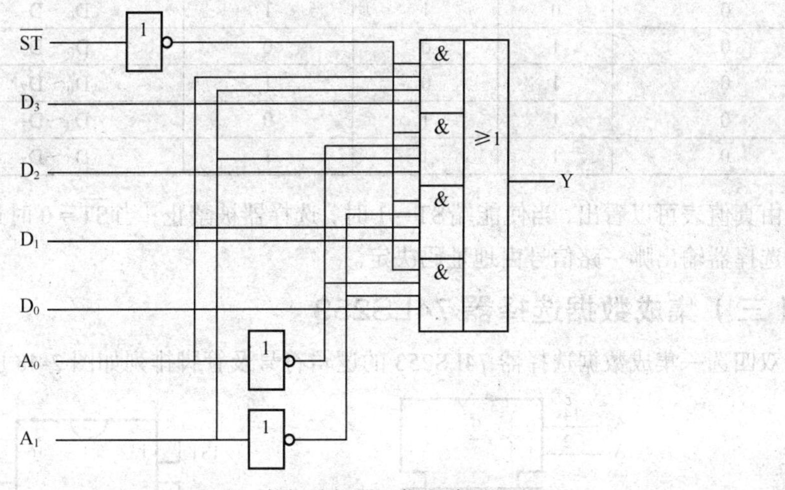

图 2-46　四选一数据选择器逻辑电路图

由图 2-46 可以看出，四选一数据选择器的电路基本结构是个译码器，利用与门的可控性，A_1A_0 两信号的 4 种组合分别控制 4 个与门的开启，4 个与门的输出信号再经或门输出。

（二）集成数据选择器 74LS151

八选一集成数据选择器 74LS151 其逻辑符号及管脚排列如图 2-47 所示。

由图 2-47 可知，74LS151 芯片有 8 个信号输入端 D_0～D_7，3 个地址输入端 A_0、A_1、A_2，两个互补的输出端 Y、$\overline{Y}$，一个使能端$\overline{ST}$。其真值表如表 2-24 所示。

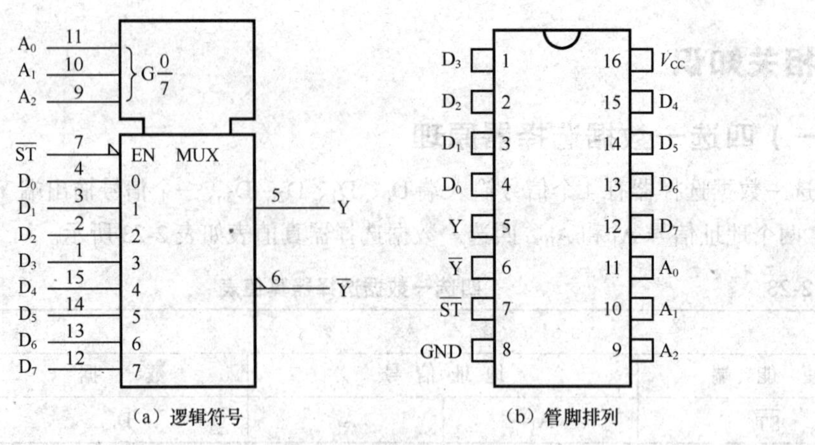

图 2-47　八选一数据选择器 74LS151

表 2-24　八选一数据选择器真值表

输入					输出
使能端	地址信号			数据	
$\overline{ST}$	A_2	A_1	A_0	D_i	Y
1	×	×	×	×	0
0	0	0	0	D_0～D_7	D_0
0	0	0	1	D_0～D_7	D_1
0	0	1	0	D_0～D_7	D_2
0	0	1	1	D_0～D_7	D_3
0	1	0	0	D_0～D_7	D_4
0	1	0	1	D_0～D_7	D_5
0	1	1	0	D_0～D_7	D_6
0	1	1	1	D_0～D_7	D_7

由真值表可以看出，当使能端$\overline{ST}=1$时，选择器被禁止；当$\overline{ST}=0$时选择器处于工作状态，此时选择器输出哪一路信号由地址码决定。

（三）集成数据选择器 74LS253

双四选一集成数据选择器 74LS253 的逻辑符号及管脚排列如图 2-48 所示。

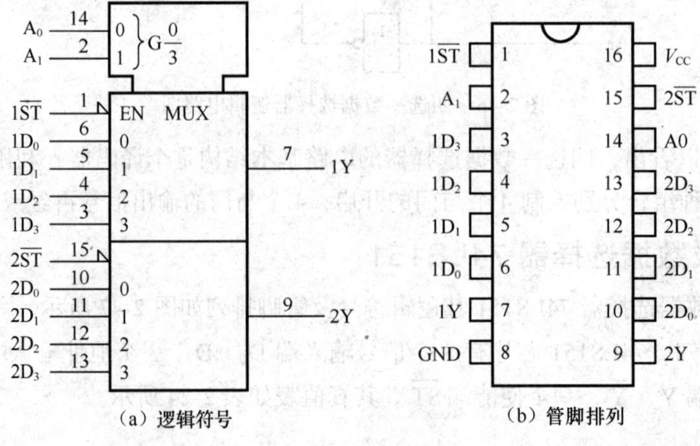

图 2-48　双四选一数据选择器 74LS253

由图 2-48 可知，74LS253 由两个完全相同的四选一数据选择器构成，A_1A_0 为共用的地址输入，$1\overline{ST}$ 和 $2\overline{ST}$ 分别为两个数据选择器的使能端。其真值表如表 2-25 所示。

表 2-25　　四选一数据选择器真值表

输入				输出
使能端	地址信号		数据	
$\overline{ST}$	A_1	A_0	D_i	Y
1	×	×	×	高阻
0	0	0	D_0～D_3	D_0
0	0	1	D_0～D_3	D_1
0	1	0	D_0～D_3	D_2
0	1	1	D_0～D_3	D_3

三、项目实施

（一）仿真实验　测试数据选择器 74LS151 的逻辑功能

测试数据选择器 74LS151 逻辑功能的仿真电路如图 2-49 所示，在 Multisim 2001 软件工作平台上操作步骤如下。

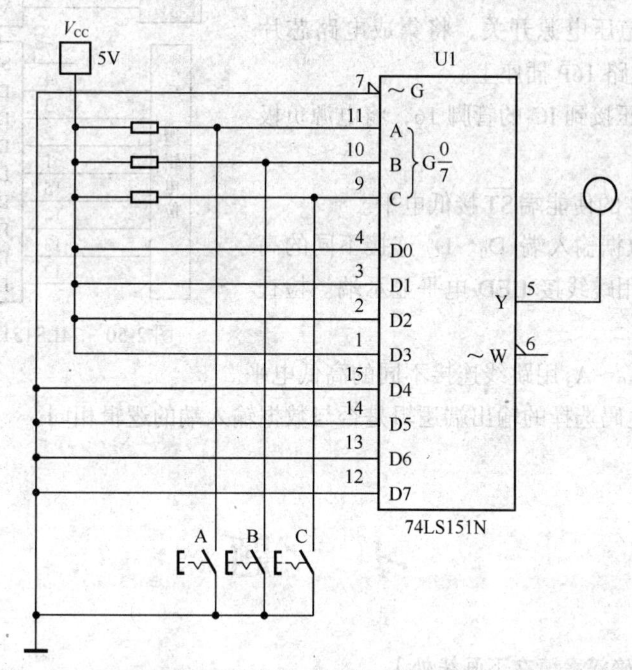

图 2-49　74LS151 仿真测试图

（1）从 TTL 集成电路库中拖出 74LS151。

（2）从电源库中拖出电源 V_{CC} 和接地。

（3）从基本元器件库中拖出 3 个 1kΩ 电阻。

（4）从基本元器件库中拖出 3 个开关，将开关的操作键定义为 A、B、C。

（5）从显示器材库中拖出 1 个逻辑指示灯。

（6）按图 2-49 所示连接电路。

（7）操作按键，观察输出结果是否与地址码选定的输入逻辑相同。

（二）实验　测试数据选择器 74LS151 的逻辑功能

1. 实验目的

测试并掌握 74LS151 的逻辑功能。

2. 实验器材

（1）数字电路实验板　1 块

（2）直流稳压电源（5V）　1 台

（3）74LS151　1 片

（4）跳线若干

（5）集成电路起拔器　1 个

3. 注意事项

（1）不要在带电状态下插拔集成电路，否则容易造成集成电路内部电路损坏。

（2）安装集成电路芯片时要注意缺口方向，起拔集成电路芯片时要用集成电路起拔器。

（3）应仔细检查与核对线路是否连接正确，经指导教师检查后再接通电源。

4. 操作步骤

参考图 2-50 连接电路。

（1）关闭直流稳压电源开关，将集成电路芯片 74LS151 插入集成电路 16P 插座上。

（2）将 + 5V 电压接到 IC 的管脚 16，将电源负极接到 IC 的管脚 8。

（3）将 74LS151 的使能端 $\overline{ST}$ 接低电平。

（4）用跳线将数据输入端 D_0～D_7 连接不同的高低电平。输出端 Y 用跳线接 LED 电平显示端。检查无误后接通电源。

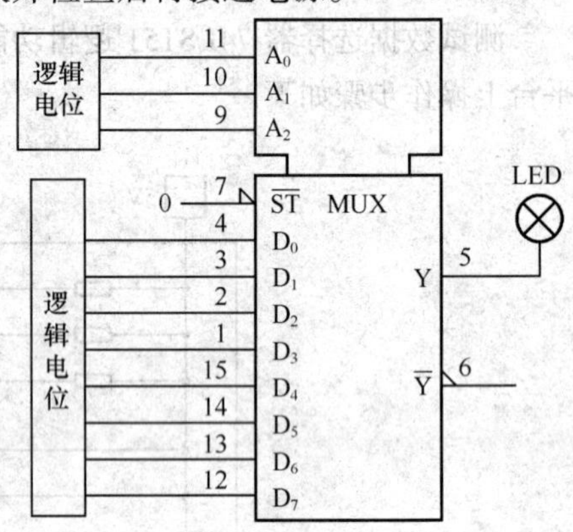

图 2-50　74LS151 逻辑功能实验电路

（5）将地址码 A_0～A_3 用跳线连接不同的高低电平。

（6）观察按地址码选择的输出端逻辑是否与数据输入端的逻辑相同。

习　题

一、填空题（请将正确答案填在下画线处）

1. 数据选择器具有多个输入端，________个输出端。

2. 数据选择器能在地址码的控制下，从________路输入信号中选择________路信号进行输出。

二、问答题

1. 数据选择器的使能端起什么作用？

2. 数据选择器的地址码起什么作用？

3. 设八选一数据选择器的信号输入端分别是 D_7、D_5、D_2、D_1，依次写出对应的地址码。

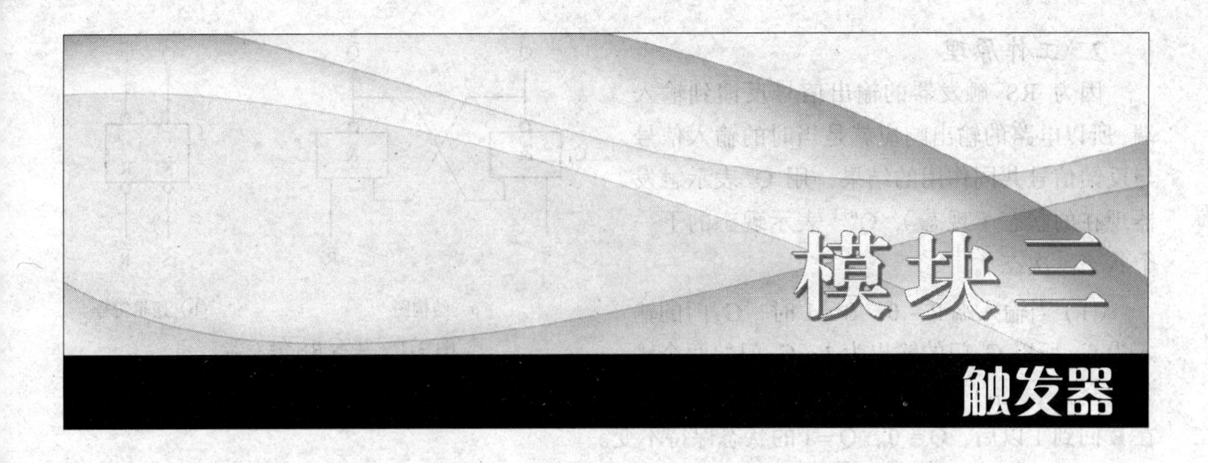

触发器是组成时序逻辑电路的基本单元电路，对触发器工作原理的理解和掌握是学习时序逻辑电路的基础。

组合逻辑电路没有记忆性，只要输入信号撤销，输出信号就不复存在。而触发器具有记忆性，输入信号一旦输入进去，即使撤销输入信号，电路的输出状态仍保持有信号的状态，除非再输入新的信号。

触发器按照逻辑功能可分为 RS、JK、D、T 和 T′触发器。

项目一　RS 触发器

一、项目分析

触发器是一种能存储一位二进制信息的双稳态存储单元，它有两个基本性质：

（1）有两个能自行保持的稳定状态，即“1”状态或“0”状态。

（2）在一定的外界信号作用下，可以从一个稳定状态翻转到另一个稳定状态。

触发器的基本原理是利用信号反馈对电路的状态进行控制，RS 触发器既是结构最简单的触发器，也是组成各类触发器的基本单元，根据是否有时钟脉冲输入可将其分为基本 RS 触发器和同步 RS 触发器两类。

二、相关知识

（一）基本 RS 触发器

1. 电路组成

用与非门构成的基本 RS 触发器的结构及逻辑符号如图 3-1 所示，它是由两个与非门交叉耦合连接，每个与非门的输出端接至另一个与非门的输入端（这种连接方式称为反馈），没有时钟脉冲输入端。

基本 RS 触发器有两个逻辑信号输入端 $\overline{R}$ 和 $\overline{S}$，$\overline{R}$ 是复位端（置 0 端），$\overline{S}$ 是置位端（置 1 端）。$\overline{R}$、$\overline{S}$ 输入端的小圆圈表示以低电平作为有效信号。有两个互非的逻辑输出端 Q 和 $\overline{Q}$，通常把 Q = 1 和 $\overline{Q}$ = 0 称为触发器的“1”态；而把 Q = 0 和 $\overline{Q}$ = 1 称为触发器的“0”态。

2. 工作原理

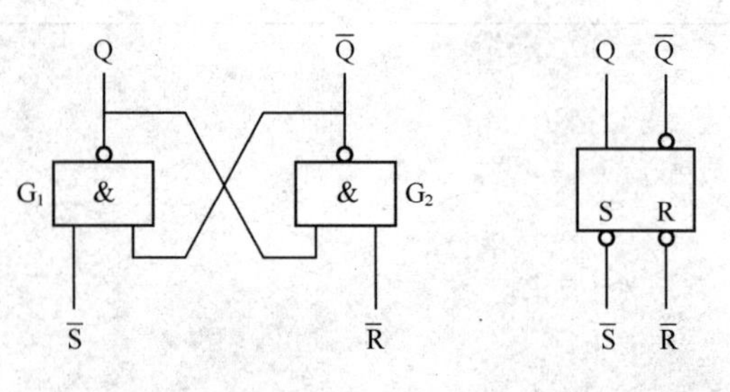

（a）结构图　　（b）逻辑符号

图 3-1　基本 RS 触发器

因为 RS 触发器的输出信号反馈到输入端，所以电路的输出响应就是当时的输入信号与反馈信号共同作用的结果，用 Q^n 表示触发器现在的状态（现态），Q^{n+1} 表示现态的下一个状态（次态）。

（1）当输入端 $\overline{R}=0$、$\overline{S}=1$ 时，G_2 门的输入为 0，所以 G_2 门的输出为 1；G_1 门的两个输入端全为 1，G_1 门的输出为 0。即无论触发器的现态 Q^n 为何值，次态 $Q^{n+1}=0$，称为触发器置 0。在 $\overline{R}$ 回到 1 以后，$Q=0$、$\overline{Q}=1$ 的状态保持不变。

（2）当输入端 $\overline{R}=1$、$\overline{S}=0$ 时，G_1 门的输入为 0，所以 G_1 门的输出为 1；G_2 门的两个输入端全为 1，G_2 门的输出为 0。即无论触发器的现态 Q^n 为何值，次态 $Q^{n+1}=1$，称为触发器置 1。在 $\overline{S}$ 回到 1 以后，$Q=1$、$\overline{Q}=0$ 的状态保持不变。

（3）当输入端 $\overline{R}=1$、$\overline{S}=1$ 时，两个与非门相互锁定，保持触发器的原来状态，$Q^{n+1}=Q^n$，称为触发器保持态。

（4）当输入端 $\overline{R}=0$、$\overline{S}=0$ 时，两个与非门输出都为 1，破坏了它们本该具有的互非性，而且在 $\overline{R}$、$\overline{S}$ 同时回到 1 以后，由于与非门电路传输时间的不同而产生竞争，使触发器的状态无法确定，显然这种情况不允许存在，在使用中应加以约束。

3. 真值表

由上述工作原理可得出基本 RS 触发器的真值表，如表 3-1 所示。

表 3-1　基本 RS 触发器真值表

输入			输出	功能
$\overline{R}$	$\overline{S}$	Q^n	Q^{n+1}	
0	0	0	×	禁止
0	0	1	×	
0	1	0	0	置 0
0	1	1	0	
1	0	0	1	置 1
1	0	1	1	
1	1	0	0	保持
1	1	1	1	

4. 特性方程

表示触发器次态 Q^{n+1} 和输入信号 $\overline{R}$、$\overline{S}$ 及现态 Q^n 之间关系的逻辑函数式叫做触发器的特性方程。将表 3-1 表示的逻辑关系直接填卡诺图进行化简（含约束项，用×表示），如图 3-2 所示。

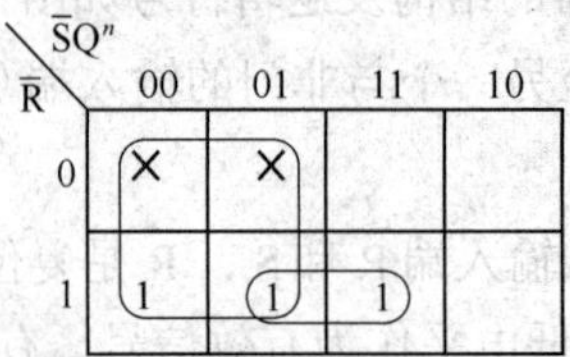

图 3-2　基本 RS 触发器的卡诺图

根据化简结果，得出基本RS触发器的特性方程为

$$\begin{cases} Q^{n+1} = \overline{\overline{S}} + \overline{R}Q^n \\ \overline{R} + \overline{S} = 1 \text{（约束条件）} \end{cases} \qquad (3\text{-}1)$$

式（3-1）中的约束条件表明，基本RS触发器不允许两个输入端同时为低电平。

5．状态转换图

状态转换图表示触发器从一个状态变化到另一个状态或保持原状态不变时对输入信号的要求，如图3-3所示。图中两个小圆圈中的0和1表示触发器的两种状态，带箭头的线段表示转换的方向，线段旁边的标注表示转换的条件，其中×表示0或1。

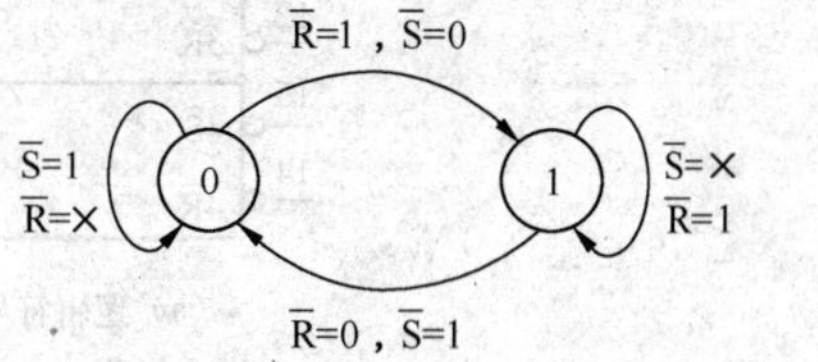

$\overline{R}$=1，$\overline{S}$=0

$\overline{S}$=1 $\overline{R}$=× 0 1 $\overline{S}$=× $\overline{R}$=1

$\overline{R}$=0，$\overline{S}$=1

图3-3　基本RS触发器的状态转换图

图3-3中表示的转换关系为：当$\overline{R}\,\overline{S}$＝10时，触发器状态由0转换为1；当$\overline{R}\,\overline{S}$＝01时，触发器状态由1转换为0；当触发器处于0状态时，若$\overline{R}\,\overline{S}$＝01或11，触发器仍为0状态；当触发器处于1状态时，若$\overline{R}\,\overline{S}$＝10或11，触发器仍为1状态。

6．集成RS触发器

TTL类型的集成RS触发器芯片有74LS279，其逻辑符号和管脚排列如图3-4所示。74LS279内部有4个独立的基本RS触发器，其中第1个和第3个触发器各有两个$\overline{S}$输入端，每个触发器只有一个$\overline{R}$输入端。

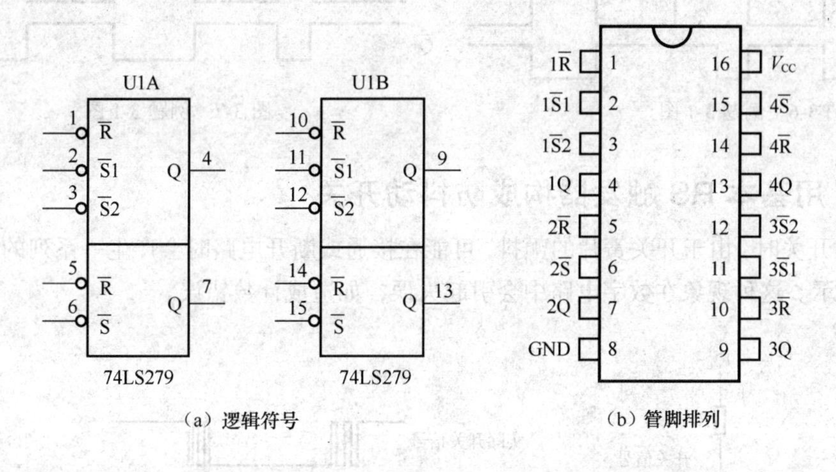

图3-4　集成RS触发器74LS279的逻辑符号和管脚排例

CMOS类型的集成RS触发器芯片有CC4044，逻辑符号和管脚排列如图3-5所示。CC4044为4单元RS锁存器，具有独立的Q输出端和单独的$\overline{S}$、$\overline{R}$输入端。Q输出有三态功能，由公共的三态输入端EN控制，当EN为高电平时，Q端输出内部锁存器的状态；当EN为低电平时，Q端呈高阻抗状态。

【例题3-1】 若加到基本RS触发器$\overline{R}$、$\overline{S}$上的信号波形如图3-6所示，试绘出Q端和$\overline{Q}$端与之对应的波形，假定触发器的初始状态Q＝0。

解：在图上用“0”标出$\overline{R}$、$\overline{S}$的有效状态，根据有效状态对应的复位或置位功能，绘出Q端和$\overline{Q}$端与之对应的波形，如图3-7所示。

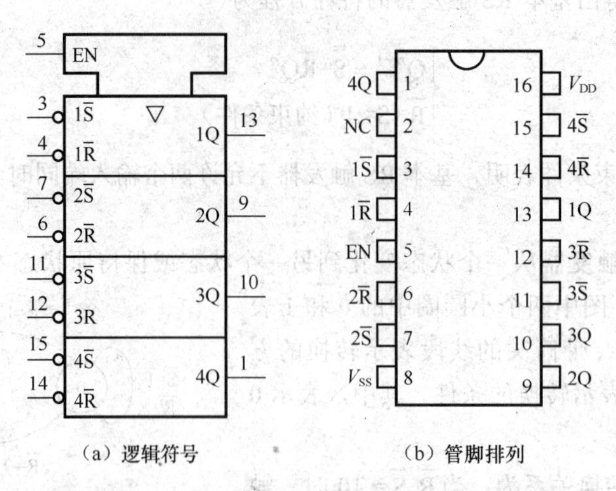

（a）逻辑符号　　　　　　　　　　（b）管脚排列

图 3-5　集成 RS 触发器 CC4044 的逻辑符号和管脚图

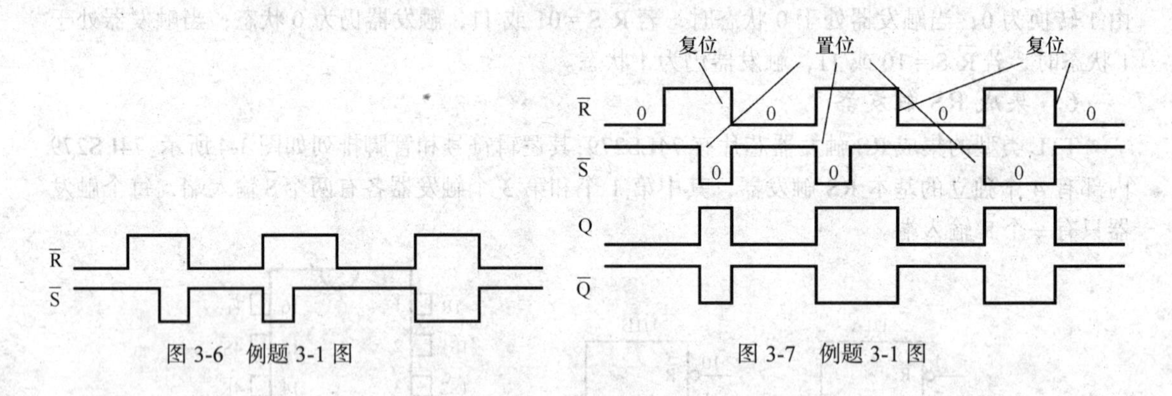

图 3-6　例题 3-1 图　　　　　　　　　　图 3-7　例题 3-1 图

（二）用基本 RS 触发器构成防抖动开关

在操作开关时，由于开关簧片的颤抖，可能在接通或断开电路时会产生一系列的抖动脉冲，如图 3-8 所示。这种现象在数字电路中会引起失误，如造成计数错误。

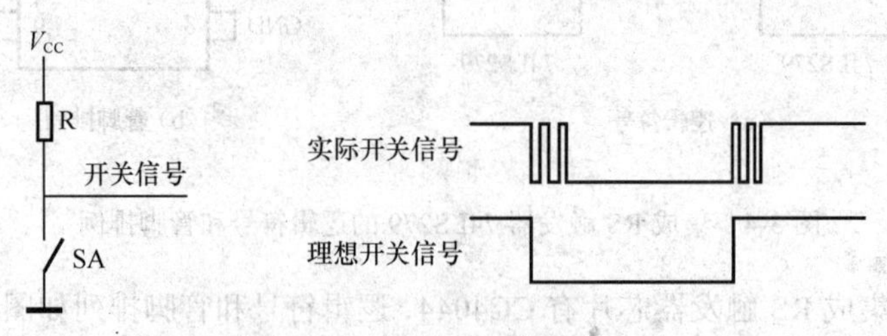

图 3-8　开关电路和开关信号波形

为了避免这类现象的发生，可以利用 RS 触发器的逻辑功能构成防抖动开关，用来产生理想的开关信号。用 RS 触发器构成的防抖动开关电路如图 3-9 所示，触发器的置位端 $\overline{S}$ 和复位端 $\overline{R}$ 通过电阻接入高电平，从 Q 端输出开关信号。当开关 SA 接通置位端时，$\overline{S}$ 为低电平，Q 端输出高电平，此时若置位端 $\overline{S}$ 出现抖动信号，则 RS 触发器处在保持状态，Q 端的高电平不会改变。同样，当开关 SA 接通复位端 $\overline{R}$ 时，Q 端输出的低电平也不会改变。

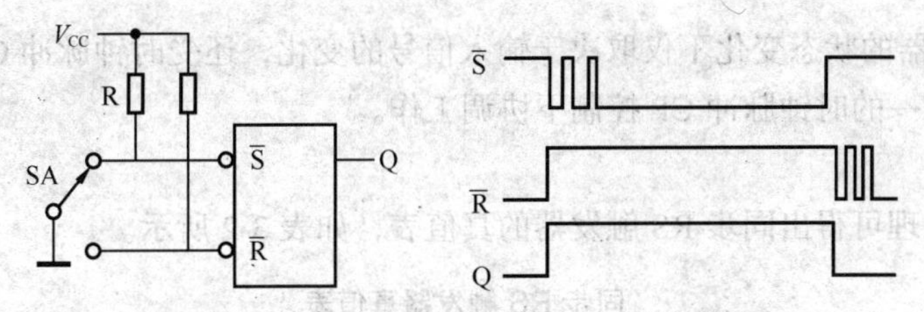

图 3-9　防抖动开关电路和输入、输出波形图

（三）同步 RS 触发器

基本 RS 触发器的输出状态受输入信号的直接控制，不仅抗干扰能力差，而且不能实现与数字系统中其他电路的同步操作，这就限制了触发器的使用范围。同步 RS 触发器是一种受时钟脉冲信号 CP（Clock Pulse）控制的触发器，其输出状态不仅取决于输入信号，而且还与 CP 的状态有关。同步 RS 触发器的电路结构和逻辑符号如图 3-10 所示。

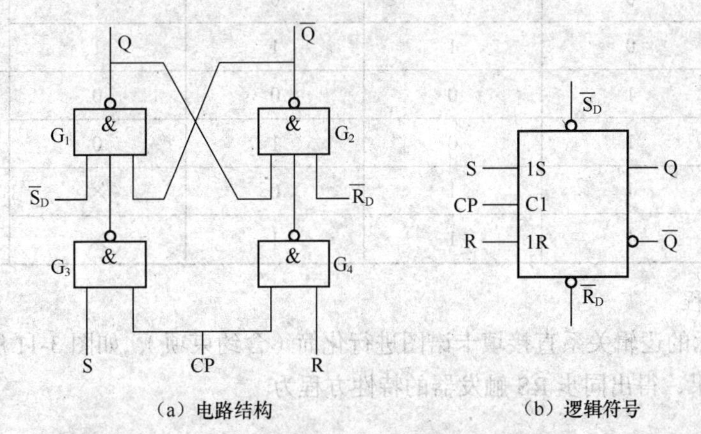

（a）电路结构　　（b）逻辑符号

图 3-10　同步 RS 触发器的电路结构与逻辑符号

1. 电路组成

同步 RS 触发器在基本 RS 触发器的基础上增加了两个输入信号控制门 G_3、G_4，G_3 和 G_4 门受时钟脉冲信号 CP 的控制。

$\overline{R}_D$ 和 $\overline{S}_D$ 因不受 CP 的限制，所以称为直接置 0 端（或异步置 0 端）和直接置 1 端（或异步置 1 端）。触发器开始工作前可根据需要进行状态置 0 或置 1，但在触发器正常工作时，$\overline{R}_D$ 和 $\overline{S}_D$ 均应接高电平。

R、S 为信号输入端，CP 为时钟脉冲信号输入端。Q、$\overline{Q}$ 仍是两个互非的逻辑输出端。

2. 工作原理

当 CP = 0 时，无论输入端 R、S 的状态如何变化，G_3、G_4 门输出均为 1，触发器的状态不能改变，此时相当于控制门被封锁。

当 CP = 1 时，控制门打开，触发器才能随输入信号改变状态。具体情况如下：

（1）若 R = S = 0，则 Q 和 $\overline{Q}$ 保持原有状态。

（2）若 R = 0，S = 1，则 Q = 1，$\overline{Q}$ = 0，此时触发器置 1 态。

（3）若 R = 1，S = 0，则 Q = 0，$\overline{Q}$ = 1，此时触发器置 0 态。

（4）若 R = S = 1，则 Q = $\overline{Q}$ = 1，是非定义的逻辑状态，而且在 R、S 同时回到 0 时，触发器的状态不确定，因此禁止出现这种情况。

同步 RS 触发器的状态变化不仅取决于输入信号的变化，还受时钟脉冲 CP 的控制，因此，多个触发器可在统一的时钟脉冲 CP 控制下协调工作。

3. 真值表

由上述工作原理可得出同步 RS 触发器的真值表，如表 3-2 所示。

表 3-2　同步 RS 触发器真值表

输入				输出	功能
CP	R	S	Q^n	Q^{n+1}	
0	×	×	×	Q^n	保持
1	0	0	0	0	保持
1	0	0	1	1	保持
1	0	1	0	1	置 1
1	0	1	1	1	置 1
1	1	0	0	0	置 0
1	1	0	1	0	置 0
1	1	1	0	×	禁止
1	1	1	1	×	禁止

4. 特性方程

将表 3-2 表示的逻辑关系直接填卡诺图进行化简（含约束项），如图 3-11 所示。

根据化简结果，得出同步 RS 触发器的特性方程为

$$\begin{cases} Q^{n+1}=S+\overline{R}\ Q^n & (CP=1) \\ SR=0 & （约束条件） \end{cases} \qquad (3\text{-}2)$$

式（3-2）中的约束条件表明，同步 RS 触发器不允许两个输入端同时为高电平。

5. 状态转换图

同步 RS 触发器的状态转换图如图 3-12 所示。

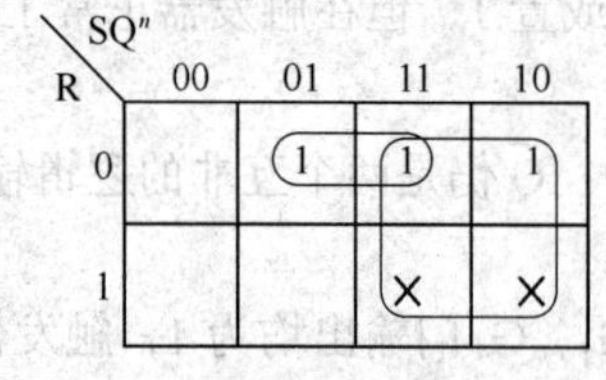

图 3-11　同步 RS 触发器的卡诺图

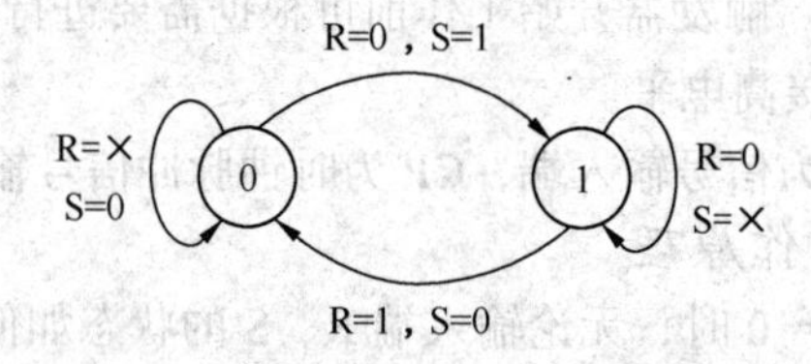

图 3-12　同步 RS 触发器的状态转换图

6. 时序波形图

同步 RS 触发器是受时钟脉冲 CP 控制的触发器，当 CP = 0 时，无论输入为何种状态，触发器的状态均不发生变化，即保持原来的状态不变；但在 CP = 1 期间，输出将随输入的变化而改变，其时序波形图如图 3-13 所示。

7. 同步 RS 触发器的“空翻”

由于同步 RS 触发器采用的是电平触发方式，因此当输入端 R 或 S 在一个 CP = 1 期间发生

多次变化时，输出状态将随输入信号而相应发生多次改变，这种情况称为触发器的空翻。产生空翻的原因是同步 RS 触发器的控制门是简单的组合逻辑门电路(无反馈),没有记忆功能，在 CP = 1 期间，控制门开放，这里同步触发器实质上成了异步触发器，只要输入改变，输出就改变，输入改变多少次，输出也随之改变多少次，从而失去了抗输入变化的能力。

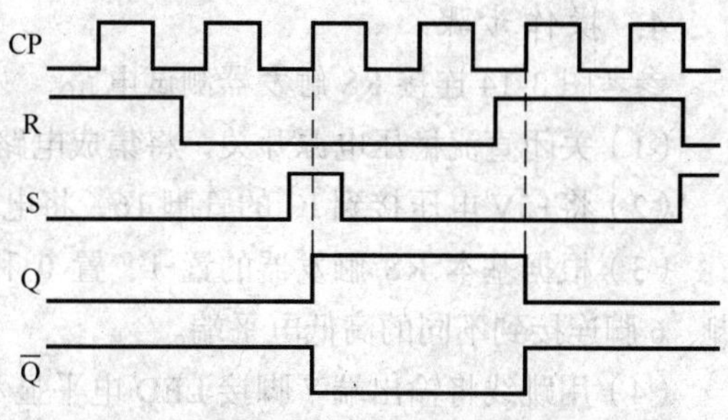

图 3-13　同步 RS 触发器的时序波形图

在数字系统中，通常要求触发器在一个 CP 脉冲期间至多翻转一次，即不允许空翻现象出现。为此，在同步 RS 触发器的基础上又设计出主从型 JK 触发器。

三、项目实施

（一）仿真实验　测试基本 RS 触发器 74LS279 的逻辑功能

测试基本 RS 触发器 74LS279 逻辑功能的电路如图 3-14 所示，在 Multisim 2001 软件工作平台上操作步骤如下。

（1）从 TTL 集成电路库中拖出 74LS279。

（2）从电源库中拖出电源 V_{CC} 和接地。

（3）从基本元器件库中拖出两个 1kΩ 电阻。

（4）从基本元器件库中拖出两个开关，将开关的操作键定义为 A、B。

（5）从显示器材库中拖出一个逻辑指示灯。

（6）按图 3-14 所示连接电路。

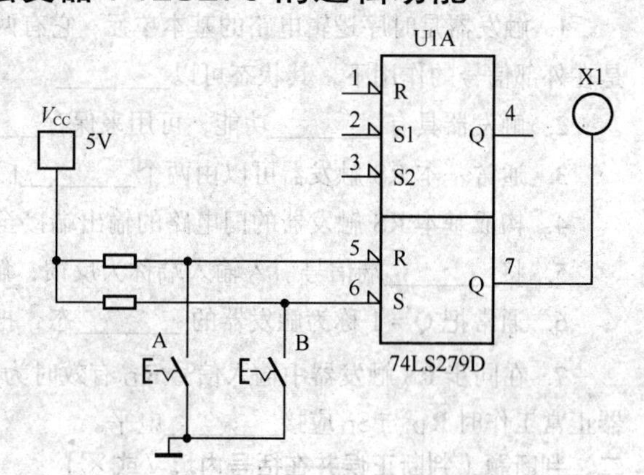

图 3-14　74LS279 仿真测试图

（7）操作按键，使 AB = 10，RS 触发器的输出应为逻辑 1（灯亮）。

（8）操作按键，使 AB = 01，RS 触发器的输出应为逻辑 0（灯灭）。

（9）操作按键，使 AB = 11，RS 触发器的输出应保持不变化。

（二）实验　测试 RS 触发器 74LS279 的逻辑功能

1. 实验目的

测试并掌握 74LS279 的逻辑功能。

2. 实验器材

（1）数字电路实验板　　1 块

（2）直流稳压电源（5V）　　1 台

（3）74LS279　　　1 片

（4）跳线若干

（5）集成电路起拔器　　1 个

3. 注意事项

实验注意事项同模块一和模块二的实验。

4. 操作步骤

参考图 3-14 连接 RS 触发器测试电路。

（1）关闭直流稳压电源开关，将集成电路芯片 74LS279 插入集成电路 16P 插座上。

（2）将+5V 电压接到 IC 的管脚 16，将电源负极接到 IC 的管脚 8。

（3）根据基本 RS 触发器的置 1、置 0 和保持功能对输入信号的要求，用跳线将输入端 5 脚、6 脚连接到不同的高低电平端。

（4）用跳线将输出端 7 脚接 LED 电平显示端。

（5）检查无误后接通电源，观察输出结果是否符合基本 RS 触发器的逻辑。

习　题

一、填空题（请将正确答案填在下画线处）

1. 触发器是时序逻辑电路的基本单元，它有两个基本特征。一是有________个稳定的状态；二是在外部信号的作用下，其状态可以________。

2. 触发器具有________功能，可用来保存________信息。

3. 通常基本 RS 触发器可以由两个________门交叉耦合而成。

4. 构成基本 RS 触发器的门电路的输出端接至另一个门电路的________端。

5. 将________端信号引入输入端称为反馈，触发器具有________功能是反馈电路作用的结果。

6. 通常把 $Q=1$ 称为触发器的________态，把 $Q=0$ 称为触发器的________态。

7. 在同步 RS 触发器中输入信号 $\overline{R}_D$ 有效时为________状态；$\overline{S}_D$ 有效时为________状态；触发器正常工作时 $\overline{R}_D$ 与 $\overline{S}_D$ 应接________电平。

二、判断题（判断正误并在括号内填√或×）

1. 触发器只可以保持 1 状态，不能保持 0 状态。（　　）

2. 无反馈电路也能构成触发器。（　　）

3. 正常情况下 RS 触发器两个输出端的状态始终相反。（　　）

4. 同步 RS 触发器不会发生空翻现象。（　　）

三、绘图题

1. 基本 RS 触发器的 $\overline{R}$ 和 $\overline{S}$ 端加上图 3-15 所示的波形，试绘出 Q 端的输出波形（设初始状态为 1）。

2. 同步 RS 触发器的 R 和 S 端加上图 3-16 所示的波形，试绘出 Q 端的输出波形（设初始状态为 0）。

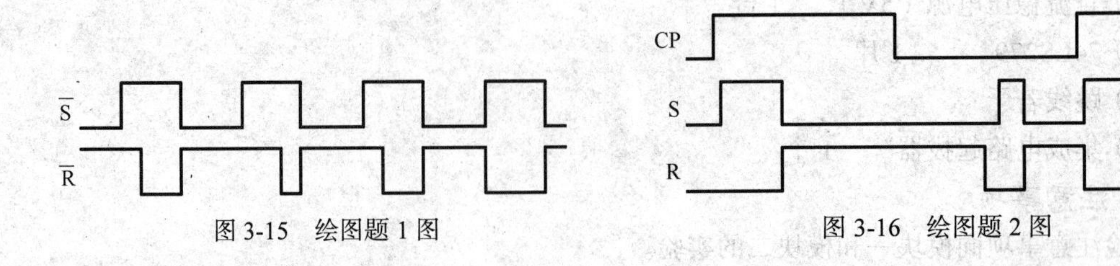

图 3-15　绘图题 1 图　　图 3-16　绘图题 2 图

项目二　主从型 JK 触发器

一、项目分析

由于同步 RS 触发器采用的是电平触发方式，因此存在“空翻”现象。而在实际应用中，通常希望在一个时钟信号周期内，触发器只发生一次变化，主从结构的 JK 触发器就是为此而设计的。JK 触发器是目前功能完善、种类较多和通用性强的一种触发器。

二、相关知识

（一）电路组成与功能分析

1. 电路组成

主从型 JK 触发器的结构及逻辑符号如图 3-17 所示。主从型 JK 触发器由两个同步 RS 触发器和一个非门组成，图中逻辑门 G_1～G_4 构成了 JK 触发器的基本触发器部分，称之为从触发器；逻辑门 G_5～G_8 构成了 JK 触发器的导引触发电路，称之为主触发器。

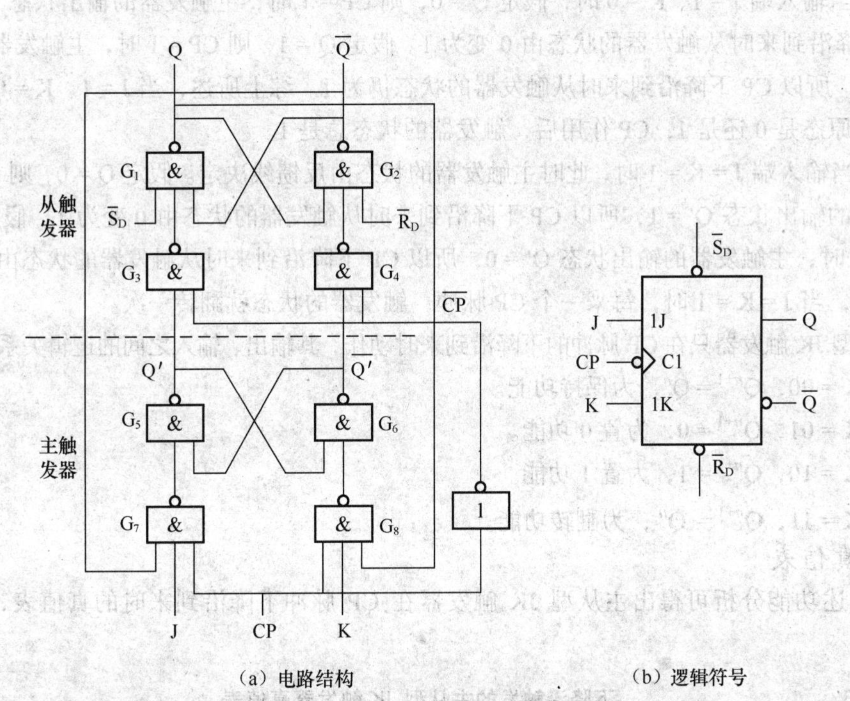

（a）电路结构　　（b）逻辑符号

图 3-17　主从型 JK 触发器的结构及逻辑符号

主从型 JK 触发器有两个输入信号端 J、K 和一个时钟信号输入端 CP，直接复位端 $\overline{R}_D$ 和直接置位端 $\overline{S}_D$，两个互非的输出端 Q 和 $\overline{Q}$。主触发器的输出作为从触发器的输入，并且它们的时钟信号通过一个非门联系起来，时钟信号 CP 控制主触发器的输入，$\overline{CP}$ 控制从触发器的输入。

2. 功能分析

在 CP = 1 时，从触发器由于 $\overline{CP}=0$ 被封锁，使输出端 Q 不能发生变化；而主触发器在 CP = 1

期间，其输出次态 Q′将随着 JK 输入端的变化而改变。

当 CP 下降沿到来时，主触发器由于 CP = 0 被封锁，保持最后的输出状态 Q′；由于 $\overline{CP}$ 由 0 跳变到 1，从触发器被触发工作，从触发器根据主触发器的输出状态 Q′而相应地输出状态 Q。

下降沿到来之后 CP = 0 期间，由于主触发器被封锁而从触发器的输入状态不会再发生变化，因此 JK 触发器保持下降沿时的状态不变。这种主从型 JK 触发器显然只在 CP 脉冲下降沿到来时触发动作，从而有效地抑制了“空翻”现象，保证了触发器工作的可靠性，提高了触发器的抗干扰能力。逻辑符号图中 CP 引线端的“>”符号表示边沿触发，CP 脉冲引线端既有“>”符号又有小圆圈时，表示触发器状态变化发生在时钟脉冲下降沿到来时刻；只有“>”符号没有小圆圈时，表示触发器状态变化发生在时钟脉冲上升沿时刻。

不同 JK 信号组合时触发器的逻辑功能如下。

（1）当输入端 J = K = 0 时，G_7、G_8 两个门被封锁，主触发器状态保持不变，因而在 CP 下降沿到来时从触发器的状态保持不变。

（2）当输入端 J = 0、K = 1 时，假定 Q = 0，则 CP = 1 时，主触发器的输出状态 Q′ = 0，所以 CP 下降沿到来时从触发器的状态仍为 0。假定 Q = 1，则 CP = 1 时，主触发器的输出状态 Q′ = 0，所以 CP 下降沿到来时从触发器的状态由 1 变为 0。综上所述，当 J = 0、K = 1 时，不论触发器的原态是 0 还是 1，CP 作用后，触发器的状态总是 0。

（3）当输入端 J = 1、K = 0 时，假定 Q = 0，则 CP = 1 时，主触发器的输出状态 Q′ = 1，所以 CP 下降沿到来时从触发器的状态由 0 变为 1。假定 Q = 1，则 CP = 1 时，主触发器的输出状态 Q′ = 1，所以 CP 下降沿到来时从触发器的状态仍为 1。综上所述，当 J = 1、K = 0 时，不论触发器的原态是 0 还是 1，CP 作用后，触发器的状态总是 1。

（4）当输入端 J = K = 1 时，此时主触发器的状态由反馈线决定。假定 Q = 0，则 CP = 1 时，主触发器的输出状态 Q′ = 1，所以 CP 下降沿到来时从触发器的状态由 0 变为 1。假定 Q = 1，则 CP = 1 时，主触发器的输出状态 Q′ = 0，所以 CP 下降沿到来时从触发器的状态由 1 变为 0。综上所述，当 J = K = 1 时，每来一个 CP 脉冲，触发器的状态就翻转一次。

主从型 JK 触发器只在 CP 脉冲的下降沿到来时动作，其输出、输入之间的逻辑关系归纳如下。

若 JK = 00，$Q^{n+1} = Q^n$，为保持功能。

若 JK = 01，$Q^{n+1} = 0$，为置 0 功能。

若 JK = 10，$Q^{n+1} = 1$，为置 1 功能。

若 JK = 11，$Q^{n+1} = \overline{Q}^n$，为翻转功能。

3. 真值表

由上述功能分析可得出主从型 JK 触发器在 CP 脉冲下降沿到来时的真值表，如表 3-3 所示。

表 3-3　　下降沿触发的主从型 JK 触发器真值表

输入				输出	功能
CP	J	K	Q^n	Q^{n+1}	
↓	0	0	0	0	保持
↓	0	0	1	1	
↓	0	1	0	0	置 0
↓	0	1	1	0	

续表

输　入				输　出	功　能
CP	J	K	Q^n	Q^{n+1}	
↓	1	0	0	1	置 1
↓	1	0	1	1	
↓	1	1	0	1	翻转
↓	1	1	1	0	

4. 特性方程

将表 3-3 表示的逻辑关系直接填卡诺图进行化简，如图 3-18 所示。

根据化简结果，得出主从型 JK 触发器的特性方程为

$$Q^{n+1}=J\overline{Q}^n+\overline{K}Q^n \tag{3-3}$$

5. 状态转换图

主从型 JK 触发器的状态转换图如图 3-19 所示。

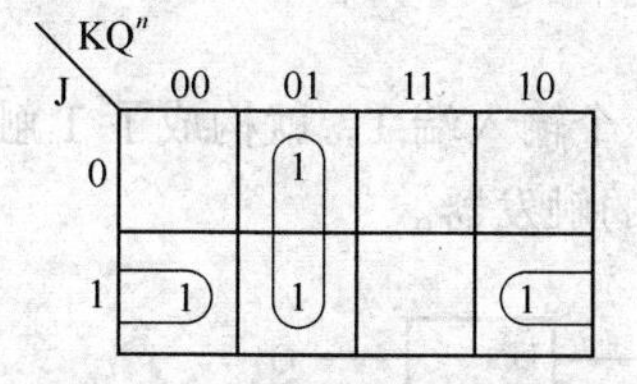

图 3-18　JK 触发器的卡诺图

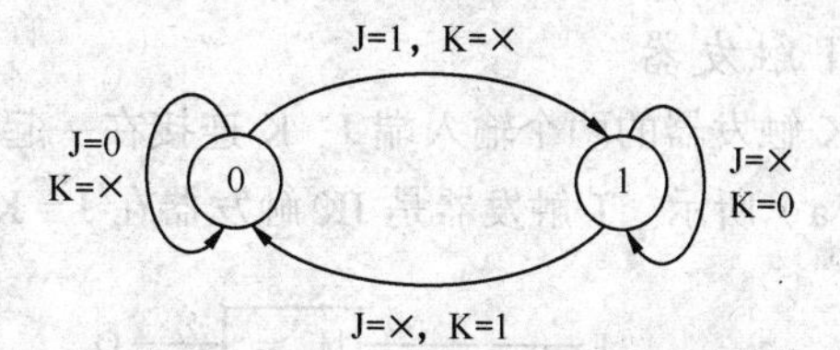

图 3-19　主从型 JK 触发器的状态转换图

【例题 3-2】　若加到 CP 脉冲下降沿触发的 JK 触发器上的信号波形如图 3-20 所示，试绘出 Q 端与之对应的波形，假定触发器的初始状态 Q = 0。

解：重点判断 CP 脉冲下降沿时刻 J、K 的状态。

在 CP_1 脉冲下降沿时刻，J = 1，K = 0，Q = 1。

在 CP_2 脉冲下降沿时刻，J = 1，K = 1，触发器的状态翻转，Q = 0。

在 CP_3 脉冲下降沿时刻，J = 0，K = 1，Q = 0。

在 CP_4 脉冲下降沿时刻，J = 1，K = 0，Q = 1。

所以 Q 端输出波形如图 3-20 所示。

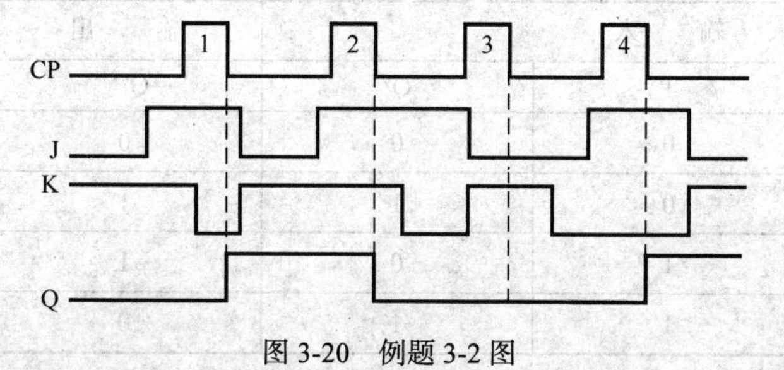

图 3-20　例题 3-2 图

（二）集成 JK 触发器

集成 JK 触发器芯片 74LS112 的逻辑符号和管脚排列如图 3-21 所示。74LS112 内部有两个独立的下降沿触发的 JK 触发器 U1A 和 U1B，其逻辑符号中的数字 1 和 2 为标识序号，具有异步置位和异步复位功能。

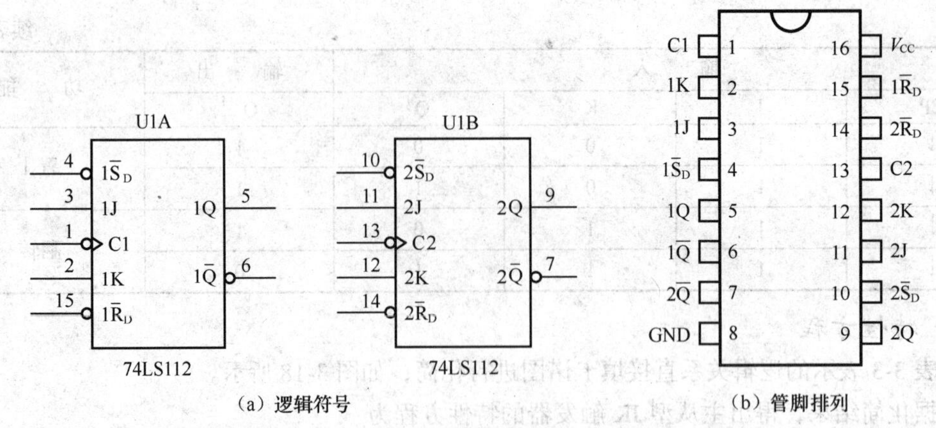

（a）逻辑符号　　（b）管脚排列

图 3-21　集成 JK 触发器 74LS112 的逻辑符号和管脚排列

（三）JK 触发器转换为 T 触发器和 T′触发器

在实际集成芯片中没有 T 触发器和 T′触发器，T 触发器和 T′触发器可以由 JK 触发器或其他类型触发器转换得到。

1. T 触发器

将 JK 触发器的两个输入端 J、K 连接在一起，作为一个输入端 T，就构成了 T 触发器，如图 3-22（a）所示。T 触发器是 JK 触发器在 J = K 条件下的触发器。

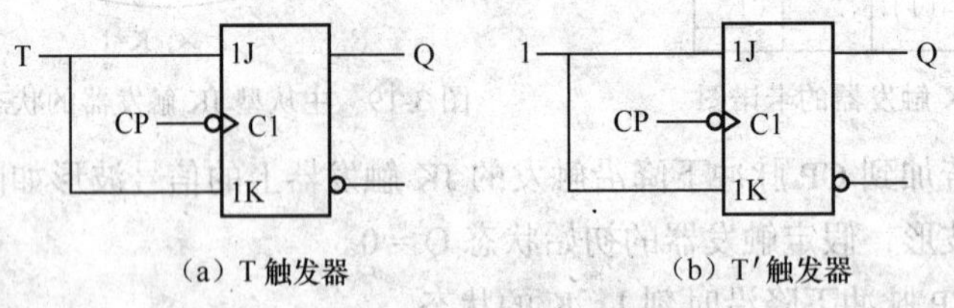

（a）T 触发器　　（b）T′触发器

图 3-22　T 触发器和 T′触发器

T 触发器功能是当 T = 1（即 J = K = 1）时，CP 脉冲边沿到来瞬间触发器的状态翻转；当 T = 0（即 J = K = 0）时，触发器的状态保持不变。由 JK 触发器构成的 T 触发器的真值表如表 3-4 所示。

表 3-4　　下降沿触发的 T 触发器真值表

输入			输出	功能
CP	T	Q^n	Q^{n+1}	
↓	0	0	0	保持
↓	0	1	1	
↓	1	0	1	翻转
↓	1	1	0	

T 触发器的特性方程为

$$Q^{n+1} = \overline{T}Q^n + T\overline{Q}^n \tag{3-4}$$

2. T′触发器

T′触发器如图 3-22（b）所示，当 T 恒为 1（即 J、K 恒为 1）时，只要有 CP 脉冲下降沿到达，触发器就要翻转，所以我们给它另起一个名字叫做T′触发器，实际上它只是T触发器的一个特例。由JK触发器构成的T′触发器的真值表如表3-5所示。

表3-5　下降沿触发的T′触发器真值表

输入			输出	功能
CP	T′	Q^n	Q^{n+1}	
↓	1	0	1	翻转
↓	1	1	0	

T′触发器的特性方程为

$$Q^{n+1}=\overline{Q}^n \tag{3-5}$$

用一片74LS112可以构成如图3-23所示的单按钮电子开关电路，图中IC的2、3脚（J、K）与电源V_{CC}相连，使JK触发器转换为T′触发器。每按一次开关SB，1Q的输出状态就翻转一次。若原来1Q为低电平，它使晶体管VT_1截止，继电器KA失电不工作，按一下开关SB，1Q翻转为高电平，VT_1饱和导通，继电器KA得电工作。若再按一下SB，则1Q翻转恢复为低电平，继电器失电停止工作。通过继电器KA，可以控制其他电器的工作状态。

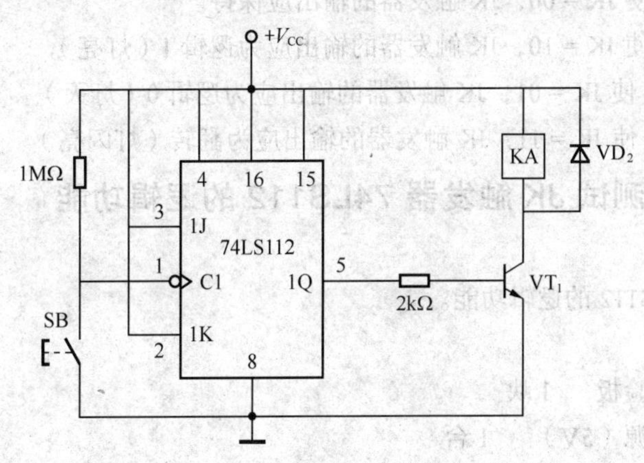

图3-23　74LS112构成的单按钮电子开关

三、项目实施

（一）仿真实验　测试JK触发器74LS112的逻辑功能

测试JK触发器74LS112逻辑功能的电路如图3-24所示，在Multisim 2001软件工作平台上操作步骤如下。

（1）从TTL集成电路库中拖出74LS112。

（2）从电源库中拖出电源V_{CC}和接地。

（3）从基本元器件库中拖出两个1kΩ电阻。

（4）从基本元器件库中拖出两个开关，将开关的操作键定义为J、K。

（5）从显示器材库中拖出一个逻辑指示灯。

（6）从仪表栏中拖出信号发生器，选取方波信号（20Hz，输出电压5V）。

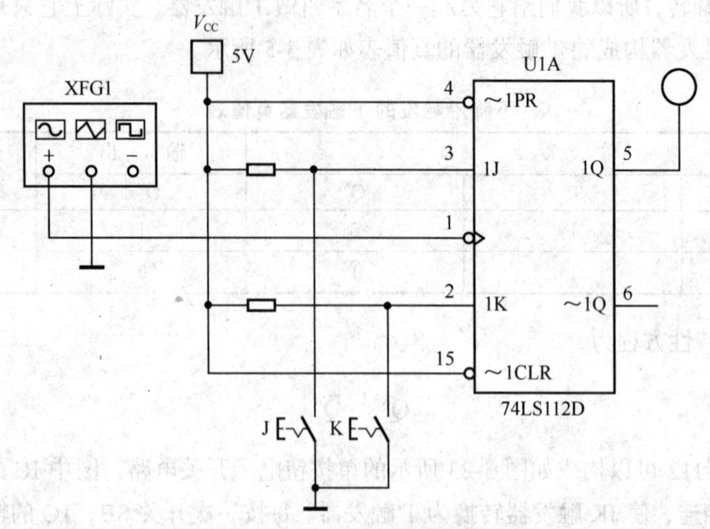

图 3-24　74LS112 仿真测试图

（7）按图 3-24 所示连接电路。

（8）操作按键，使 JK = 00，JK 触发器的输出应保持。

（9）操作按键，使 JK = 10，JK 触发器的输出应为逻辑 1（灯亮）。

（10）操作按键，使 JK = 01，JK 触发器的输出应为逻辑 0（灯灭）。

（11）操作按键，使 JK = 11，JK 触发器的输出应为翻转（灯闪亮）。

（二）实验　测试 JK 触发器 74LS112 的逻辑功能

1. 实验目的

测试并掌握 74LS112 的逻辑功能。

2. 实验器材

（1）数字电路实验板　　1 块

（2）直流稳压电源（5V）　　1 台

（3）74LS112　　　1 片

（4）跳线若干

（5）集成电路起拔器　　1 个

3. 注意事项

实验注意事项同模块一和模块二的实验。

4. 操作步骤

参考图 3-24 连接 JK 触发器测试电路。

（1）关闭直流稳压电源开关，将集成电路芯片 74LS112 插入集成电路 16P 插座上。

（2）将+5V 电压接到 IC 的管脚 16，将电源负极接到 IC 的管脚 8。

（3）用跳线将输出端 1Q（5 脚）接 LED 电平显示端。

（4）检查无误后接通电源。

（5）用跳线将直接置位端 1 $\overline{S}_D$（4 脚）接低电平，将直接复位端 1 $\overline{R}_D$（15 脚）接高电平，JK 触发器的输出应为高电平。

（6）用跳线将直接置位端 1 $\overline{S}_D$（4 脚）接高电平，将直接复位端 1 $\overline{R}_D$（15 脚）接低电平，JK 触发器的输出应为低电平。

（7）用跳线将直接置位端 1 $\overline{S}_D$（4 脚）和直接复位端 1 $\overline{R}_D$（15 脚）接高电平。

（8）用跳线使 JK（3、2 脚）= 00，并用跳线触及 CP 脉冲端（1 脚），JK 触发器的输出应保持。

（9）用跳线使 JK（3、2 脚）= 10，并用跳线触及 CP 脉冲端（1 脚），JK 触发器的输出应为逻辑 1（灯亮）。

（10）用跳线使 JK（3、2 脚）= 01，并用跳线触及 CP 脉冲端（1 脚），JK 触发器的输出应为逻辑 0（灯灭）。

（11）用跳线使 JK（3、2 脚）= 11，并用跳线触及 CP 脉冲端（1 脚），JK 触发器的输出应为翻转（灯闪亮）。

习　题

一、填空题（请将正确答案填在下画线处）

1. 欲使 JK 触发器实现 $Q^{n+1}=Q^n$ 的功能，则输入端 J 应接________，K 应接________。

2. 欲使 JK 触发器实现 $Q^{n+1}=\overline{Q}^n$ 的功能，则输入端 J 应接________，K 应接______。

3. 欲使 JK 触发器实现 $Q^{n+1}=0$ 的功能，则输入端 J 应接________，K 应接________。

4. 欲使 JK 触发器实现 $Q^{n+1}=1$ 的功能，则输入端 J 应接________，K 应接________。

5. JK 触发器具有________、________、________和________功能。

6. T 触发器是 JK 触发器在________条件下的触发器。

7. T'触发器是 JK 触发器在________条件下的触发器。每来一个 CP 脉冲，T'触发器的状态就________。

二、绘图题

1. 在 CP 脉冲上升沿有效的 JK 触发器加上图 3-25 所示的波形，试绘出 Q 端的输出波形（设触发器初始状态为 0）。

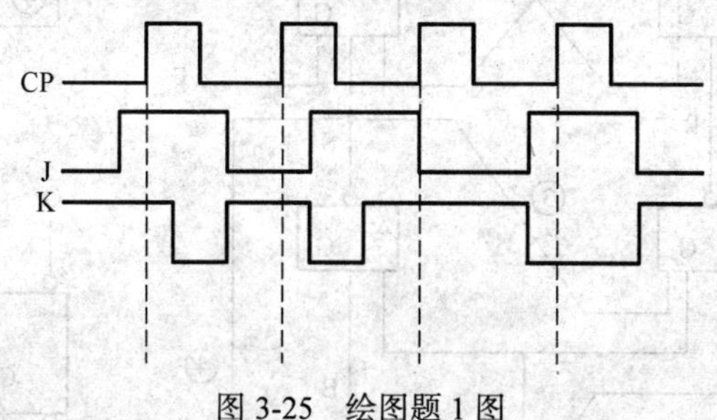

图 3-25　绘图题 1 图

2. 在 CP 脉冲上升沿有效的 T 触发器加上图 3-26 所示的波形，试绘出 Q 端的输出波形（设触发器初始状态为 0）。

3. 逻辑电路如图 3-27 所示，试分析该电路构成什么类型的触发器并绘出输出端 Q 的波形（设触发器初始状态为 0）。

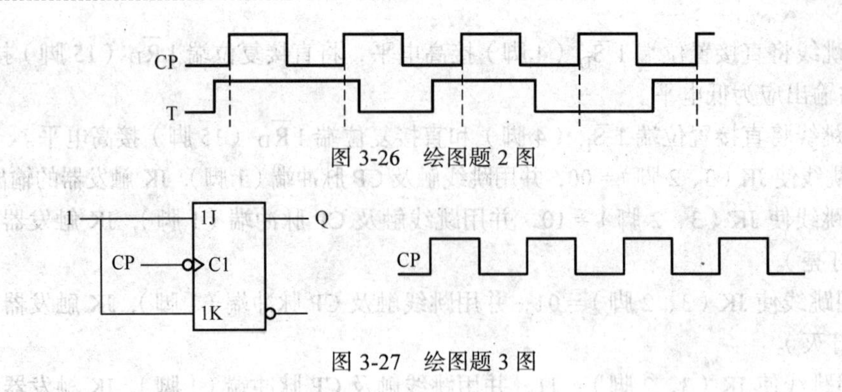

图 3-26　绘图题 2 图

图 3-27　绘图题 3 图

项目三　维持阻塞 D 触发器

一、项目分析

维持阻塞 D 触发器和主从型 JK 触发器一样，也是边沿触发方式，并且利用内部的维持阻塞线有效地抑制触发器“空翻”现象。D 触发器也是构成数据寄存器的基本单元。

二、相关知识

（一）电路组成与功能分析

1. 电路组成

维持阻塞 D 触发器的电路结构及逻辑符号如图 3-28 所示。由图中可知，维持阻塞 D 触发器由 6 个与非门组成，其中 G_1～G_4门构成同步 RS 触发器，G_5～G_6门构成输入信号的导引门。

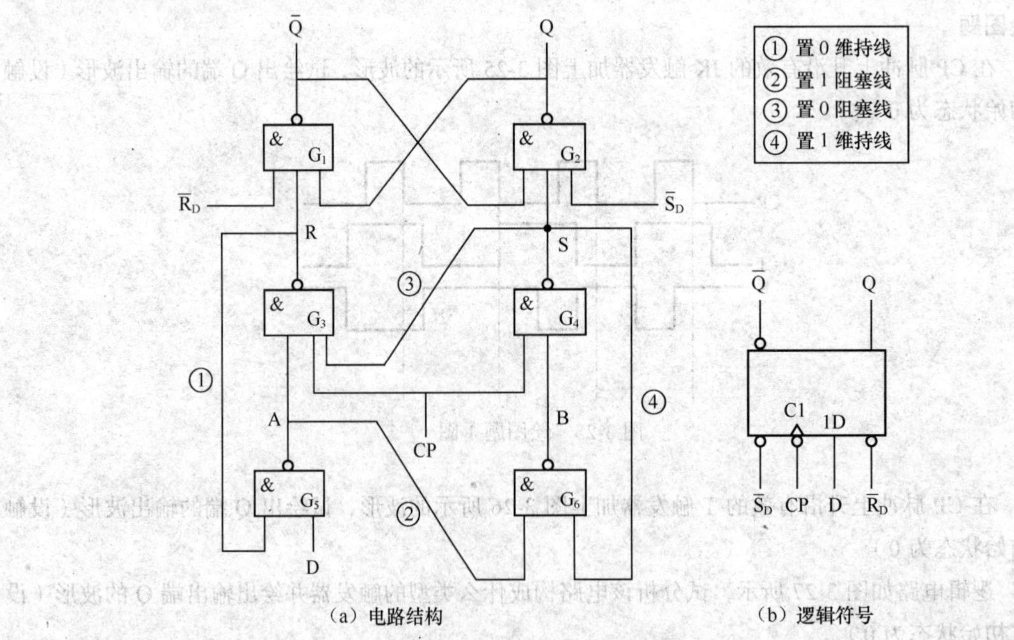

（a）电路结构　　（b）逻辑符号

图 3-28　D 触发器的结构及逻辑符号

D 触发器有一个输入信号端 D 和一个时钟信号 CP，直接置位端$\overline{S}_D$和直接复位端$\overline{R}_D$，两个互非的输出端 Q 和$\overline{Q}$。

2. 功能分析

在 CP = 0 时，G_3、G_4门被封锁，其输出端 R、S 均为 1，D 触发器的输出状态保持不变。

当 CP 脉冲信号由 0 变为 1 时，G_3、G_4门打开，它们的输出由 G_5、G_6门决定。现分别分析 D = 0 和 D = 1 两种情况。

（1）D = 0 时。G_5门的输出 A = 1，G_6门的输出 B = 0，则 R = 0，S = 1。使 D 触发器的输出信号 Q = 0，D 触发器置 0。此时 R = 0 反馈到 G_5门，即使输入信号 D 在此期间发生变化，也不会影响触发器置 0，故将该反馈线称为置 0 维持线①。与此同时，G_5门的输出端 A = 1 反馈到 G_6门，保证 G_4门输出 S = 1，防止出现触发器输出信号 Q = 1 的情况，故将该反馈线称为置 1 阻塞线②。

（2）D = 1 时。G_5门的输出 A = 0，G_6门的输出 B = 1，则 R = 1，S = 0。使 D 触发器的输出信号 Q = 1，D 触发器置 1。此时 S = 0 反馈到 G_3门，保证了 G_3门的输出 R = 1，防止出现触发器输出信号 Q = 0 的情况，故将该反馈线称为置 0 阻塞线③。与此同时，S = 0 反馈到 G_6门，保证 G_6门输出 B = 1，因此，即使输入信号 D 在此期间发生变化，也不会影响 G_6门的状态，故将该反馈线称为置 1 维持线④。

上述分析表明，无论触发器的原来状态如何，维持阻塞 D 触发器的输出随着输入 D 的变化而变化，且只在时钟脉冲上升沿到来时触发。

3. 真值表

由上述功能分析可得出维持阻塞 D 触发器在 CP 脉冲上升沿时的真值表，如表 3-6 所示。

表 3-6　　上升沿触发的 D 触发器真值表

输入			输出	功能
CP	D	Q^n	Q^{n+1}	
↑	0	0	0	置 0
↑	0	1	0	
↑	1	0	1	置 1
↑	1	1	1	

4. 特性方程

D 触发器的特性方程为

$$Q^{n+1}=D \tag{3-6}$$

5. 状态转换图

D 触发器的状态转换图如图 3-29 所示。

【例题 3-3】 设 CP 脉冲上升沿触发的 D 触发器的初态为 0，试根据图 3-30 所示 CP、D 端的波形，绘出与之对应的 Q 端的波形。

解： D 触发器的次态只取决于 CP 脉冲上升沿到来时 D 端的状态，而与此时刻前、后 D 端的状态无关，Q 端的波形如图 3-30 所示。

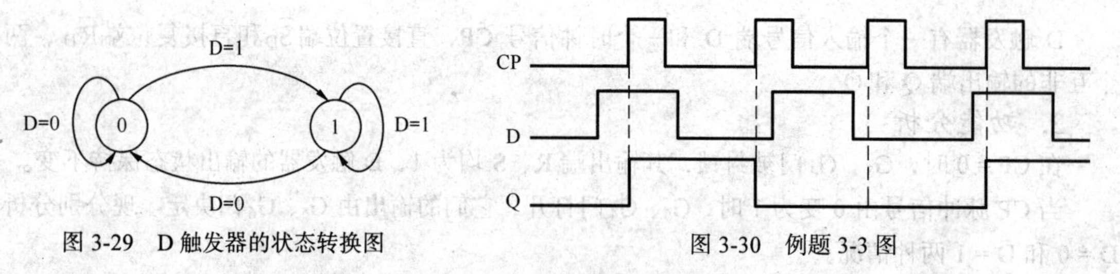

图 3-29 D 触发器的状态转换图　　图 3-30 例题 3-3 图

（二）集成 D 触发器

集成 D 触发器 74LS74 的逻辑符号和管脚排列如图 3-31 所示。74LS74 内部有两个独立的时钟脉冲上升沿触发的 D 触发器 U1A 和 U1B，具有异步置位和异步复位功能。

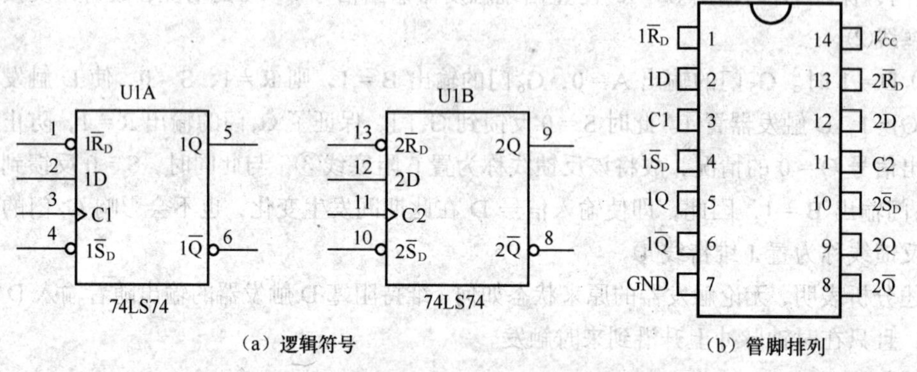

图 3-31 集成 D 触发器 74LS74 的逻辑符号和管脚排例

三、项目实施

（一）仿真实验　测试 D 触发器 74LS74 的逻辑功能

测试 D 触发器 74LS74 逻辑功能的电路如图 3-32 所示，在 Multisim 2001 软件工作平台上操作步骤如下。

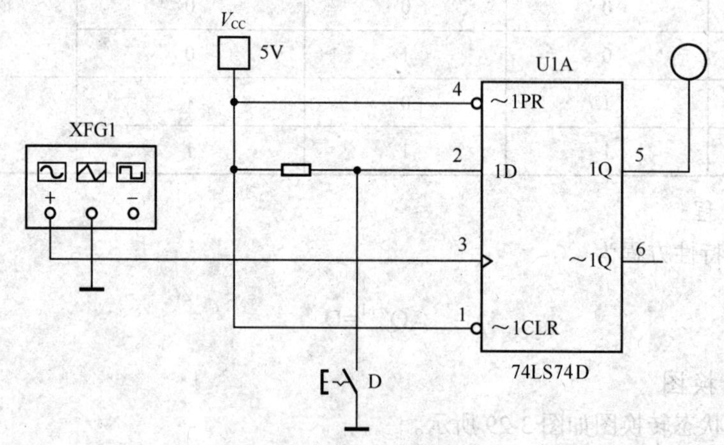

图 3-32 74LS74 仿真测试图

（1）从 TTL 集成电路库中拖出 74LS74。

（2）从电源库中拖出电源 V_{CC} 和接地。

（3）从基本元器件库中拖出一个 1kΩ 电阻。

（4）从基本元器件库中拖出一个开关，将开关的操作键定义为D。

（5）从显示器材库中拖出一个逻辑指示灯。

（6）从仪表栏中拖出信号发生器XFG1，选取方波信号（20Hz，输出电压5V）。

（7）按图3-32所示连接电路。

（8）操作按键，使D = 0，D触发器的输出1Q应为逻辑0（灯灭）。

（9）操作按键，使D = 1，D触发器的输出1Q应为逻辑1（灯亮）。

（二）实验　测试D触发器74LS74的逻辑功能

1. 实验目的

测试并掌握74LS74的逻辑功能。

2. 实验器材

（1）数字电路实验板　1块

（2）直流稳压电源（5V）　1台

（3）74LS74　1片

（4）跳线若干

（5）集成电路起拔器　1个

3. 注意事项

实验注意事项同模块一和模块二的实验。

4. 操作步骤

参考图3-32连接D触发器测试电路。

（1）关闭直流稳压电源开关，将集成电路芯片74LS74插入集成电路14P插座上。

（2）将+5V电压接到IC的管脚14，将电源负极接到IC的管脚7。

（3）用跳线将输出端1Q（5脚）接LED电平显示端。

（4）检查无误后接通电源。

（5）用跳线将直接置位端1 $\bar{S}_D$（4脚）接低电平，将直接复位端1 $\bar{R}_D$（1脚）接高电平，D触发器的输出应为高电平（灯亮）。

（6）用跳线将直接置位端1 $\bar{S}_D$（4脚）接高电平，将直接复位端1 $\bar{R}_D$（1脚）接低电平，D触发器的输出应为低电平（灯灭）。

（7）用跳线将直接置位端1 $\bar{S}_D$（4脚）和直接复位端1 $\bar{R}_D$（11脚）接高电平。

（8）用跳线使1D（2脚）= 1，并用跳线触及CP脉冲端（3脚），D触发器的输出应为逻辑1（灯亮）。

（9）用跳线使1D（2脚）= 0，并用跳线触及CP脉冲端（3脚），D触发器的输出应为逻辑0（灯灭）。

习　题

一、判断题（判断正误并在括号内填√或×）

1. 边沿型触发器的直接复位端和直接置位端不受CP脉冲信号的控制。（　）

2. 当 CP 脉冲信号有效时，D 触发器的输出状态等于输入状态。（ ）

3. 当 CP 脉冲信号无效时，D 触发器的输出状态等于 0。（ ）

4. 当 CP 脉冲信号无效时，D 触发器的输出状态保持不变。（ ）

5. 当 CP 时钟脉冲信号的有效边沿没有来到时，D 触发器的输出状态一定与输入状态相同。（ ）

二、绘图题

1. 设 CP 上升沿有效的 D 触发器加上如图 3-33 所示的波形，试绘出输出端 Q 的波形（设初始状态为 0）。

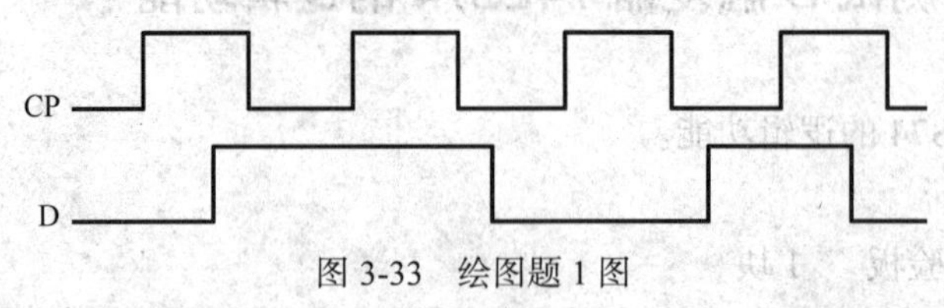

图 3-33 绘图题 1 图

2. 设 CP 上升沿有效的 D 触发器加上如图 3-34 所示的波形，试绘出输出端 Q 的波形（设初始状态为 0）。

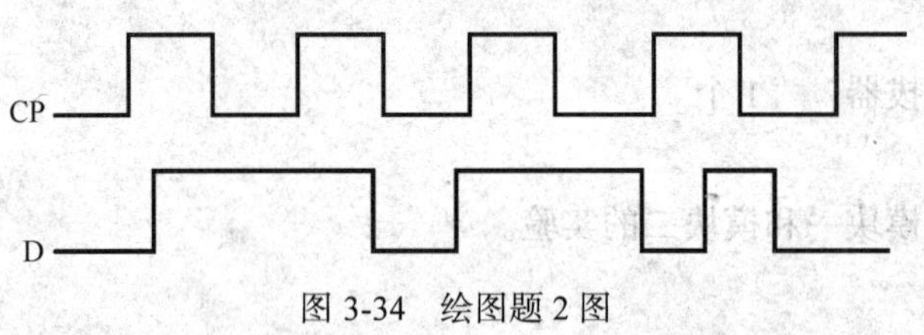

图 3-34 绘图题 2 图

*项目四 不同类型触发器的转换

一、项目分析

所谓触发器转换，就是把一种触发器通过加入逻辑转换电路成为另一种逻辑功能的触发器。例如，在项目三中将 JK 触发器转换为 T 和 T'触发器。在实际应用中需要其他逻辑功能的触发器时，可以将已有的触发器转换成所需要的触发器，转换的方法是利用特性方程联解求其转换逻辑关系。

由于输入信号为单端情况下，D 触发器使用最为方便，而在输入信号为双端情况下，JK 触发器的功能最为完善，并且在集成芯片中 D 和 JK 触发器的种类最多，所以通常用 D 和 JK 触发器转换为其他逻辑功能的触发器。

二、相关知识

（一）JK 触发器转换为 D 触发器

JK 触发器的特性方程如式（3-3）所示：

$$Q^{n+1}=J\overline{Q^n}+\overline{K}Q^n$$

D 触发器的特性方程如式（3-6）所示：

$$Q^{n+1}=D$$

为了求出 J、K 的表达形式，可将 D 触发器的特性方程写成与 JK 触发器的特性方程相似的形式，即

$$Q^{n+1}=D(Q^n+\overline{Q}^n)=DQ^n+D\overline{Q}^n \quad (3\text{-}7)$$

将式（3-3）和式（3-7）相比较，显然有

$$J=D \qquad K=\overline{D}$$

这就是要求的转换逻辑关系，据此可以绘出 JK 触发器转换为 D 触发器的逻辑电路图，如图 3-35 所示。

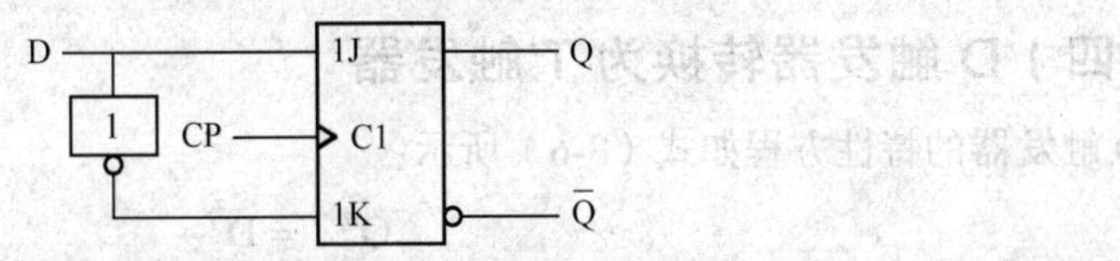

图 3-35　JK 触发器转换为 D 触发器的逻辑电路图

（二）JK 触发器转换为 RS 触发器

JK 触发器以 RS 触发器为基础，所以两者的逻辑功能相近，RS 触发器与 JK 触发器的逻辑功能比较如表 3-7 所示。

表 3-7　RS 触发器与 JK 触发器逻辑功能比较

RS 触发器		JK 触发器	
RS	逻辑功能	JK	逻辑功能
00	保持	00	保持
01	置 1	10	置 1
10	置 0	01	置 0
11	禁止	11	翻转

比较表 3-7 可知，如果将 J 对应于 S 输入，K 对应于 R 输入，即 J = S，K = R，则 JK 触发器与 RS 触发器（约束条件为 RS = 0）的逻辑功能相同。JK 触发器转换为 RS 触发器的逻辑电路图如图 3-36 所示。

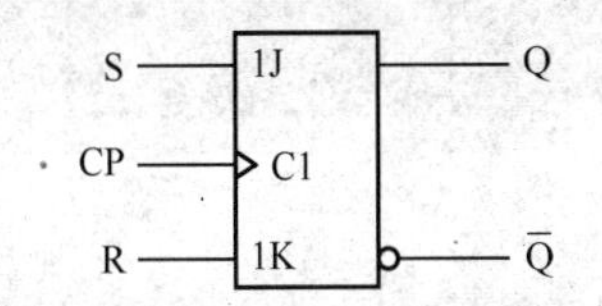

图 3-36　JK 触发器转换为 RS 触发器的逻辑电路图

（三）D 触发器转换为 T 触发器

D 触发器的特性方程如式（3-6）所示：

$$Q^{n+1}=D$$

T 触发器的特性方程如式（3-4）所示：

$$Q^{n+1}=\overline{T}Q^n+T\overline{Q}^n$$

将式（3-6）和式（3-4）对比后令

$$D=\overline{T}Q^n+T\overline{Q}^n=T\oplus Q^n \tag{3-8}$$

即可得到 T 触发器的逻辑电路图，如图 3-37 所示。

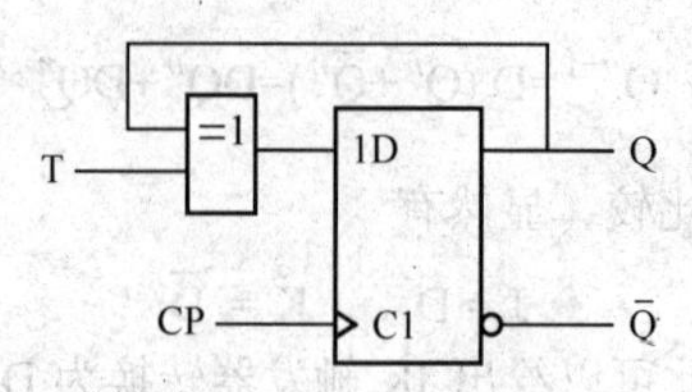

图 3-37　D 触发器转换为 T 触发器的逻辑电路图

（四）D 触发器转换为 T′触发器

D 触发器的特性方程如式（3-6）所示：

$$Q^{n+1}=D$$

T′触发器的特性方程如式（3-5）所示：

$$Q^{n+1}=\overline{Q}^n$$

将式（3-6）和式（3-5）对比后令

$$D=\overline{Q}^n \tag{3-9}$$

即可得到 T′触发器的逻辑电路图，如图 3-38 所示。

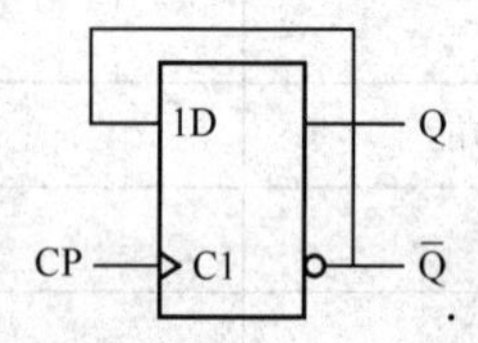

图 3-38　D 触发器转换为 T′触发器的逻辑电路图

习　题

一、绘图题

已知时钟脉冲 CP 的波形，分别绘出下列各题触发器输出端 Q 的波形（设初始状态为 0）。

1. CP 脉冲波形和输入信号 A 的波形如图 3-39 所示。

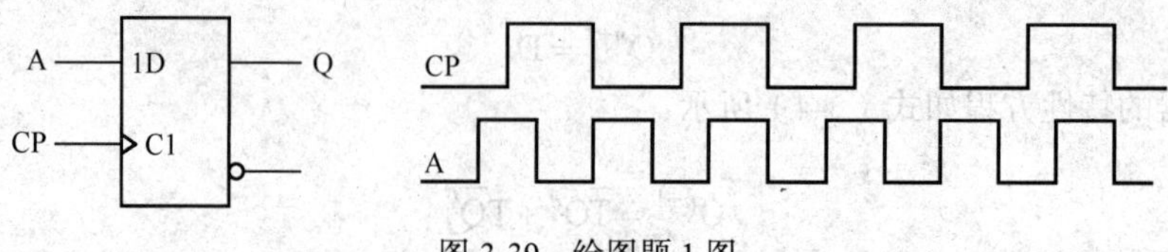

图 3-39　绘图题 1 图

2. CP 脉冲波形如图 3-40 所示。

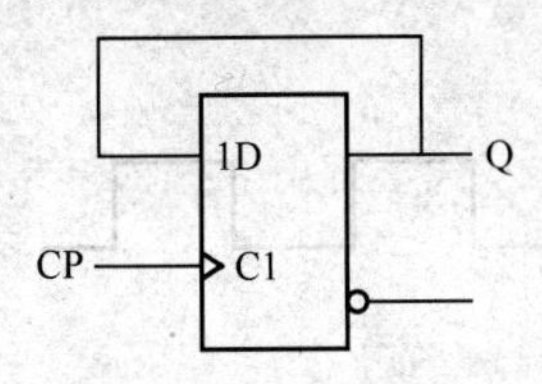

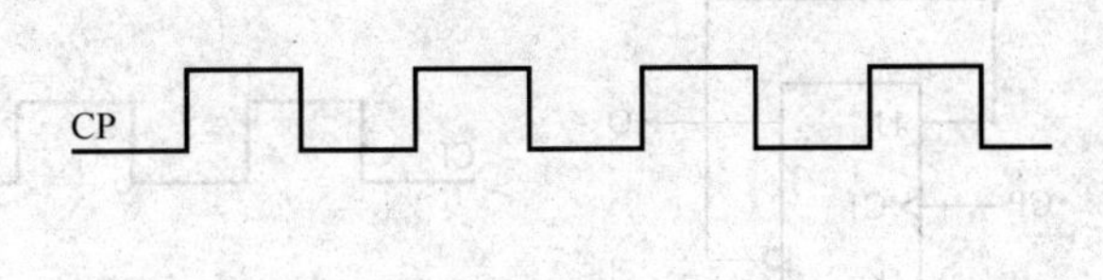

图 3-40　绘图题 2 图

3. CP 脉冲波形如图 3-41 所示。

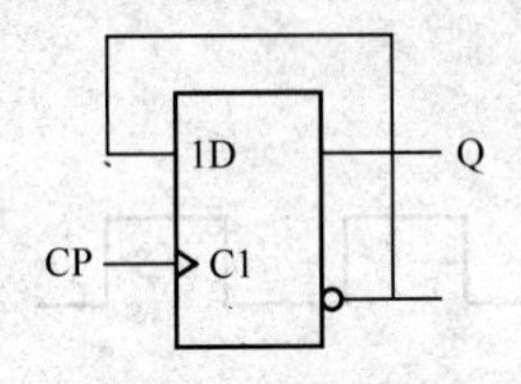

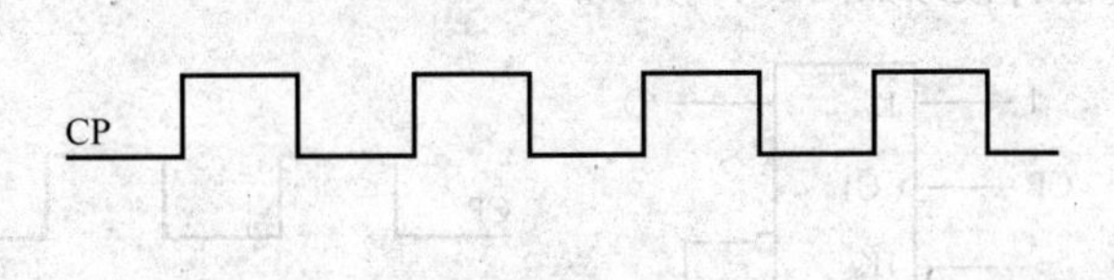

图 3-41　绘图题 3 图

4. CP 脉冲波形如图 3-42 所示。

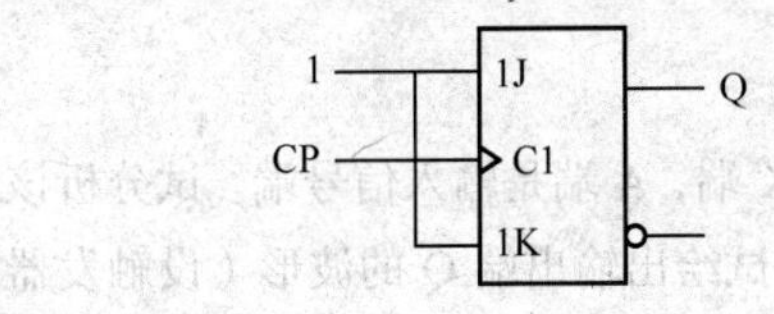

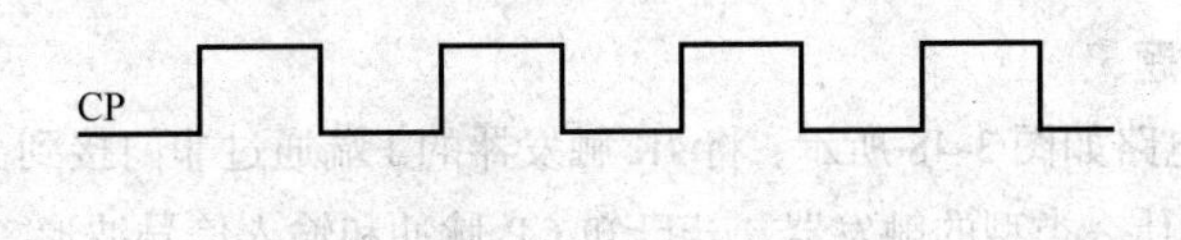

图 3-42　绘图题 4 图

5. CP 脉冲波形如图 3-43 所示。

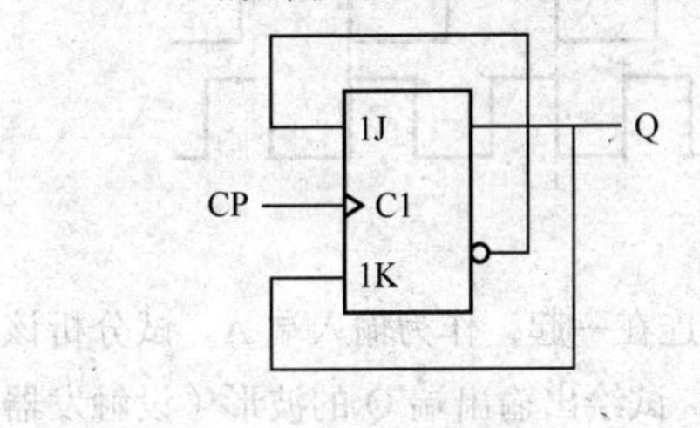

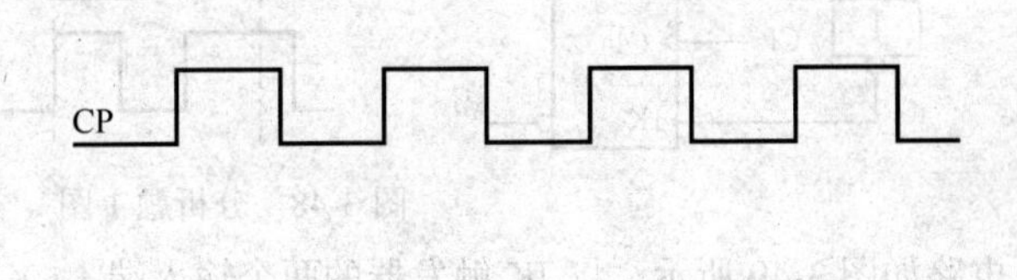

图 3-43　绘图题 5 图

6. CP 脉冲波形如图 3-44 所示。

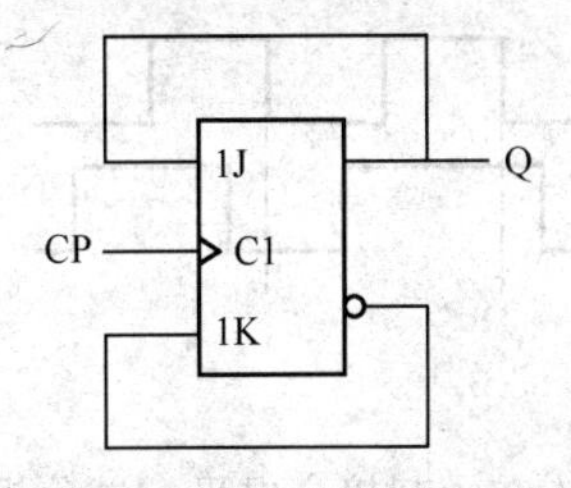

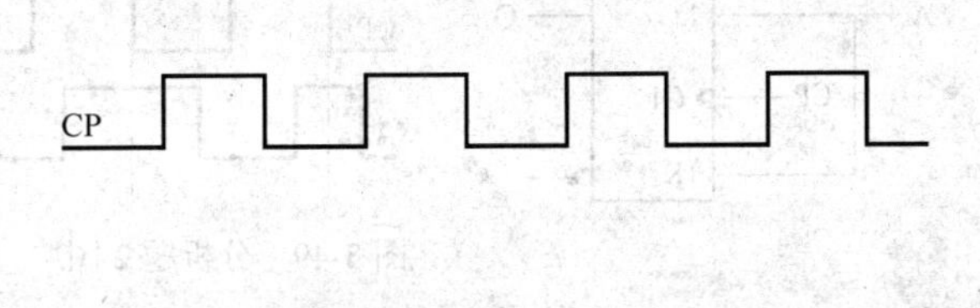

图 3-44　绘图题 6 图

7. CP 脉冲波形如图 3-45 所示。

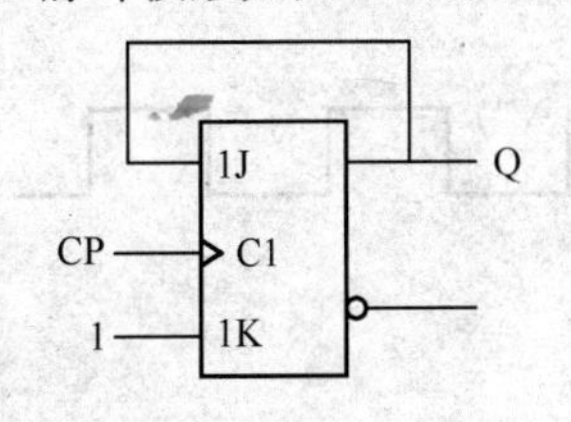

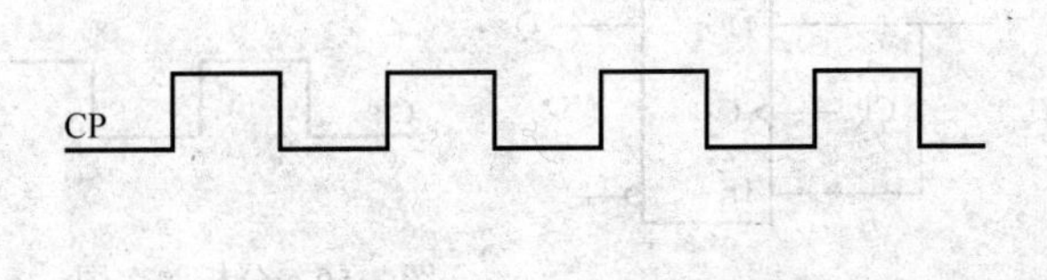

图 3-45　绘图题 7 图

8. CP 脉冲波形如图 3-46 所示。

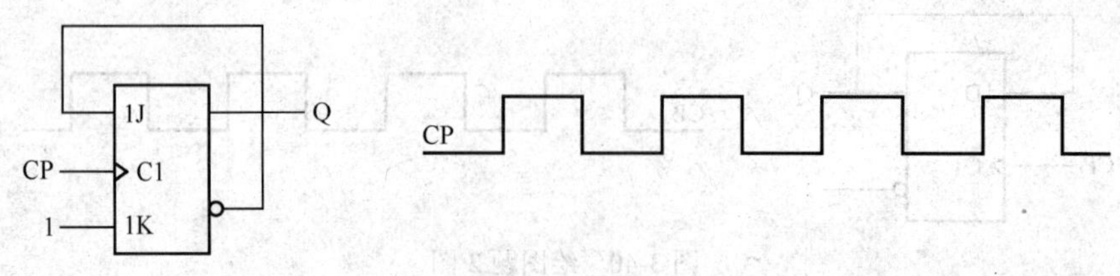

图 3-46　绘图题 8 图

9. CP 脉冲波形如图 3-47 所示。

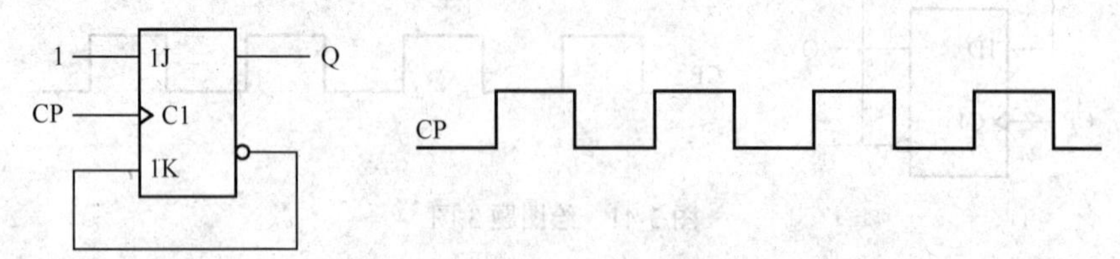

图 3-47　绘图题 9 图

二、分析题

1. 电路如图 3-48 所示，将 JK 触发器的 J 端通过非门接到 K 端，A 端是输入信号端。试分析该电路构成什么类型的触发器。若已知 CP 脉冲和输入信号波形，试绘出输出端 Q 的波形（设触发器初始状态为 0）。

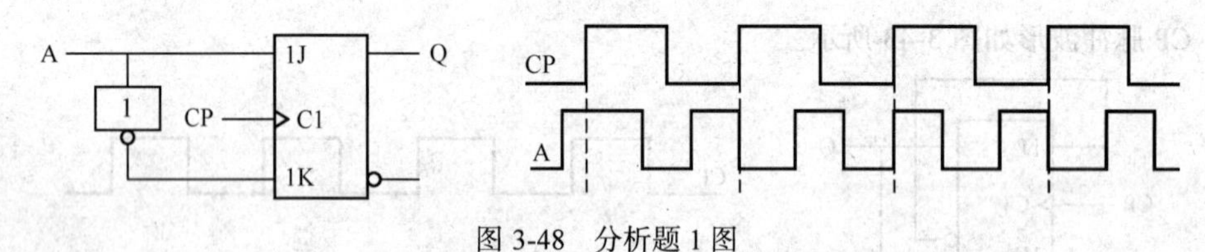

图 3-48　分析题 1 图

2. 电路如图 3-49 所示，将 JK 触发器的两个输入端 J、K 连在一起，作为输入端 A。试分析该电路构成什么类型的触发器。若已知 CP 脉冲和输入信号波形，试绘出输出端 Q 的波形（设触发器初始状态为 0）。

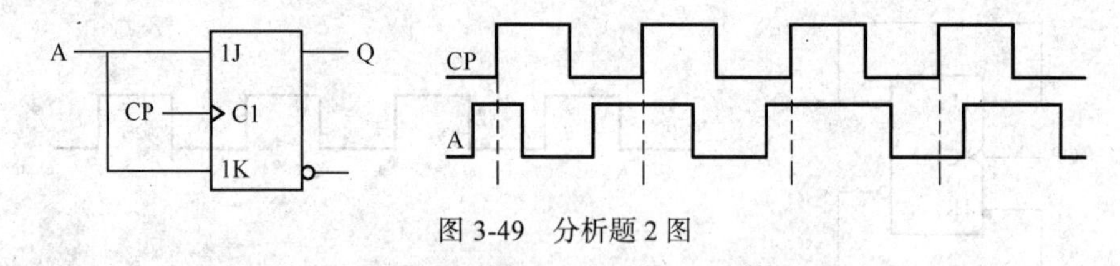

图 3-49　分析题 2 图

3. 电路如图 3-50 所示，将 JK 触发器的两个输入端 J、K 连在一起接高电平。试分析该电路构成什么类型的触发器并绘出输出端 Q 的波形（设触发器初始状态为 0）。

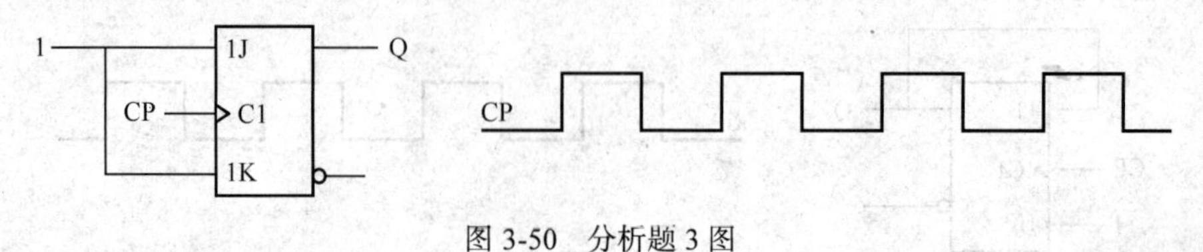

图 3-50　分析题 3 图

模块四

时序逻辑电路

在时序逻辑电路中，任意时刻的输出信号不仅取决于当时的输入信号，而且还取决于电路原来的状态，这一点正是时序逻辑电路和组合逻辑电路的根本区别。

时序逻辑电路的结构框图如图 4-1 所示，可以看出时序逻辑电路具有两个特点：第一，电路包含组合电路和触发器电路，其中触发器电路作为记忆单元是必不可少的；第二，输出信号通过触发器电路反馈到输入端，与输入信号一起共同决定组合电路的输出。

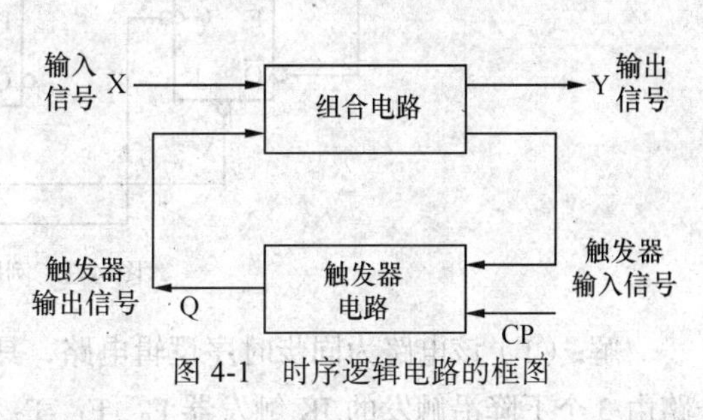

图 4-1　时序逻辑电路的框图

通常时序逻辑电路包括触发器、计数器、数据寄存器和移位寄存器。

项目一　时序逻辑电路的分析

一、项目分析

时序逻辑电路的分析就是根据给定的逻辑电路，得出电路的逻辑功能，即确定在输入信号和时钟脉冲信号共同作用下输出状态的变化规律。

时序逻辑电路可以分为“同步”和“异步”两大类。在同步时序电路中，所有触发器的时钟脉冲输入端 CP 都连在一起，使所有触发器的状态变化和时钟脉冲同步发生。而在异步时序电路中，时钟脉冲只触发部分触发器，其余触发器则是由电路内部信号触发的，因此，各个触发器的状态变化有先有后，并不都与时钟脉冲 CP 同步。所以，在分析异步时序电路时，必须把时钟信号 CP 作为一个逻辑变量写进去。

二、相关知识

时序逻辑电路的分析可按以下步骤进行。

（1）分析电路的基本组成，写出时钟信号、各触发器的输入信号（也称为驱动方程）和电路的输出方程。

（2）将时钟信号和驱动方程代入相应触发器的特性方程，求出整个时序逻辑电路的状态方程。

（3）根据状态方程和输出方程列出状态转换表。

（4）确定电路的逻辑功能。

（5）绘出状态转换图，并判断电路能否自行启动。

在分析具体电路时，并不一定都要求按以上 5 个步骤写出来，可根据题目要求和难易程度来确定分析电路的步骤。下面通过举例分析具体的时序逻辑电路，来说明时序逻辑电路的分析方法。

【例题 4-1】 分析图 4-2 所示时序电路的逻辑功能，设初始状态为 $Q_2Q_1Q_0=000$。

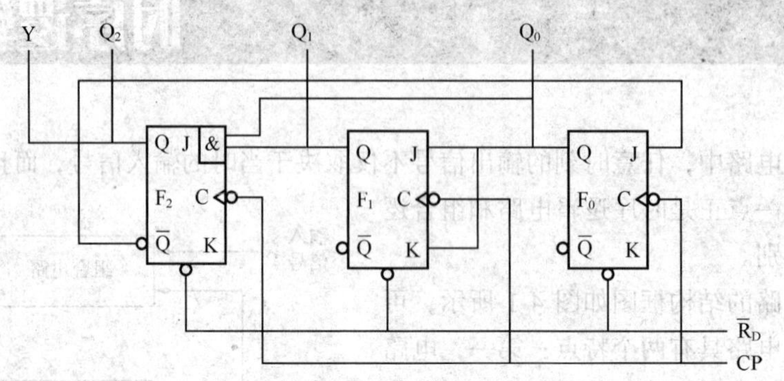

图 4-2 例题 4-1 逻辑电路

解：（1）该电路为同步时序逻辑电路，具有相同的 CP 信号，即 $CP_0=CP_1=CP_2=CP$。电路由 3 个下降沿触发的 JK 触发器 F_0、F_1、F_2 和一个 2 输入端的与门构成，通过 $\overline{R}_D$ 的清零作用可将电路的初始状态设为 $Q_2Q_1Q_0=000$。有 3 个触发器输出端 Q_0、Q_1、Q_2 和一个电路输出端 Y。

3 个 JK 触发器的驱动方程分别为

$$
\begin{aligned}
J_0 &= \overline{Q}_2^n \qquad & K_0 &= 1 \\
J_1 &= Q_0^n \qquad & K_1 &= Q_0^n \\
J_2 &= Q_0^n Q_1^n \qquad & K_2 &= 1
\end{aligned} \tag{4-1}
$$

（2）将式（4-1）代入 JK 触发器的特性方程 $Q^{n+1}=J\overline{Q}^n+\overline{K}Q^n$，可得到 3 个触发器的次态方程分别为

$$
\begin{aligned}
Q_0^{n+1} &= \overline{Q}_2^n\ \overline{Q}_0^n \\
Q_1^{n+1} &= Q_0^n\overline{Q}_1^n + \overline{Q}_0^n\ Q_1^n \\
Q_2^{n+1} &= Q_0^n Q_1^n \overline{Q}_2^n
\end{aligned} \tag{4-2}
$$

（3）电路的输出方程为

$$
Y = Q_2^n \tag{4-3}
$$

虽然以上 3 个方程式已经完整地说明了电路的逻辑功能，但是不够直观，因为每一时刻电路的状态和输出都与电路的前一个状态有关，所以只有将电路每个状态下的输出和它的次态全部展现出来，才能直观地看出电路所实现的逻辑功能。通常用状态转换表、状态转换图和波形图来表示电路的状态转换过程。

（4）状态转换表

根据式（4-2）和式（4-3）可得出电路的状态转换表，如表 4-1 所示。在表格第 1 行中，

由于初始状态（现态）$Q_2Q_1Q_0=000$，所以将现态 000 代入式（4-3）就得到当前输出 $Y=0$。因为在第 1 个 CP 脉冲下降沿作用下，触发器状态发生变化，所以将现态 000 代入式（4-2）就得到对应的次态为 001。再以得到的次态 001 作为第 2 行的现态，求出新的当前输出和次态，依此类推，填满整个表格。

表 4-1　　例题 4-1 的状态转换表

CP	现态			当前输出	次态		
	Q_2^n	Q_1^n	Q_0^n	Y	Q_2^{n+1}	Q_1^{n+1}	Q_0^{n+1}
1↓	0	0	0	0	0	0	1
2↓	0	0	1	0	0	1	0
3↓	0	1	0	0	0	1	1
4↓	0	1	1	0	1	0	0
5↓	1	0	0	1	0	0	0

从表 4-1 可以看出，在第 5 个 CP 脉冲下降沿作用下，整个时序逻辑电路的状态又回到初始状态，其有效循环状态为 000→001→010→011→100→000→……

（5）状态转换图与波形图

状态转换图如图 4-3 所示。在状态转换图中，每个圆圈表示电路的一个状态，圆圈内的数字是这个状态的编码。图中的箭头表示电路状态转换的去向，箭头旁边的数字表示现态下的输出。

波形图如图 4-4 所示。它给出了在一系列时钟脉冲 CP 作用下电路状态和输出信号随时间变化的波形。

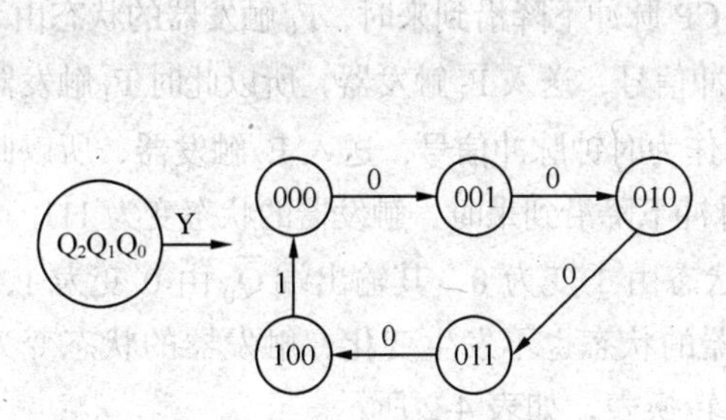

图 4-3　例题 4-1 的状态转换图

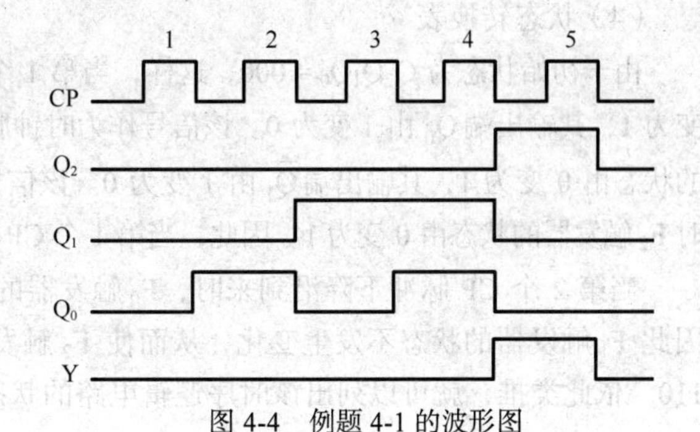

图 4-4　例题 4-1 的波形图

（6）检查电路能否自行启动

若电路的初始状态是有效循环状态（000～100）之外的任何一个状态，在 CP 脉冲作用下，电路最终都能自动进入有效循环状态，我们把电路的这种性质叫做“能够自行启动”。根据触发器次态方程式（4-2）计算，如果电路初始状态分别为 101、110、111 时，在 CP 脉冲作用下，可分别进入有效循环状态 010 或 000，所以电路能够自行启动。该电路的全部状态转换图如图 4-5 所示。

（7）电路逻辑功能

从以上分析可知，图 4-2 所示的电路是一个逢五进一的加法计数器，并每当转换为 100 状态（最大数）时，进位输出端 $Y=1$。在计数器多位连接时，可将进位输出端 Y 接至相邻高位的 CP 端，当本位从 100 状态转换为 000 状态时，产生一个下降沿进位信号 Y。

【例题 4-2】 分析图 4-6 所示时序电路的逻辑功能，设初始状态是 $Q_2Q_1Q_0 = 000$。

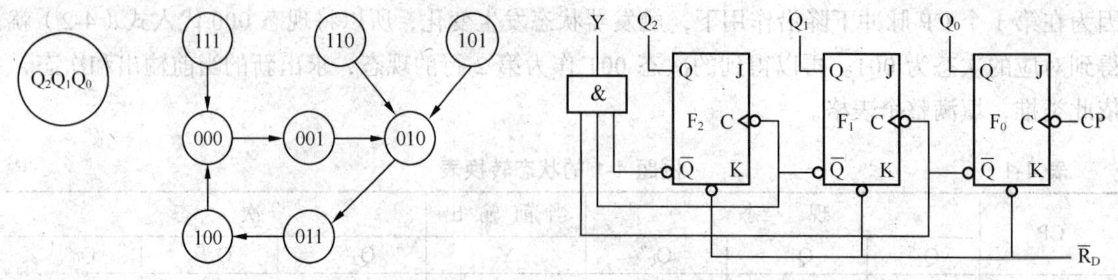

图 4-5 例题 4-1 的全部状态转换图　　　图 4-6 例题 4-2 时序逻辑电路

解：（1）该电路为异步时序逻辑电路，其中 F_0 触发器受时钟脉冲信号 CP 控制，F_1 触发器受 F_0 触发器输出端 $\overline{Q}_0$ 的控制，F_2 触发器受 F_1 触发器输出端 $\overline{Q}_1$ 的控制，时钟方程分别为

$$CP_0=CP\ (\downarrow)\qquad CP_1=\overline{Q}_0\ (\downarrow)\qquad CP_2=\overline{Q}_1\ (\downarrow) \tag{4-4}$$

（2）电路由 3 个下降沿触发的 JK 触发器组成，3 个 JK 触发器的输入端 J 和 K 均为 1，因此具有 T′触发器功能，即每来一个 CP 脉冲，其状态翻转一次。各触发器的驱动方程和次态方程分别为

$$J_0 = K_0 = 1\qquad J_1 = K_1 = 1\qquad J_2 = K_2 = 1 \tag{4-5}$$

$$Q_0^{n+1}=\overline{Q}_0^n\qquad Q_1^{n+1}=\overline{Q}_1^n\qquad Q_2^{n+1}=\overline{Q}_2^n \tag{4-6}$$

（3）表示电路输出信号（借位信号）的输出方程为

$$Y = \overline{Q}_0^n\ \overline{Q}_1^n\ \overline{Q}_2^n \tag{4-7}$$

（4）状态转换表

由于初始状态为 $Q_2Q_1Q_0 = 000$，这样，当第 1 个 CP 脉冲下降沿到来时，F_0 触发器的状态由 0 变为 1，其输出端 $\overline{Q}_0$ 由 1 变为 0。该信号作为时钟脉冲信号，送入 F_1 触发器，所以此时 F_1 触发器的状态由 0 变为 1，其输出端 $\overline{Q}_1$ 由 1 变为 0。该信号作为时钟脉冲信号，送入 F_2 触发器，所以此时 F_2 触发器的状态由 0 变为 1。因此，当第 1 个 CP 脉冲下降沿到来时，触发器的状态变为 111。

当第 2 个 CP 脉冲下降沿到来时，F_0 触发器的状态由 1 变为 0，其输出端 $\overline{Q}_0$ 由 0 变为 1，因此 F_1 触发器的状态不发生变化，从而使 F_2 触发器的状态也不发生变化，触发器的状态变为 110。依此类推，就可以列出该时序逻辑电路的状态转换表，如表 4-2 所示。

表 4-2　　例题 4-2 的状态转换表

CP 个数	现态			当前输出	次态		
	Q_2^n	Q_1^n	Q_0^n	Y	Q_2^{n+1}	Q_1^{n+1}	Q_0^{n+1}
1	0	0	0	1	1	1	1
2	1	1	1	0	1	1	0
3	1	1	0	0	1	0	1
4	1	0	1	0	1	0	0
5	1	0	0	0	0	1	1
6	0	1	1	0	0	1	0
7	0	1	0	0	0	0	1
8	0	0	1	0	0	0	0

（5）状态转换图和波形图

根据状态转换表作出的状态转换图和波形图分别如图 4-7、图 4-8 所示。

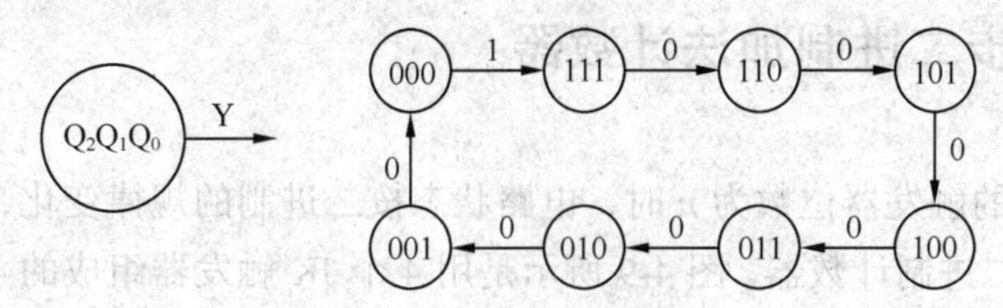

图 4-7 例题 4-2 的状态转换图

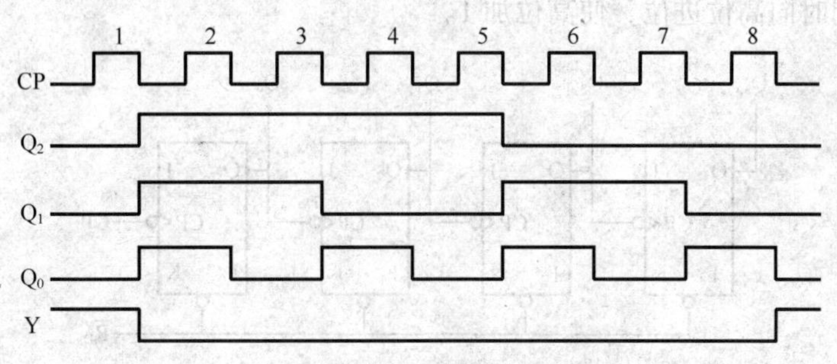

图 4-8 例题 4-2 的波形图

（6）电路逻辑功能

从以上分析可知，在 CP 脉冲的作用下，电路状态按照减 1 规律循环变化，当第 8 个 CP 来到时，电路回到初始状态，所以是一个 3 位减法计数器，Y 是借位信号。

习 题

1. 时序逻辑电路的结构特点是什么？
2. 时序逻辑电路按触发方式可分为哪两类，各具有什么特点？
3. 时序逻辑电路的分析步骤有哪些？

项目二 计数器

一、项目分析

计数器的主要用途是对时钟脉冲信号的个数进行计数，在工业生产中可以进行产品计量、定时控制、对脉冲信号分频等。计数器可以进行加法（递增）计数，也可以进行减法（递减）计数。按计数的进制不同，可分为二进制、十进制或任意进制的计数器。计数器的基本组成单元是各类触发器，按触发器状态的翻转时序可分为同步计数器和异步计数器。

集成计数器的种类较多，常用的有 74LS90、74LS160、74LS162、74LS192 等，本项目通过对集成计数器 74LS192 的学习，掌握集成计数器的功能与应用。

二、相关知识

（一）4 位异步二进制加法计数器

1. 电路组成

当时序逻辑电路的触发器位数为 n 时，电路状态按二进制的规律变化，经历的独立状态为 2^n 个，称此类电路为二进制计数器。图 4-9 所示是用 4 个 JK 触发器组成的 4 位异步二进制加法计数器。所谓二进制加法，就是“逢二进一”，即每当本位是 1 同时新的时钟脉冲信号到来时，本位就变成 0，同时向高位进位，使高位加 1。

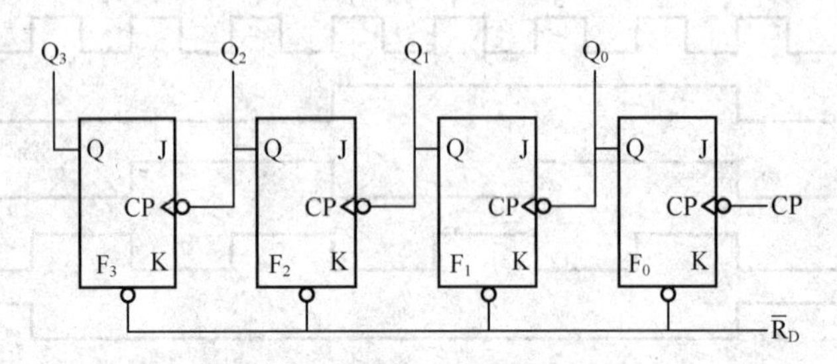

图 4-9　4 位异步二进制加法计数器

在图 4-9 中，每个 JK 触发器的 J、K 端恒为 1，构成 T′ 触发器，即每当时钟脉冲信号下降沿到来时，触发器的状态翻转一次。时钟脉冲信号接入最低位触发器 F_0 的时钟脉冲信号输入端 CP，低位触发器的输出端 Q 接至相邻高位触发器的时钟脉冲信号输入端 CP，即高位触发器的状态在相邻低位触发器的状态由 1 变为 0 时翻转。

2. 工作原理

计数器工作前先清零，清零后计数器的状态为 $Q_3Q_2Q_1Q_0 = 0000$。

当第 1 个时钟脉冲信号下降沿时，触发器 F_0 翻转，Q_0 的状态由 0 变 1。F_1 的时钟控制端无下降沿信号不能翻转，于是第 1 个时钟脉冲信号过后，计数器的状态为 $Q_3Q_2Q_1Q_0 = 0001$。

当第 2 个时钟脉冲信号下降沿时，F_0 翻转，Q_0 由 1 变 0。Q_0 产生的下降沿信号加至 F_1 的时钟控制端，F_1 翻转，Q_1 的状态由 0 变 1，F_2 无下降沿信号不能翻转，于是第 2 个时钟脉冲信号过后，计数器的状态为 $Q_3Q_2Q_1Q_0 = 0010$。

依此类推，当第 15 个时钟脉冲信号下降沿时，计数器的状态为 $Q_3Q_2Q_1Q_0 = 1111$。

当第 16 个时钟脉冲信号下降沿时，F_0 翻转，Q_0 由 1 变 0；Q_0 引起 F_1 翻转，Q_1 由 1 变 0；Q_1 引起 F_2 翻转，Q_2 由 1 变 0；Q_2 引起 F_3 翻转，Q_3 由 1 变 0，计数器的状态恢复为 $Q_3Q_2Q_1Q_0 = 0000$。根据以上分析可列出该计数器的状态转换表，如表 4-3 所示。

表 4-3　4 位二进制异步加法计数器状态转换表

时钟脉冲 CP	Q_3	Q_2	Q_1	Q_0
0	0	0	0	0
1	0	0	0	1
2	0	0	1	0
3	0	0	1	1
4	0	1	0	0
5	0	1	0	1

续表

时钟脉冲 CP	Q_3	Q_2	Q_1	Q_0
6	0	1	1	0
7	0	1	1	1
8	1	0	0	0
9	1	0	0	1
10	1	0	1	0
11	1	0	1	1
12	1	1	0	0
13	1	1	0	1
14	1	1	1	0
15	1	1	1	1
16	0	0	0	0

4 位异步二进制加法计数器的波形图如图 4-10 所示。

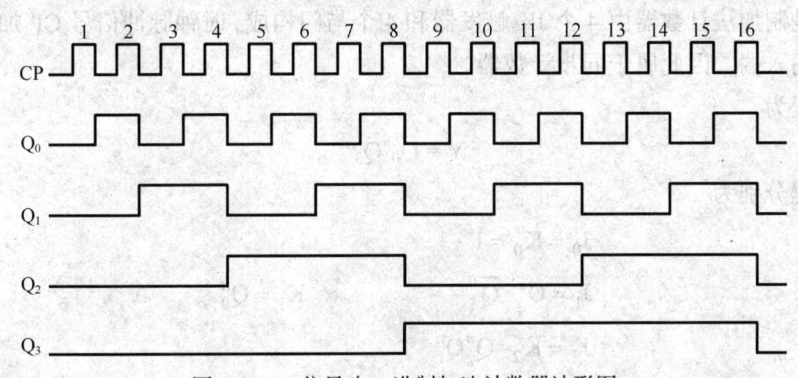

图 4-10　4 位异步二进制加法计数器波形图

综上所述，4 位异步二进制加法计数器的特点如下。

（1）各触发器状态的翻转时刻不统一。Q_0 在时钟脉冲信号下降沿时翻转，Q_1、Q_2、Q_3 分别在 Q_0、Q_1、Q_2 的输出信号下降沿时翻转，所以称为异步计数器。

（2）计数器从 0000 计到 1111，按二进制规律增 1 计数，所以称为二进制加法计数器。

（3）计数器电路由 4 个触发器组成，计数周期包括 16 个计数状态。如果从 Q_0 输出，就是二进制计数器；如果从 Q_1 输出，就是四进制计数器；如果从 Q_2 输出，就是八进制计数器；如果从 Q_3 输出，就是十六进制计数器。

（4）由波形图可知，时钟脉冲信号 CP 和触发器输出信号 Q_0、Q_1、Q_2、Q_3 的频率依次降低了二分之一，这就是计数器的分频作用。例如，设时钟脉冲信号频率为 16Hz，经过四级分频后从 Q3 输出频率则为 1Hz。

异步二进制计数器虽然结构简单，但速度较慢（因为触发器的状态只能逐级翻转）。为了提高速度，可将时钟脉冲信号同时送到每个触发器的脉冲输入端 CP，使每个触发器的状态翻转和时钟脉冲信号同步，这种计数器称为同步计数器。在集成电路器件中，通常都是同步计数器。

（二）同步十进制加法计数器

十进制计数器是在二进制计数器的基础上得到的。用 4 位二进制代码代表十进制的每一位数时，至少要用 4 个触发器才能实现。最常用的二进制代码是 8421BCD 码。8421BCD 码取前面的“0000～1001”10 个二进制数来表示十进制的“0～9”10 个数码，后面的“1010～1111”6 个二进制数在 8421BCD 码中称为无效码。因此，采用 8421BCD 码计数至第 10 个时钟脉冲时，十进制计数器的输出要从“1001”跳变到“0000”，完成一次十进制计数循环。

同步十进制加法计数器电路如图 4-11 所示。

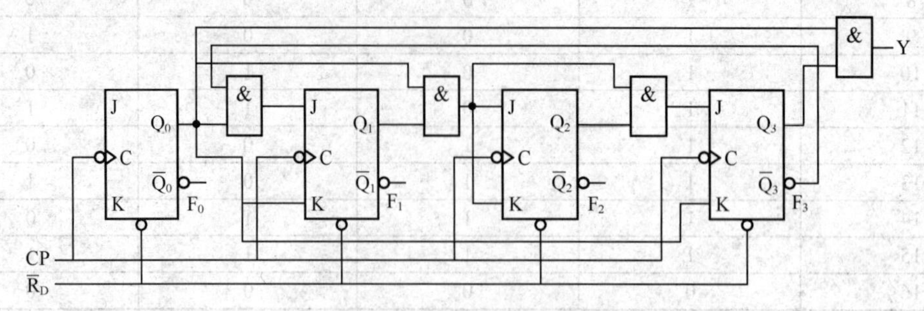

图 4-11　同步十进制加法计数器电路

同步十进制加法计数器由 4 个 JK 触发器和 4 个与门构成，时钟脉冲信号 CP 加到 4 个触发器时钟脉冲输入端，因此属于同步计数器。

输出方程为

$$Y = Q_0^n Q_3^n \tag{4-8}$$

驱动方程分别为

$$\begin{aligned} & J_0 = K_0 = 1 \\ & J_1 = Q_0^n\ \overline{Q}_3^n \qquad\qquad K_1 = Q_0^n \\ & J_2 = K_2 = Q_0^n Q_1^n \\ & J_3 = Q_0^n Q_1^n Q_2^n \qquad\qquad K_3 = Q_0^n \end{aligned} \tag{4-9}$$

将式（4-9）代入 JK 触发器的特性方程 $Q^{n+1} = J\overline{Q^n} + \overline{K}Q^n$，可得到 4 个触发器的次态方程分别为

$$\begin{aligned} Q_0^{n+1} &= 1 \cdot \overline{Q_0^n} + 0 \cdot Q_0^n = \overline{Q_0^n} \\ Q_1^{n+1} &= Q_0^n \overline{Q_3^n}\ \overline{Q_1^n} + \overline{Q_0^n} Q_1^n \\ Q_2^{n+1} &= Q_0^n Q_1^n \overline{Q_2^n} + \overline{Q_0^n Q_1^n} Q_2^n \\ Q_3^{n+1} &= Q_0^n Q_1^n Q_2^n \overline{Q_3^n} + \overline{Q_0^n} Q_3^n \end{aligned} \tag{4-10}$$

根据式（4-10）可计算出电路的状态转换表，如表 4-4 所示。

表 4-4　　同步十进制加法计数器状态转换表

时钟脉冲	现　态	当前输出	次　态
CP	$Q_3^n\ Q_2^n\ Q_1^n\ Q_0^n$	Y	$Q_3^{n+1}\ Q_2^{n+1}\ Q_1^{n+1}\ Q_0^{n+1}$
1	0 0 0 0	0	0 0 0 1
2	0 0 0 1	0	0 0 1 0
3	0 0 1 0	0	0 0 1 1
4	0 0 1 1	0	0 1 0 0
5	0 1 0 0	0	0 1 0 1

续表

时钟脉冲	现 态	当前输出	次 态
6	0101	0	0110
7	0110	0	0111
8	0111	0	1000
9	1000	0	1001
10	1001	1	0000
无效状态	1010	0	1011
	1011	1	0100
	1100	0	1101
	1101	1	0100
	1110	0	1111
	1111	1	0000

根据状态转换表绘出该计数器的状态转换图，如图 4-12 所示。

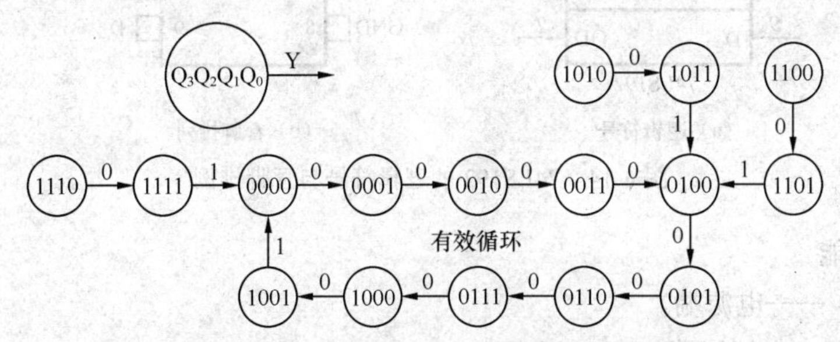

图 4-12　同步十进制加法计数器的状态转换图

由图 4-12 所示的状态转换图可以看出，该计数器的有效循环状态为 0000～1001，共有 10 个，并且在有效循环状态内计数器是按照 8421 码进行加法计数，所以这是一个同步十进制加法计数器。1010～1111 这 6 个状态为无效状态，并且从任意一个无效状态开始，最终都能回到有效状态，所以电路具有自启动能力。

波形图如图 4-13 所示。从初始状态 0000 开始，经过输入 9 个有效的 CP 脉冲（下降沿）后，计数器达到最大值，并且输出 Y = 1。在第 10 个 CP 下降沿到来后，输出 Y 由 1 变为 0，可以利用 Y 的这一下降沿作为向高位计数器的进位信号。实际上，进位信号 Y 可以直接取自触发器 F_3 的输出 Q_3。

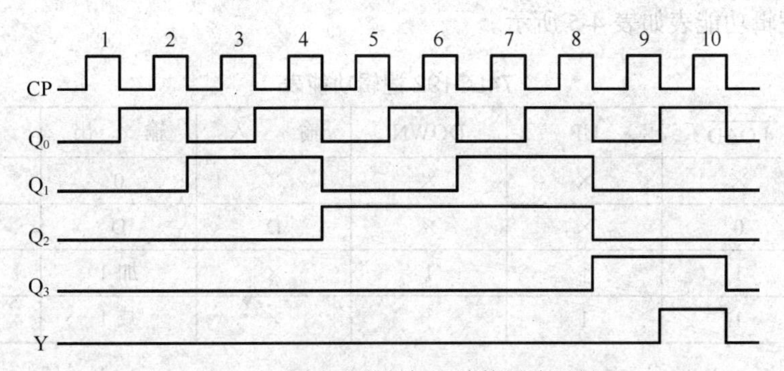

图 4-13　同步十进制加法计数器波形图

（三）集成同步十进制加/减法计数器 74LS192

74LS192 是 4 位十进制可预置同步加/减计数器，图 4-14 所示为 74LS192 的逻辑符号与管脚排列。

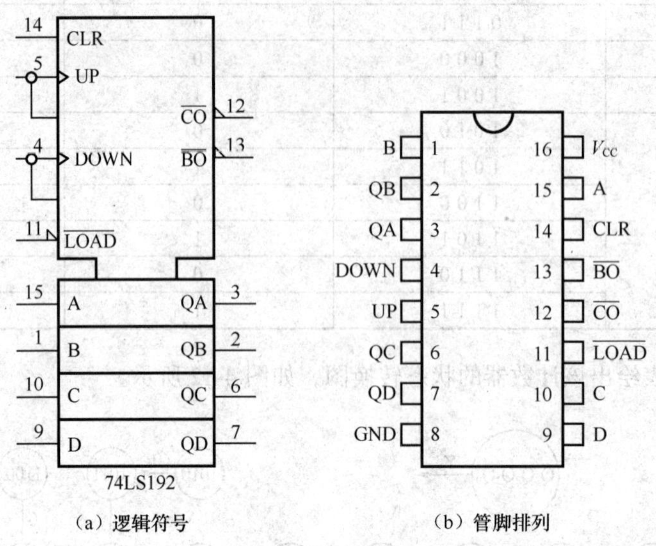

（a）逻辑符号　　（b）管脚排列

图 4-14　74LS192 的逻辑符号与管脚排例

（1）管脚功能

脚 16（V_{CC}）——电源端。

脚 8（GND）——接地端。

脚 14（CLR）——直接清零端。

脚 5（UP）—加时钟脉冲信号输入端。

脚 4（DOWN）—减时钟脉冲信号输入端。

脚 11（$\overline{\text{LOAD}}$）——预置数据控制端。

脚 12（$\overline{\text{CO}}$）——进位输出端。

脚 13（$\overline{\text{BO}}$）——借位输出端。

脚 9（D）、脚 10（C）、脚 1（B）、脚 15（A）——预置数据输入端。

脚 7（QD）、脚 6（QC）、脚 2（QB）、脚 3（QA）——数据输出端。

（2）74LS192 的逻辑功能

74LS192 逻辑功能表如表 4-5 所示。

表 4-5　74LS192 逻辑功能表

CLR	$\overline{\text{LOAD}}$	UP	DOWN	输　入	输　出	逻 辑 功 能
1	×	×	×	×	0	复位
0	0	×	×	D	D	置数
0	1	↑	1	×	加 1	加 1 计数
0	1	1	↑	×	减 1	减 1 计数

从逻辑功能表中可以看出，74LS192 集成芯片的控制输入端与电路功能之间的关系如下。

① 异步清零。CLR = 1 时计数器复位清零。

② 异步置数。当 CLR = $\overline{\text{LOAD}}$ = 0 时，输出端 QA～QD 随输入端 A～D 一起变化。

③ 同步计数。当 CLR = 0，$\overline{\text{LOAD}}$ = 1，在加/减时钟脉冲信号的上升沿时计数。

加法（递增）计数：UP 是加法时钟脉冲输入端，$\overline{\text{CO}}$ 是进位输出信号。

减法（递减）计数：DOWN 是减法时钟脉冲输入端，$\overline{\text{BO}}$ 是借位输出信号。

（四）用 74LS192 构成各类计数器

1. 十进制加法计数器

74LS192 做加法计数器的逻辑电路如图 4-15 所示，时钟脉冲信号由信号发生器产生，从加时钟脉冲信号输入端 UP 输入，计数范围是 0000～1001。

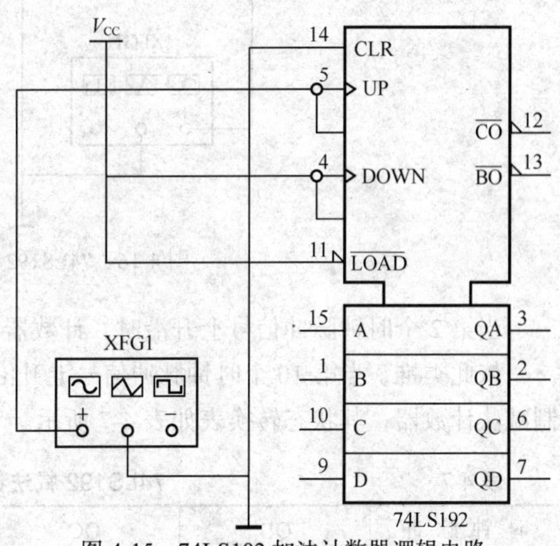

图 4-15　74LS192 加法计数器逻辑电路

计数器工作前先清零，清零后计数器的状态为 QD、QC、QB、QA = 0000。

当第 1 个时钟脉冲信号上升沿时，计数器的状态为 QD、QC、QB、QA = 0001。

当第 2 个时钟脉冲信号上升沿时，计数器的状态为 QD、QC、QB、QA = 0010。

依此类推，当第 10 个时钟脉冲信号上升沿时，计数器从 1001 跳变到 0000，同时进位端产生一个下降沿进位信号，所以称为十进制加法计数器。其状态转换表如表 4-6 所示。

表 4-6　　74LS192 加法计数器状态转换表

时钟脉冲	QD	QC	QB	QA	$\overline{\text{CO}}$
0	0	0	0	0	1
1	0	0	0	1	1
2	0	0	1	0	1
3	0	0	1	1	1
4	0	1	0	0	1
5	0	1	0	1	1
6	0	1	1	0	1
7	0	1	1	1	1
8	1	0	0	0	1
9	1	0	0	1	1
10	0	0	0	0	↓

2. 十进制减法计数器

74LS192 做减法计数器的逻辑电路如图 4-16 所示，时钟脉冲从减时钟脉冲信号输入端 DOWN 输入，计数范围是 1001～0000。

计数器工作前先清零，清零后计数器的状态为 QD、QC、QB、QA = 0000。

当第 1 个时钟脉冲信号上升沿时，计数器的状态为 QD、QC、QB、QA = 1001，同时借位端产生一个下降沿借位信号。

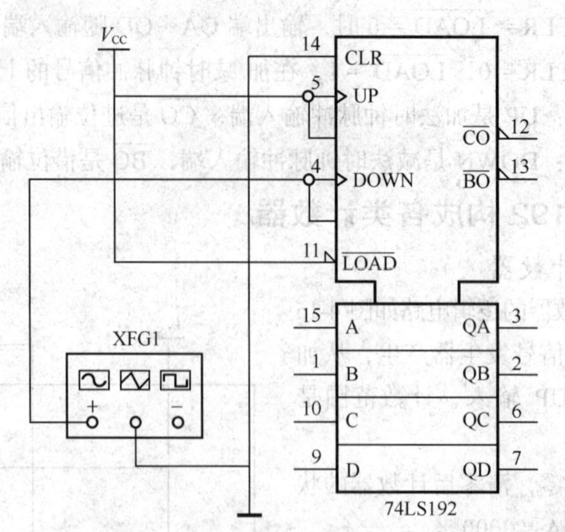

图 4-16　74LS192 减法计数器逻辑电路

当第 2 个时钟脉冲信号上升沿时，计数器的状态为 QD、QC、QB、QA＝1000。

依此类推，当第 10 个时钟脉冲信号上升沿时，计数器从 0001 跳变到 0000，所以称为十进制减法计数器，其状态转换表如表 4-7 所示。

表 4-7　　74LS192 减法计数器状态转换表

时 钟 脉 冲	QD	QC	QB	QA	$\overline{BO}$
0	0	0	0	0	1
1	1	0	0	1	↓
2	1	0	0	0	1
3	0	1	1	1	1
4	0	1	1	0	1
5	0	1	0	1	1
6	0	1	0	0	1
7	0	0	1	1	1
8	0	0	1	0	1
9	0	0	0	1	1
10	0	0	0	0	1

3. 多级加法计数器

74LS192 组成的三级加法计数器逻辑电路如图 4-17 所示，计数范围是 000～999。其中 U1、U2、U3 分别是个位、十位、百位计数器，后级计数器的进位输出端 $\overline{CO}$ 连接前级计数器的加时钟脉冲信号输入端 UP。时钟脉冲从个位计数器的加时钟脉冲信号输入端 UP 输入，每当“逢十进一”时，后级计数器的 $\overline{CO}$ 端产生进位输出信号，因此，可以方便地级连成多级十进制计数器。

4. 反馈复位法构成八进制计数器

利用反馈复位功能可以实现小于 10 的任意进制计数。图 4-18 所示为实现八进制加法计数的逻辑电路，74LS192 的数据输出端 QD 与直接清零端 CLR 连接。当 QD＝CLR＝1 时，计数器异步清零复位，计数范围是 0～7（因为是异步清零复位，不等下一个时钟脉冲到来，所以计数器输出状态为 1000 的时间极短，可忽略不计）。

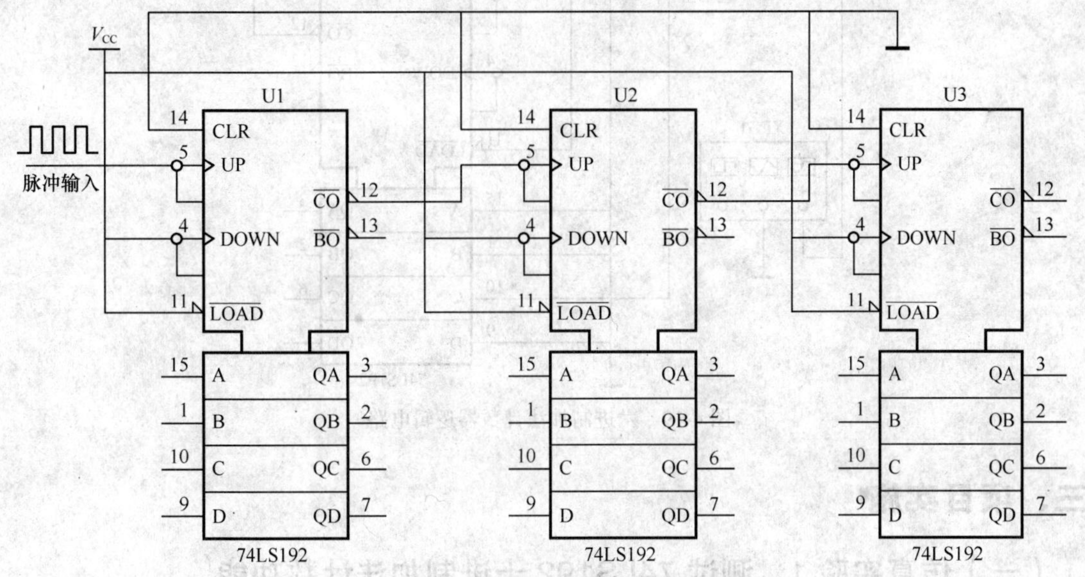

图 4-17　74LS192 组成的三级加法计数器逻辑电路

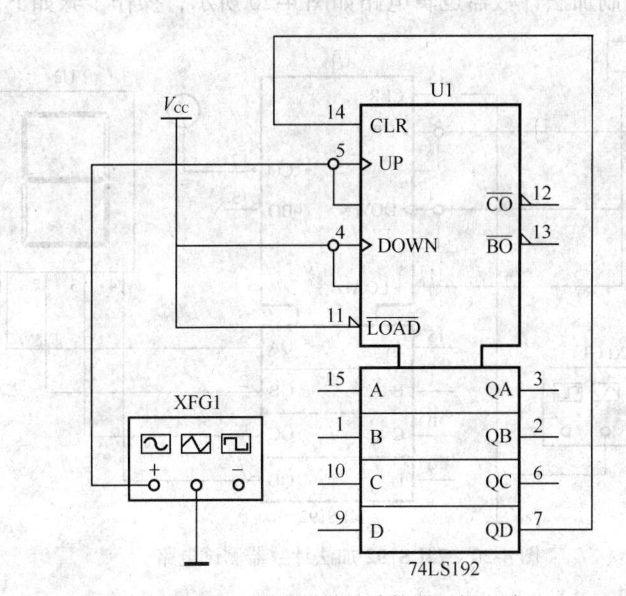

图 4-18　八进制加法计数器逻辑电路

5. 反馈预置数法构成六进制计数器

利用置数功能也可以实现小于 10 的任意进制计数。图 4-19 所示为实现六进制加法计数的逻辑电路。设预置数据 DCBA = 0100，即十进制数 4。计数开始时，初始输出状态为 4，当第 1 个时钟脉冲到来时，输出状态为 5，第 2 个时钟脉冲到来时，输出状态为 6，依此类推，第 5 个时钟脉冲到来时，输出状态为 9。当第 6 个时钟脉冲到来时，进位信号 $\overline{CO}$ 产生下降沿，$\overline{LOAD}$ = 0，计数器重新读取预置数据，恢复初始输出状态 4。因此，它是六进制加法计数器。

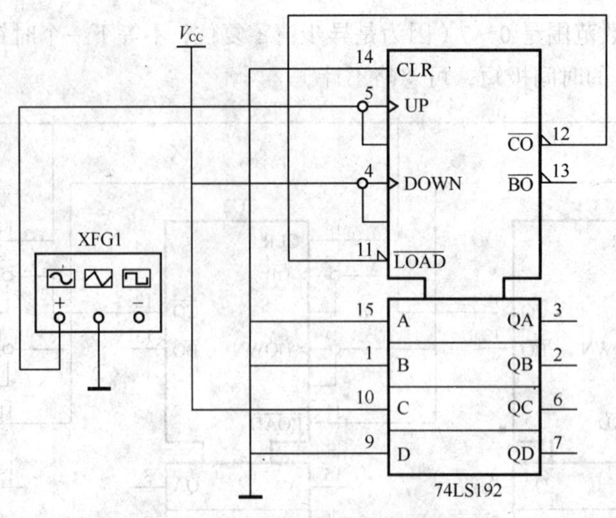

图 4-19　六进制加法计数器逻辑电路

三、项目实施

（一）仿真实验 1　测试 74LS192 十进制加法计数功能

测试 74LS192 十进制加法计数器逻辑电路如图 4-20 所示，操作步骤如下。

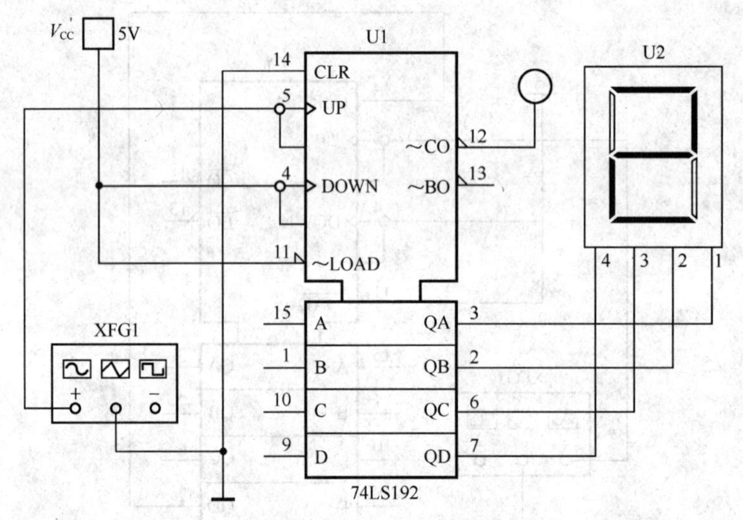

图 4-20　74LS192 加法计数器测试电路

（1）从 TTL 数字集成电路库中拖出 74LS192。

（2）从电源库中拖出电源 V_{CC}、接地。

（3）从显示器材库中拖出译码显示器和一个逻辑指示灯。

（4）从仪表栏中拖出信号发生器，将脉冲信号的频率改为 10Hz。

（5）将脉冲信号加到加时钟脉冲信号输入端 UP，减时钟脉冲信号输入端 DOWN 接高电平。

（6）按下仿真开关进行测试，数码依次显示 0～9 和进位信号。

（二）仿真实验 2　测试 74LS192 十进制减法计数功能

测试 74LS192 十进制减法计数器逻辑电路如图 4-21 所示，操作步骤如下。

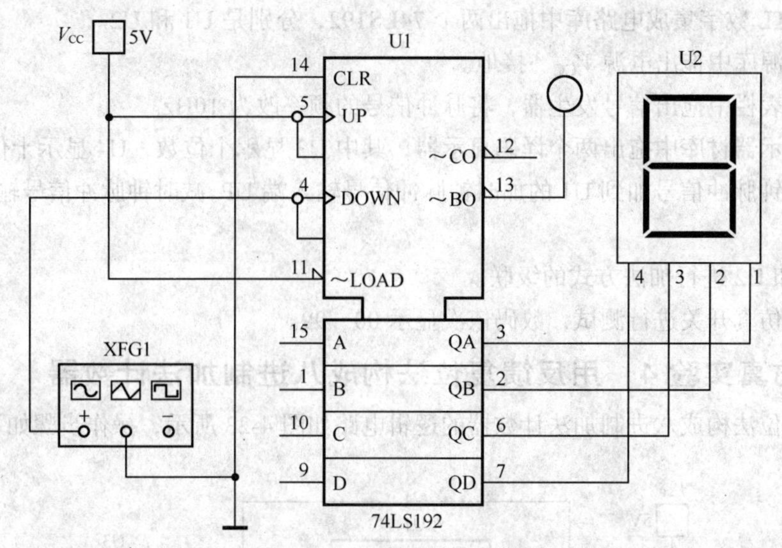

图 4-21　74LS192 减法计数器测试电路

（1）从 TTL 数字集成电路库中拖出 74LS192。

（2）从电源库中拖出电源 V_{CC}、接地。

（3）从显示器材库中拖出译码显示器和一个逻辑指示灯。

（4）从仪表栏中拖出信号发生器，将脉冲信号的频率改为 10Hz。

（5）将脉冲信号加到减时钟脉冲信号输入端 DOWN，加时钟脉冲信号输入端 UP 接高电平。

（6）按下仿真开关进行测试，数码依次显示 9～0 和借位信号。

（三）仿真实验 3　74LS192 组成两级十进制加法器

用 74LS192 组成两级十进制加法器的逻辑电路如图 4-22 所示，操作步骤如下。

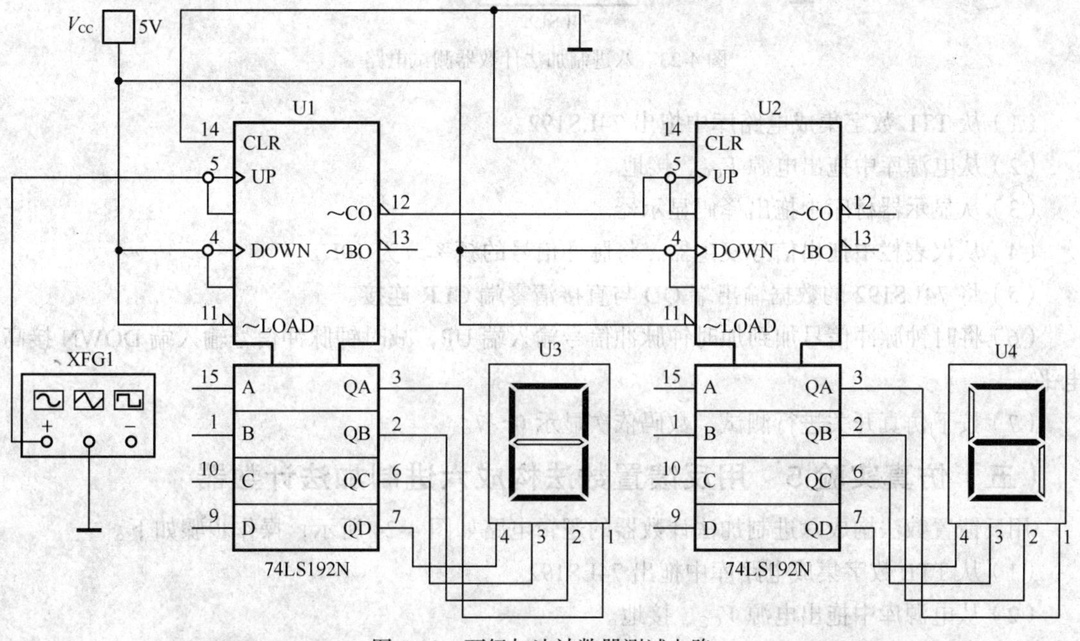

图 4-22　两级加法计数器测试电路

（1）从 TTL 数字集成电路库中拖出两个 74LS192，分别是 U1 和 U2。

（2）从电源库中拖出电源 V_{CC}、接地。

（3）从仪表栏中拖出信号发生器，将脉冲信号的频率改为 10Hz。

（4）从显示器材库中拖出两个译码显示器，其中 U3 显示个位数，U4 显示十位数。

（5）将时钟脉冲信号加到 U1 的加时钟脉冲信号输入端 UP,减时钟脉冲信号输入端 DOWN 接高电平。

（6）U1 和 U2 进行加法方式的级联。

（7）按下仿真开关进行测试，数码依次显示 00～99。

（四）仿真实验 4　用反馈复位法构成八进制加法计数器

用反馈复位法构成八进制加法计数器的逻辑电路如图 4-23 所示，操作步骤如下：

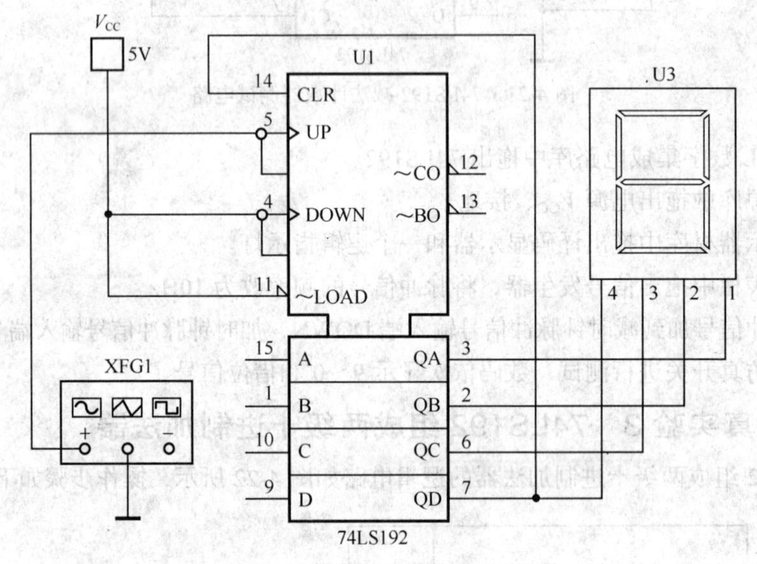

图 4-23　八进制加法计数器测试电路

（1）从 TTL 数字集成电路库中拖出 74LS192。

（2）从电源库中拖出电源 V_{CC}、接地。

（3）从显示器材库中拖出译码显示器。

（4）从仪表栏中拖出信号发生器，将脉冲信号的频率改为 10Hz。

（5）将 74LS192 的数据输出端 QD 与直接清零端 CLR 连接。

（6）将时钟脉冲信号加到加时钟脉冲信号输入端 UP，减时钟脉冲信号输入端 DOWN 接高电平。

（7）按下仿真开关进行测试，数码依次显示 0～7。

（五）仿真实验 5　用反馈置数法构成六进制加法计数器

用反馈置数法构成六进制加法计数器的逻辑电路如图 4-24 所示，操作步骤如下。

（1）从 TTL 数字集成电路库中拖出 74LS192。

（2）从电源库中拖出电源 V_{CC}、接地。

（3）从显示器材库中拖出译码显示器。

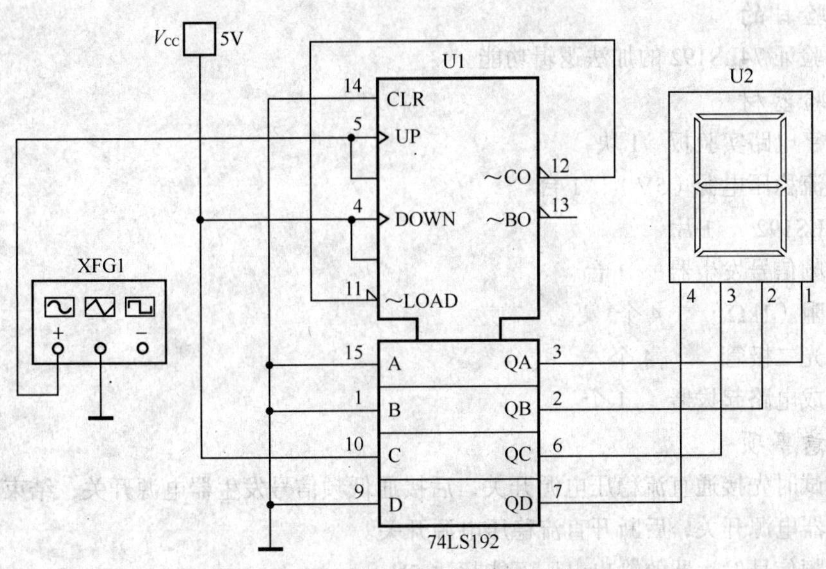

图 4-24　六进制加法计数器测试电路

（4）从仪表栏中拖出信号发生器，将脉冲信号的频率改为 10Hz。

（5）将 74LS192 进位输出端 $\overline{CO}$ 与预置数据控制端 $\overline{LOAD}$ 连接。

（6）将预置数据输入端 D、C、B、A 的状态设置为 0100，即十进制 4。

（7）将时钟脉冲信号加到加时钟脉冲信号输入端 UP，减时钟脉冲信号输入端 DOWN 接高电平。

（8）按下仿真开关进行测试，数码依次显示 4～9。

（六）实验 1　测试 74LS192 十进制加法计数功能

用 74LS192 构成的十进制加法计数器实验电路如图 4-25 所示。

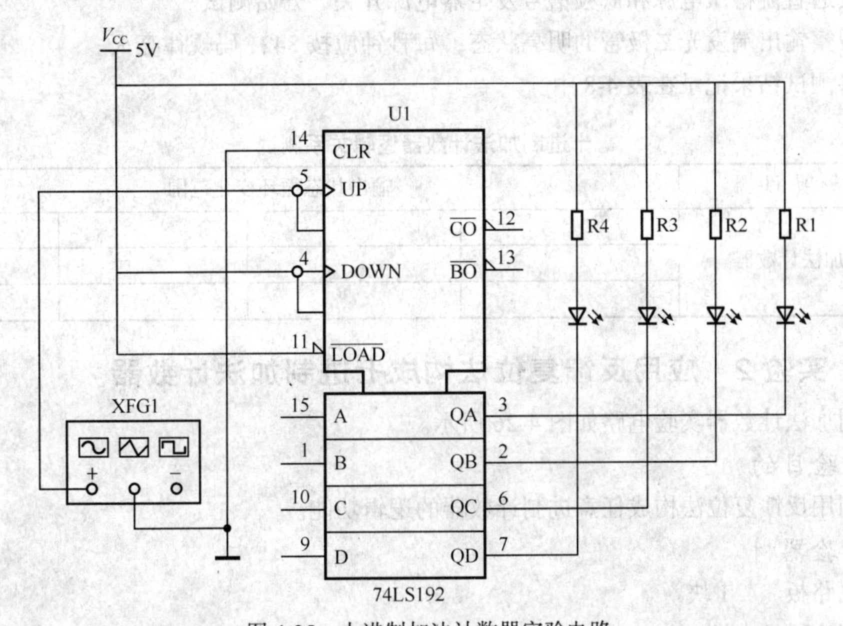

图 4-25　十进制加法计数器实验电路

1. 实验目的

测试并验证 74LS192 的加法逻辑功能。

2. 实验器材

（1）数字电路实验板　1 块

（2）直流稳压电源（5V）　1 台

（3）74LS192　1 片

（4）低频信号发生器　1 台

（5）电阻（1kΩ）　4 个

（6）发光二极管　4 个

（7）集成电路起拔器　1 个

3. 注意事项

（1）测试时先接通直流稳压电源开关，后接通低频信号发生器电源开关；结束时先断开低频信号发生器电源开关，后断开直流稳压电源开关。

（2）低频信号发生器的输出电压不能超过 5V。

（3）发光二极管应按 8421BCD 码规律显示。

4. 操作步骤

按图 4-25 所示连接十进制加法计数器电路。

（1）关闭直流稳压电源开关，将集成电路块 74LS192 插入集成电路插座上。

（2）将+5V 电压接到 IC 的管脚 16，将电源负极接到 IC 的管脚 8。

（3）将复位端 CLR 接低电平，预置数据控制端 $\overline{\text{LOAD}}$ 和减时钟脉冲信号输入端 DOWN 接高电平。

（4）将低频信号发生器输出信号调整为 1Hz，接到加时钟脉冲信号输入端 UP。

（5）将计数器的输出端 QD～QA 通过连接线接到 IC 输出电平显示端。

（6）接通直流稳压电源和低频信号发生器电源开关，开始测试。

（7）观察输出端发光二极管的明亮状态，每秒钟应按 8421 码规律亮灭。

（8）将测试结果记录在表 4-8 中。

表 4-8　十进制加法计数器逻辑关系测试

测试项目	输出状态循环变化范围			
十进制加法计数器				

（七）实验 2　应用反馈复位法构成七进制加法计数器

七进制加法计数器实验电路如图 4-26 所示。

1. 实验目的

测试利用反馈复位法构成任意进制计数器的逻辑功能。

2. 实验器材

（1）电路板　1 块

（2）直流稳压电源（5V）　1 台

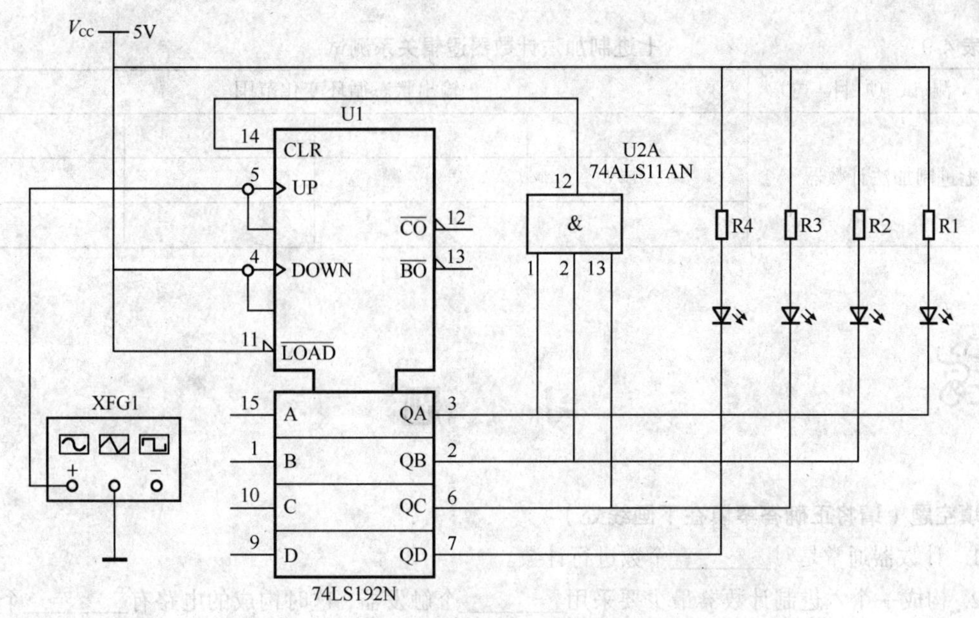

图 4-26　七进制加法计数器实验电路

（3）74LS192　　1片

（4）74ALS11　　1片

（5）电阻（1kΩ）　　4个

（6）发光二极管　　4个

（7）低频信号发生器　　1台

（8）集成电路起拔器　　1个

3. 注意事项

（1）测试时先接直流通稳压电源开关，后接通低频信号发生器电源开关；结束时先断开低频信号发生器电源开关，后断开直流稳压电源开关。

（2）低频信号发生器的输出电压不能超过5V。

（3）发光管按七进制加法规律亮灭。

4. 操作步骤

按图4-26所示连接七进制加法计数器电路。

（1）关闭直流稳压电源开关，将集成电路块74LS192和74ALS11AN插入集成电路插座上。

（2）将+5V电压接到74LS192的管脚16，将电源负极接到管脚8。

（3）将+5V电压接到74ALS11AN的管脚14，将电源负极接到管脚7。

（4）将74LS192的预置数据控制端$\overline{\text{LOAD}}$和减时钟脉冲信号输入端DOWN接高电平。

（5）将74ALS11的与门输出端与74LS192的复位端CLR相连接。

（6）将低频信号发生器输出信号调整为1Hz，接到加时钟脉冲信号输入端UP。

（7）将计数器的输出端QD～QA通过连接线接到IC输出电平显示端。

（8）接通稳压电源和低频信号发生器电源开关，开始测试。

（9）观察输出端发光二极管的明亮状态，应按七进制加法规律循环明灭。

（10）将测试结果记录在表4-9中。

表 4-9　　七进制加法计数器逻辑关系测试

测 试 项 目	输出状态循环变化范围			
七进制加法计数器				

习　题

一、填空题（请将正确答案填在下画线处）

1. 计数器通常是对________个数进行计数。

2. 构成一个六进制计数器最少要采用________个触发器，这时构成的电路有________个无效状态。

3. 构成一个十进制计数器最少要采用________个触发器，这时构成的电路有________个无效状态。

4. 通常十进制计数器输出的是________码。

5. 通过________法和________法可实现任意进制的计数方式。

6. 通过计数器________法可实现任意多位数的计数。

二、选择题（请在下列选项中选择一个正确答案并填在括号内）

1. 同步计数器和异步计数器比较，同步计数器的显著优点是（　　）。

A. 工作速度高　　B. 触发器利用率高　　C. 电路简单

2. 把一个五进制计数器与一个四进制计数器串联可得到（　　）进制计数器。

A. 4　　B. 5　　C. 9　　D. 20

三、问答题

1. 异步二进制加法计数器可以由什么类型的触发器构成？

2. 多位异步二进制计数器的复位端如何连接？

3. 4 位异步二进制加法计数器的计数范围是多少？

4. 在集成电路器件中通常是同步计数器还是异步计数器？

5. 74LS192 是时钟脉冲信号的上升沿计数还是下降沿计数？74LS192 的复位信号是高电平有效还是低电平有效？

6. 当使用 74LS192 做加法计数时，从哪个端口输入时钟脉冲？做减法计数时，从哪个端口输入时钟脉冲？

四、设计题

1. 试绘出用计数器 74LS192 实现 100 进制计数方式的逻辑电路图。

2. 试绘出用反馈复位法在 74LS192 上实现七进制计数方式的逻辑电路图。

3. 试绘出用反馈置数法在 74LS192 上实现六进制计数方式的逻辑电路图。

项目三　寄存器

一、项目分析

寄存器是用来存放数据的电路，通常由具有存储功能的多位触发器构成。一个触发器可以存储一位二进制数据，所以用 n 个触发器就可以组合一个能存储 n 位二进制数据的寄存器。

按照存取数据方式的不同，寄存器可分为数据寄存器和移位寄存器两大类。数据寄存器只能并行输入数据和输出数据。移位寄存器中的数据可以在移位脉冲作用下依次左移或右移，数据既可以并行输入和输出，也可以串行输入和输出，而且还可以进行数据的串并转换，使用十分灵活。

通常，寄存器应具有以下 4 种基本功能。

（1）预置。在接收数据前对整个寄存器的状态置 0。

（2）接收数据。在接收信号的作用下，将外部输入数据接收到寄存器中。

（3）保存数据。寄存器接收数据后，只要不出现置 0 或接收新的数据，寄存器应保持数据不变。

（4）输出数据。在输出信号的作用下，寄存器中的数据通过输出端输出。

二、相关知识

（一）数据寄存器

图 4-27 所示为 4 位数据寄存器。电路由 4 个 D 触发器构成，CP 为下降沿有效的时钟脉冲信号，所有 D 触发器的 CP 输入端连接在一起，其输出状态同时改变，所以是同步数据寄存器。4 个 D 触发器的复位端连接在一起，可同时置 0（清零）。D_3、D_2、D_1、D_0 为寄存器的并行数据输入端，Q_3、Q_2、Q_1、Q_0 为并行数据输出端。

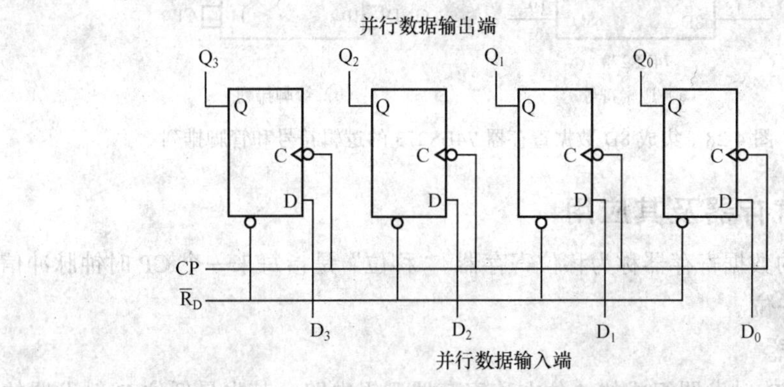

图 4-27　4 位并行数据寄存器

数据寄存器的工作原理如下。

1. 置 0

当 $\overline{R_D}=0$ 时，各触发器复位，Q_3、Q_2、Q_1、Q_0 的输出均为 0。清零后，$\overline{R_D}=1$。

2. 接收数据

因为D触发器的特性方程为$Q^{n+1}=D$，所以电路状态方程为

$$Q_3^{n+1}Q_2^{n+1}Q_1^{n+1}Q_0^{n+1}=D_3D_2D_1D_0 \tag{4-11}$$

假如存放的数据是1011，将数据1011加到对应的输入端D，使$D_3D_2D_1D_0=1011$，当CP下降沿到来时，各触发器的输出状态与输入端相同，即$Q_3Q_2Q_1Q_0=1011$，于是4位数据便被接收到寄存器中。

3. 保存数据

CP脉冲信号消失后，各触发器处于保持状态不变，寄存器保存数据1011。

4. 输出数据

该寄存器的4个输出端并行排列，所以其状态可以同时输出，$Q_3Q_2Q_1Q_0=1011$。

由于该寄存器能同时输入4位数据，同时输出4位数据，故称为4位并行输入、并行输出的同步数据寄存器。

（二）集成8D数据寄存器74LS273

74LS273的逻辑符号和管脚排列如图4-28所示。74LS273内部有8个公共时钟脉冲上升沿触发的D触发器，当公共复位端为低电平时，全部输出清0。74LS273可以并行存取8位数据。

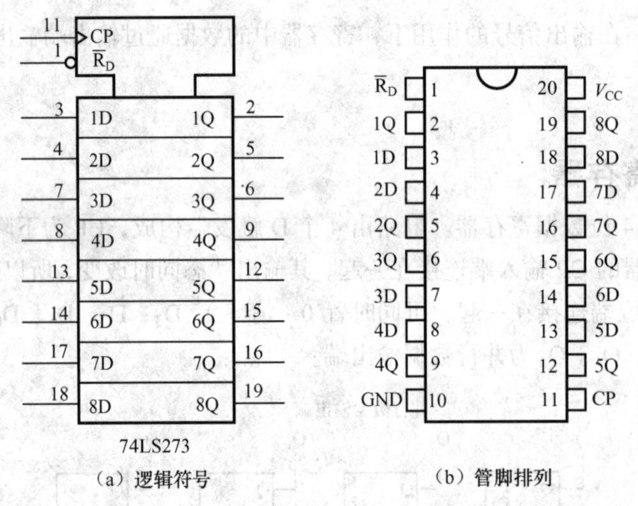

（a）逻辑符号　（b）管脚排列

图4-28　集成8D数据寄存器74LS273的逻辑符号和管脚排列

（三）移位寄存器及其应用

具有移位功能的数据寄存器称为移位寄存器。“移位”是指每来一个CP时钟脉冲信号，寄存器的数据便移动一位。

1. 左移寄存器

图4-29所示为D触发器组成的4位左移寄存器逻辑电路，其中最低位D触发器的输入端D_0为串行数据输入端，最高位D触发器的输出端Q_3为串行数据输出端，也可以从Q_3、Q_2、Q_1、Q_0同时输出4位数据，故称为并行数据输出端。每个高位触发器的输入端D与相邻低位触发器的输出端Q相连，CP时钟脉冲信号同时控制各个D触发器，所以当CP下降沿到来时，高位D

触发器的输出状态与相邻低位 D 触发器的输出状态相同。

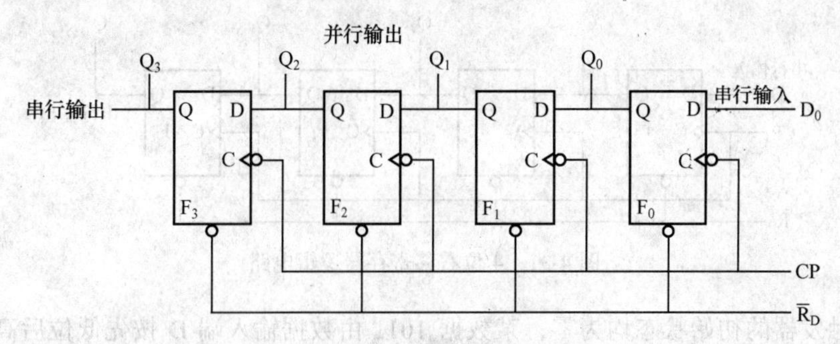

图 4-29 4 位左移寄存器逻辑电路

若要将数据 1011 存入寄存器，步骤是首先清零，然后将数据 1011 依次加到寄存器输入端 D_0 处，各状态分析如下。

当时钟脉冲 CP = 0 时，$Q_3Q_2Q_1Q_0$ = 0000；

当时钟脉冲 CP = 1 时，$Q_3Q_2Q_1Q_0$ = 0001；

当时钟脉冲 CP = 2 时，$Q_3Q_2Q_1Q_0$ = 0010；

当时钟脉冲 CP = 3 时，$Q_3Q_2Q_1Q_0$ = 0101；

当时钟脉冲 CP = 4 时，$Q_3Q_2Q_1Q_0$ = 1011。

此时从 4 个 D 触发器的输出端 $Q_3Q_2Q_1Q_0$ 可以同时输出数据，即并行输出信号。若要得到串行输出信号，可将 Q_3 作为信号输出端，再送进 4 个 CP 脉冲，Q_3 将依次输出串行信号。

上述分析可用表 4-10 列出的状态表和图 4-30 所示的波形图表示。

表 4-10 左移寄存器的状态表

CP	输 入 数 据	Q_3	Q_2	Q_1	Q_0
0	0	0	0	0	0
1	1	0	0	0	1
2	0	0	0	1	0
3	1	0	1	0	1
4	1	1	0	1	1

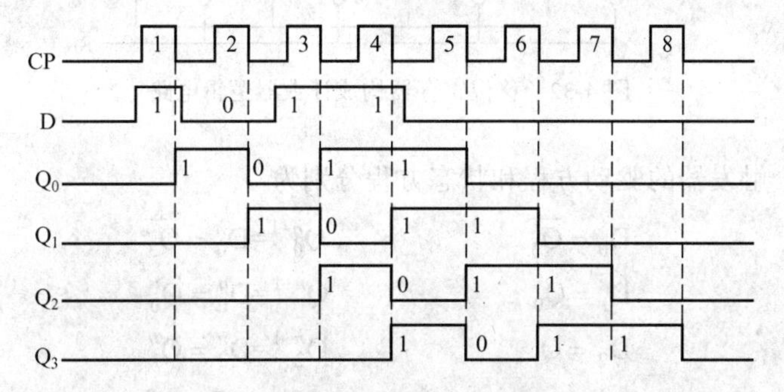

图 4-30 4 位左移数据寄存器波形图

2. 右移寄存器

图 4-31 所示为 D 触发器组成的 4 位右移寄存器逻辑电路，其中最高位 D 触发器的输入端 D_3 为串行数据输入端，最低位 D 触发器的输出端 Q_0 为串行数据输出端。

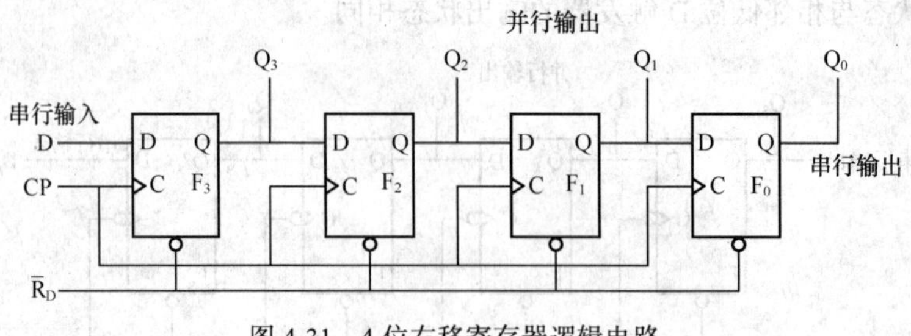

图 4-31　4 位右移寄存器逻辑电路

假设各触发器的初始状态均为零，某数据 1011 由数据输入端 D 按先低位后高位的顺序输入，则右移寄存器的移位过程如表 4-11 所示。

表 4-11　　右移寄存器的状态表

CP	输 入 数 据	Q_3	Q_2	Q_1	Q_0
0	0	0	0	0	0
1	1	1	0	0	0
2	1	1	1	0	0
3	0	0	1	1	0
4	1	1	0	1	1

由表 4-11 可知，经过 4 次右移移位后，给定数据存入寄存器的各触发器，$Q_3Q_2Q_1Q_0$ 的状态为 1011，实现右移移位，由各触发器的输出端并行输出。再送进 4 个 CP 脉冲，从 Q_0 端串行输出。

3. 移位寄存器的应用

移位寄存器在数字电路中主要用于计数、分频、数据传输方式的转换等。图 4-32 所示为用移位寄存器构成计数器逻辑电路。

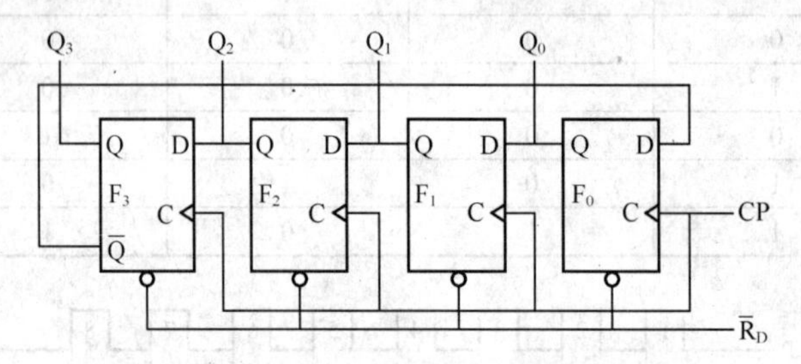

图 4-32　移位寄存器构成计数器逻辑电路

图 4-32 中 4 个触发器的驱动方程和状态方程分别为

$$
\begin{aligned}
D_0 &= \overline{Q_3} & Q_0^{n+1} &= D_0^n = \overline{Q_3} \\
D_1 &= Q_0 & Q_1^{n+1} &= D_1^n = Q_0^n \\
D_2 &= Q_1 & Q_2^{n+1} &= D_2^n = Q_1^n \\
D_3 &= Q_2 & Q_3^{n+1} &= D_3^n = Q_2^n
\end{aligned}
\qquad (4\text{-}12)
$$

该电路在使用前先清零，即 $Q_3Q_2Q_1Q_0 = 0000$，对应的 $\overline{Q^n{}_3} = 1$。当第 1 个 CP 脉冲到来时，数据向左移位，寄存器的输出状态 $Q_3Q_2Q_1Q_0 = 0001$；第 2 个 CP 脉冲到来时，寄存器的输出状态 $Q_3Q_2Q_1Q_0 = 0011$，此后的状态变化如表 4-12 所示。

表 4-12　　　　移位寄存器构成的计数器输出状态表

CP 个数	Q_3^{n+1}	Q_2^{n+1}	Q_1^{n+1}	Q_0^{n+1}
0	0	0	0	0
1	0	0	0	1
2	0	0	1	1
3	0	1	1	1
4	1	1	1	1
5	1	1	1	0
6	1	1	0	0
7	1	0	0	0
8	0	0	0	0

由表 4-12 可知，经过 8 个 CP 脉冲，各触发器的输出状态为零，因此，该计数器为八进制计数器。

（四）集成双向移位寄存器 74LS194

双向移位寄存器 74LS194 的逻辑符号和管脚排列如图 4-33 所示，D_0、D_1、D_2 和 D_3 为数据输入端，Q_0、Q_1、Q_2 和 Q_3 为数据输出端。该寄存器数据的输入、输出均有并行和串行方式，Q_0 和 Q_3 兼作左移、右移串行输出端。

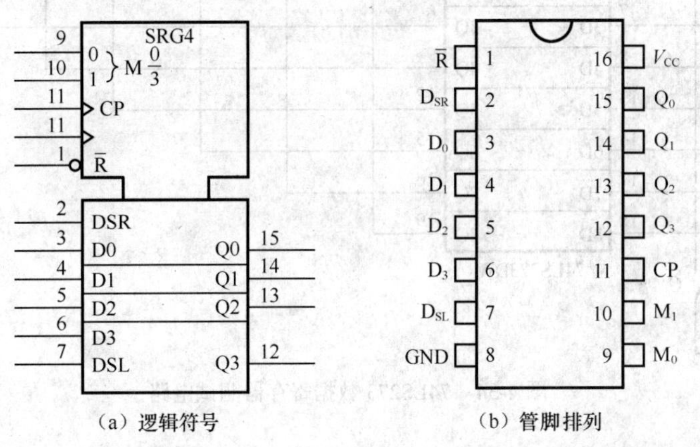

（a）逻辑符号　　　　（b）管脚排列

图 4-33　集成双向移位寄存器 74LS194 的逻辑符号和管脚排列

M_1、M_0 为工作方式控制端，M_1、M_0 的 4 种取值（00、01、10、11）决定了寄存器的逻辑功能。74LS194 的逻辑功能表如表 4-13 所示。

表 4-13　　　　集成双向移位寄存器 74LS194 逻辑功能表

$\overline{R}$	M_1	M_0	CP	功　能
0	×	×	×	清零
1	0	0	×	保持
1	0	1	↑	数据右移
1	1	0	↑	数据左移
1	1	1	↑	数据并行输入

当 $M_1M_0 = 00$ 时，为数据保持功能。

当 $M_1M_0 = 01$ 时，为串行右移功能：$Q_0 \rightarrow Q_3$ 方向顺序移位，从 D_{SR} 端输入数据，从 Q_3 端输出数据。

当 $M_1M_0 = 10$ 时，为串行左移功能：$Q_3 \rightarrow Q_0$ 方向顺序移位，从 D_{SL} 端输入数据，从 Q_0 端输出数据。

当 $M_1M_0 = 11$ 时，为数据并行输入功能。

三、项目实施

（一）仿真实验 1　测试 74LS273 数据寄存器的逻辑功能

测试 8D 数据寄存器 74LS273 的逻辑电路如图 4-34 所示，操作步骤如下。

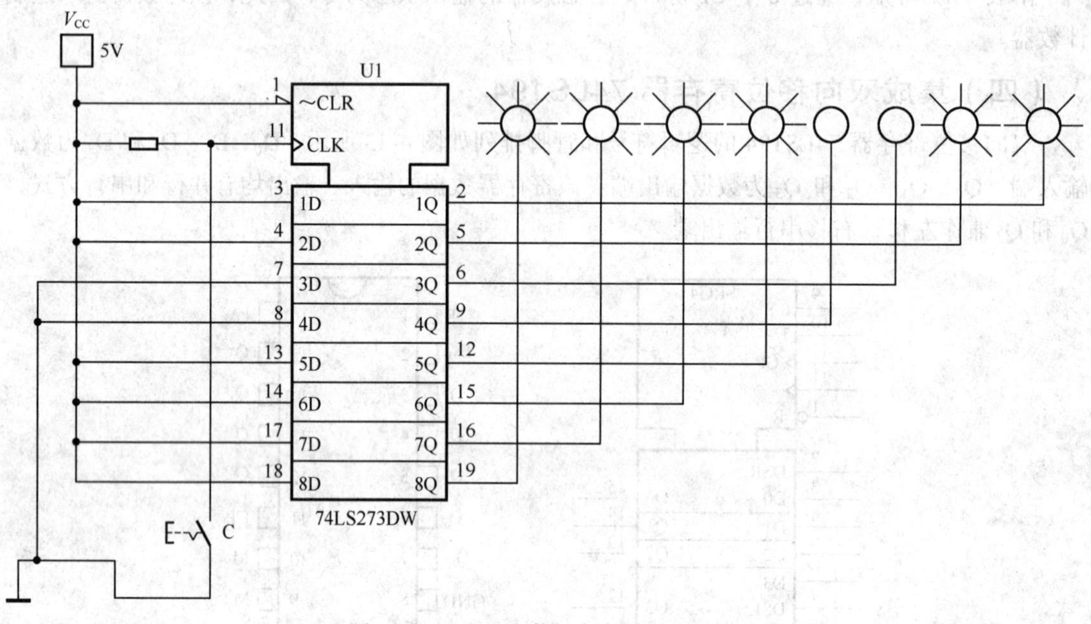

图 4-34　74LS273 数据寄存器测试电路

（1）从 TTL 数字集成电路库中拖出 74LS273。

（2）从电源库中拖出电源 V_{CC}、接地。

（3）从基本元器件库中拖出开关，并将开关定义为 C。

（4）从基本元器件库中拖出一个 1kΩ 电阻。

（5）从显示器材库中拖出 8 个逻辑指示灯。

（6）因为 3D、4D 接地，其余 D 端接高电平，所以当前输入信号状态为 1111 0011。

（7）按下仿真开关进行测试。

（8）按下 C 键，输入 CP 脉冲信号，观察输出端 Q 的状态应与输入端 D 的状态相同。

（9）改变输入信号状态，重新做第（6）～（8）项。

（10）检查仿真结果，验证 74LS273 在 CP 脉冲信号的上升沿时，输出信号等于输入信号的逻辑功能。

（二）仿真实验 2　测试 74LS194 移位寄存器的逻辑功能

测试 74LS194 移位寄存器的逻辑电路如图 4-35 所示，操作步骤如下。

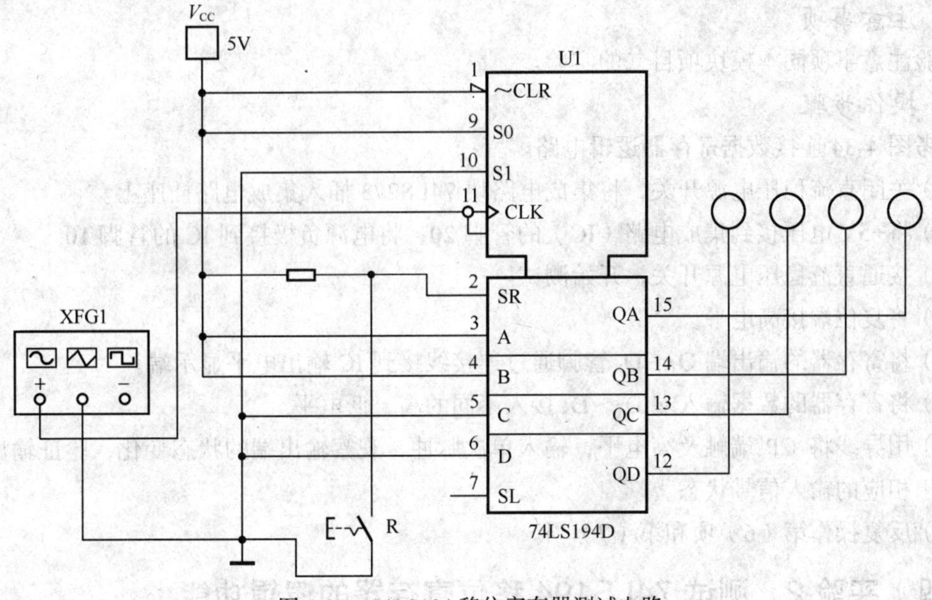

图 4-35　74LS194 移位寄存器测试电路

（1）从 TTL 数字集成电路库中拖出 74LS194。

（2）从电源库中拖出电源 V_{CC}、接地。

（3）从显示器材库中拖出 4 个逻辑指示灯。

（4）从基本元器件库中拖出一个 1kΩ 电阻。

（5）从基本元器件库中拖出开关，并将开关定义为 R。

（6）从仪表栏中拖出信号发生器，将脉冲信号的频率改为 10Hz。

（7）设置 S1S0 = 01，使移位寄存器为数据右移状态。

（8）按下仿真开关进行测试。

（9）反复按下 R 键，输入数据 0 或 1，观察输出端 Q 数据的移动方向。

（10）设置 S1S0 = 10，使移位寄存器为数据左移状态，重做第（7）项和第（8）项。

（11）设置 S1S0 = 11，使移位寄存器为数据并行输入、并行输出状态。将输入端 A、B、C、D 接入高、低电平，按下仿真开关进行测试，此时输出信号状态应等于输入信号状态。

（12）检查仿真结果，验证 74194 具有数据串行左移、右移，并行输入、并行输出的逻辑功能。

（三）实验 1　测试 74LS273 数据寄存器的逻辑功能

1. 实验目的

测试并验证 74LS273 的逻辑功能。

2. 实验器材

（1）电路板　1 块

（2）直流稳压电源（5V）　1 台

（3）74LS273　1片

（4）低频信号发生器　1台

（5）集成电路起拔器　1个

3. 注意事项

实验注意事项同本模块项目二的实验。

4. 操作步骤

参考图4-34连接数据寄存器逻辑电路。

（1）关闭直流稳压电源开关，将集成电路块74LS273插入集成电路插座上。

（2）将+5V电压接到集成电路（IC）的管脚20，将电源负极接到IC的管脚10。

（3）接通直流稳压电源开关，开始测试。

（4）将复位端接高电平。

（5）将寄存器的输出端Q_1～Q_8管脚通过连接线接到IC输出电平显示端。

（6）将寄存器的数据输入端D_1～D_8接入不同的高、低电平。

（7）用导线将CP端触及高电平，输入单次脉冲，观察输出端的状态变化，验证输出状态是否等于相应的输入信号状态。

（8）反复操作第（6）项和第（7）项。

（四）实验2　测试74LS194移位寄存器的逻辑功能

1. 实验目的

测试并验证74LS194的逻辑功能。

2. 实验器材

（1）电路板　1块

（2）直流稳压电源（5V）　1台

（3）74LS194　1片

（4）低频信号发生器　1台

（5）集成电路起拔器　1个

3. 注意事项

实验注意事项同本模块项目二的实验。

4. 操作步骤

参考图4-35连接移位寄存器逻辑电路。

（1）关闭直流稳压电源开关，将集成电路块74194插入集成电路插座上。

（2）将+5V电压接到IC的管脚16，将电源负极接到IC的管脚8。

（3）将低频信号发生器输出信号调整为1Hz，接到时钟信号输入CP端。

（4）将寄存器的输出端Q_0～Q_3通过连接线接到IC输出电平显示端。

（5）设置M_1M_0=10，使移位寄存器为数据左移状态。

（6）接通直流稳压电源和低频信号发生器电源开关，开始测试。

（7）用导线将左移串行输入端D_{SL}反复触及高、低电平，观察输出端Q数据的移动方向和速度。

（8）设置M_1M_0=01，使移位寄存器为数据右移状态，用导线将右移串行输入端D_{SR}反复触及高、低电平，观察输出端Q数据的移动方向和速度。

习　题

一、填空题（请将正确答案填在下画线处）

1. 用一根数据线按位输入数据或输出数据的方式称为数据________输入或________输出方式。

2. “移位”是指每来一个________信号，寄存器的数据便移动一位。

3. 移位寄存器具有________和________两个功能。

4. 在右移寄存器中，数据移动的方向是________，完成由高位至低位的移动。

5. 在左移寄存器中，数据移动的方向是________，完成由低位至高位的移动。

6. 既能左移又能右移的数据寄存器称为________寄存器。

7. 在N位移位数据寄存器中，要将数据写入和并行输出必须要有________个CP脉冲；要将数据写入和串行输出必须要有________个CP脉冲。

二、问答题

1. 数据寄存器和移位寄存器有什么异同？

2. 什么是数据寄存器的并行输入、并行输出方式？

3. 什么是数据寄存器的串行输入、串行输出方式？

项目一 定时器

一、项目分析

555 时基电路是一种将模拟电路和数字电路巧妙地结合在一起的数模混合集成电路。它具有价格低、控制能力强、运用灵活等特点，只需外接若干电阻、电容等元器件，就能构成定时器、施密特触发器、多谐振荡器等电路，完成脉冲信号的产生、定时、整形等功能。555 集成电路有 TTL 和 CMOS 两种类型。

在实际生产中，经常遇到时间控制问题，如电动机的延时启动和延时停止等，以 555 集成电路芯片为核心构成的时间继电器在电气控制设备中应用十分广泛。

二、相关知识

（一）555 集成电路的结构

555 集成电路芯片多采用双列直插式封装，其逻辑符号和管脚排列如图 5-1 所示。

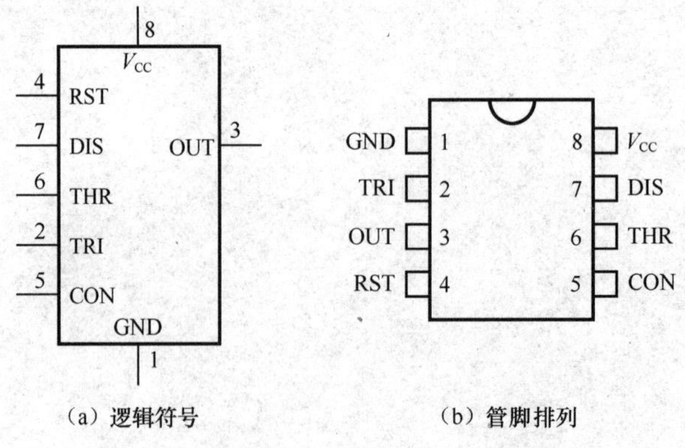

（a）逻辑符号　（b）管脚排列

图 5-1　555 集成电路逻辑符号和管脚排列

1. 555 集成电路各管脚的功能

1 脚（GND）——接地端。

2 脚（TRI）——低电平触发端，也称为置位控制端。该脚接低电平时，输出端置 1。

3 脚（OUT）——电压输出端。输出电压只有高、低电平两种可能，输出高电平时约等于电源电压 V_{CC}，输出低电平时约等于 0。TTL 类型的最大输出电流为 200mA，可直接驱动直流继电器。CMOS 类型的输出电流约为 4 mA。

4 脚（RST）——直接复位端，接低电平时使输出端置 0。

5 脚（CON）——电压控制端，不用时经 0.01μF 的电容接地，抑制来自电源的噪声或纹波电压，以提高抗干扰能力。

6 脚（THR）——高电平触发端。

7 脚（DIS）——放电端，当输出为低电平时，放电晶体管 VT 导通，外接定时电容器通过晶体管 VT 放电；当输出为高电平时，7 脚开路，电容器可以充电。

8 脚（V_{CC}）——直流电源端，TTL 类型的电源电压为 5～16V，CMOS 类型的电源电压为 3～18V。

2. 555 集成电路内部结构

555 集成电路内部结构框图如图 5-2 所示，它由电阻分压器、比较器、RS 触发器、放电电路和输出级单元电路组成。

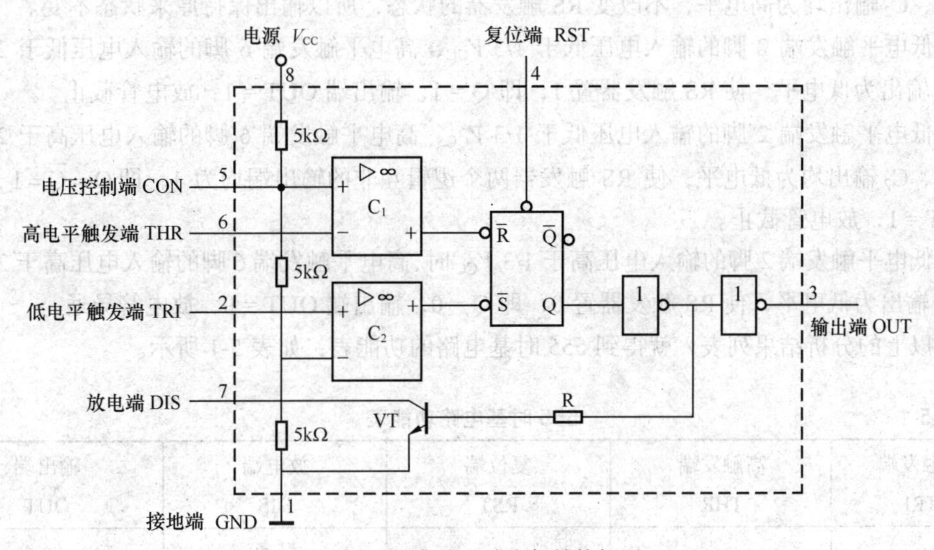

图 5-2　555 集成电路内部结构框图

① 电阻分压器。由 3 个 5kΩ 电阻串联构成电阻分压器（故得名 555 时基电路），它向两个电压比较器 C_1 和 C_2 提供基准电压。C_1 的基准电压为 2/3 V_{CC}，C_2 的基准电压为 1/3 V_{CC}。电压控制端 5 脚也可以外接控制电压，以改变基准电压值。

② 比较器。C_1 和 C_2 是两个结构完全相同的电压比较器，分别由两个开环的集成运算放大器构成。比较器 C_1 的同相输入端接基准电压，反相端 THR 称为高电平触发端。比较器 C_2 的反相输入端接基准电压，同相端 TRI 称为低电平触发端。

③ 基本 RS 触发器。RS 触发器的状态由两个比较器的输出控制。C_1 输出低电平且 C_2 输出高电平时，RS 触发器被复位，输出为 0；C_2 输出低电平且 C_1 输出高电平时，RS 触发器被置位，输出为 1。

当 C_1、C_2 输出均为高电平时，RS 触发器的状态保持不变；当 C_1、C_2 输出均为低电平时，RS 触发器的输出端 $Q=\overline{Q}=1$。

RST 是 RS 触发器外部直接清零的复位端，555 时基电路正常工作时应将此管脚置 1。

④ 放电电路。放电电路由放电晶体管 VT 和基极电阻 R 构成。放电晶体管的状态受第一级反相器的控制。当 Q 端为低电平时，第一级反相器的输出为高电平，VT 导通；当 Q 为高电平时，反相器的输出为低电平，VT 截止。

⑤ 输出级。两级反相器构成了 555 时基电路的输出级，用来提高输出电流以增强带负载的能力。两级反相器受 RS 触发器 Q 端的控制，所以输出端 OUT 的电压与 Q 端同相。

（二）555 集成电路工作原理

555 时基电路的工作状态取决于电压比较器 C_1、C_2 的状态。当电压控制端 5 脚没有外接电压时，C_1 的同相端电压为 2/3 V_{CC}，C_2 的反相端电压为 1/3 V_{CC}。

当复位端 4 脚接低电平时，不论 C_1、C_2 为何种状态，RS 触发器的状态 Q = 0，输出端 OUT = 0，放电管导通。

当低电平触发端 2 脚的输入电压高于 1/3 V_{CC}，高电平触发端 6 脚的输入电压低于 2/3 V_{CC} 时，C_1、C_2 输出均为高电平，不改变 RS 触发器的状态，所以输出保持原来状态不变。

当低电平触发端 2 脚的输入电压低于 1/3 V_{CC}，高电平触发端 6 脚的输入电压低于 2/3 V_{CC} 时，C_2 输出为低电平，使 RS 触发器置 1，即 Q = 1，输出端 OUT = 1，放电管截止。

当低电平触发端 2 脚的输入电压低于 1/3 V_{CC}，高电平触发端 6 脚的输入电压高于 2/3 V_{CC} 时，C_1、C_2 输出均为低电平，使 RS 触发器两个逻辑互非的输出端均为 1，即 $Q=\overline{Q}=1$，输出端 OUT = 1，放电管截止。

当低电平触发端 2 脚的输入电压高于 1/3 V_{CC} 时，高电平触发端 6 脚的输入电压高于 2/3 V_{CC} 时，C_1 输出为低电平，使 RS 触发器置 0，即 Q = 0，输出端 OUT = 0，放电管导通。

将以上的分析结果列表，就得到 555 时基电路的功能表，如表 5-1 所示。

表 5-1　　555 时基电路功能表

低触发端 TRI	高触发端 THR	复位端 RST	放电端 DIS	输出端 OUT
×	×	0	导通	0
>1/3 V_{CC}	<2/3 V_{CC}	1	保持原态	保持原态
<1/3 V_{CC}	<2/3 V_{CC}	1	截止	1
<1/3 V_{CC}	>2/3 V_{CC}	1	截止	1
>1/3 V_{CC}	>2/3 V_{CC}	1	导通	0

（三）555 构成延时接通时间控制器

所谓延时接通，是指电路通电后需要延迟一定时间继电器才开始动作的电路，用 555 集成电路构成的延时接通控制器如图 5-3（a）所示。图中 J 为直流 12V 继电器线圈，VD 为箝位二极管。用以吸收线圈断电时产生的感应电动势，起保护 555 输出级的作用。如用直流继电器的常开触点控制某负载，则电路通电后需要经过一段延时时间，该负载才能通电工作。

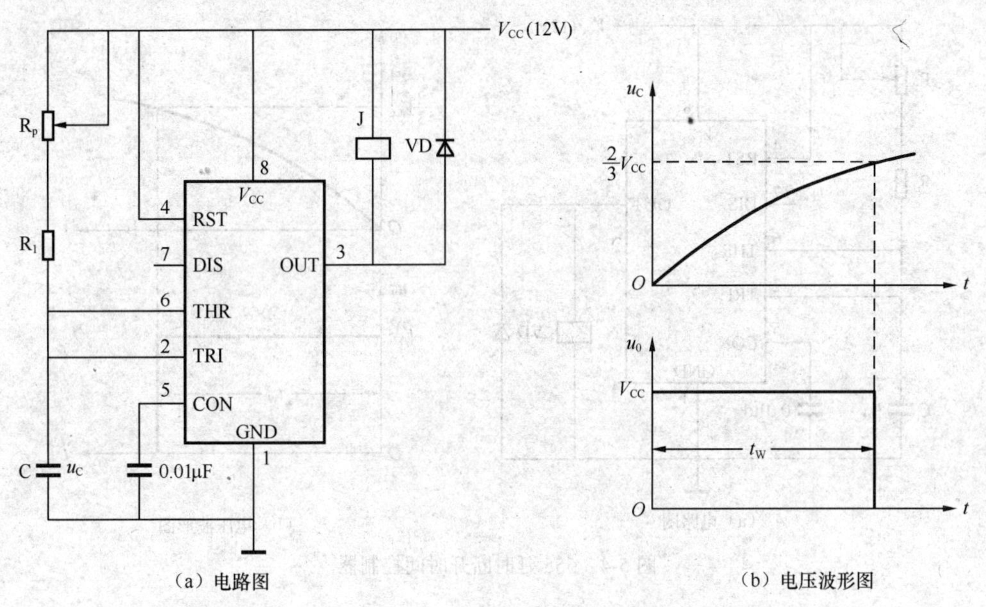

（a）电路图 （b）电压波形图

图 5-3 555 延时接通时间控制器

电路的工作原理为：当接通电源时，由于电容器两端的电压不能突变，低电平触发端 2 脚为低电平，由 555 集成电路的工作原理可知，输出端 3 脚为高电平（近于 12V），继电器 J 线圈两端无工作电压，其常开触点不会闭合，负载不工作。此时，电源通过电位器 R_P 和电阻器 R_1 对电容器 C 充电，随着充电过程的增长，电容器两端的电压逐渐增加，当电容器两端的电压大于 1/3 V_{CC} 而低于 2/3 V_{CC} 时，输出端 3 脚保持高电平不变，当电容电压大于 2/3 V_{CC} 时，高电平触发端 6 脚为高电平，输出端 3 脚为低电平，继电器 J 线圈获得电压约为 12V，J 动作后其常开触点闭合，控制负载通电工作。

延时接通时间控制器的电容电压波形和输出端电压波形如图 5-3（b）所示。

延时时间 t_W 的长短与电容器的充电过程的快慢有关，可按下式计算：

$$t_W = 1.1RC \tag{5-1}$$

式（5-1）中 R 是充电电路中的总电阻，在实际电路中，R 常用一个电位器和一个电阻器串联组成，通过调整电位器的阻值大小，来调节延时时间的长短。

【例题 5-1】 设图 5-3（a）所示电路中，C=220μF，延时时间 $t_W = 60$s，求电阻 R 的阻值。

解：

$$R = \frac{t_W}{1.1C} = \frac{60}{1.1\times220\times10^{-6}} = 248\text{k}\Omega$$

（四）555 构成延时断开时间控制器

所谓延时断开，是指电路通电工作一定时间后继电器自动断开的电路。用 555 集成电路构成的延时断开控制器如图 5-4（a）所示。与图 5-3（a）不同的是，继电器线圈 J 接在输出端 3 脚和地之间。延时断开时间控制器的电容电压波形和输出端电压波形如图 5-4（b）所示。

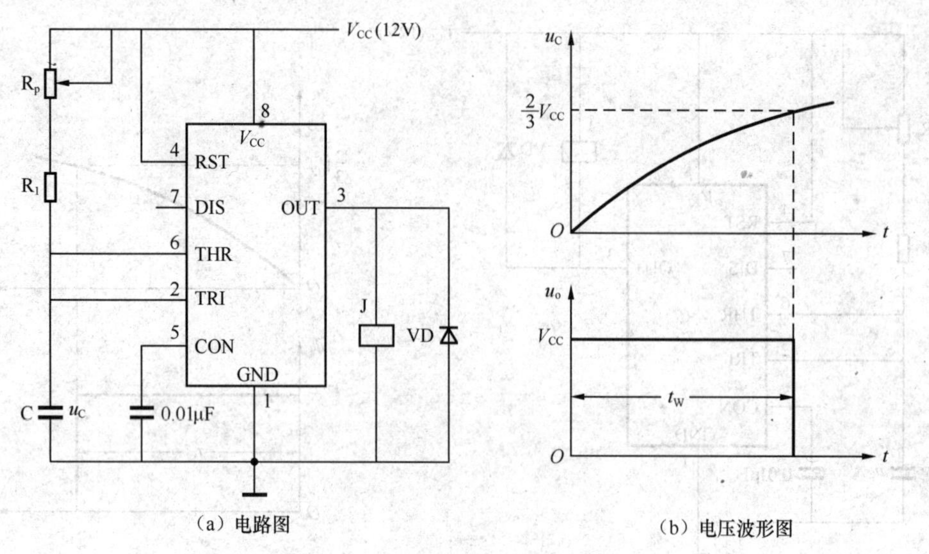

（a）电路图　（b）电压波形图

图 5-4　555 延时断开时间控制器

三、项目实施

（一）仿真实验　555 定时器电路测试

测试 555 定时器的电路如图 5-5 所示，在 Multisim 2001 软件工作平台上操作步骤如下。

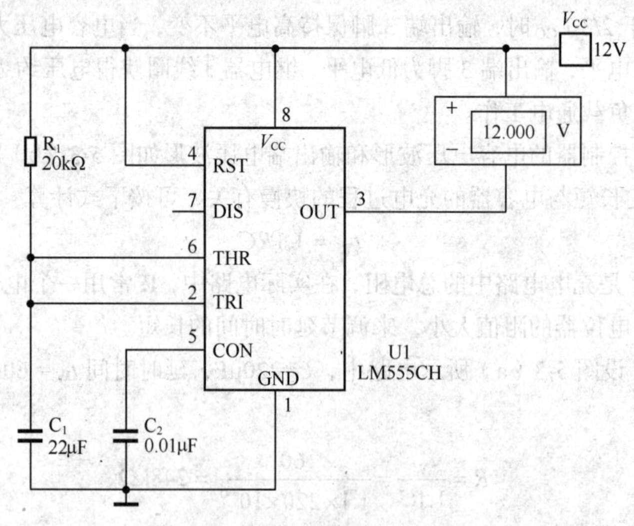

图 5-5　555 定时器仿真测试电路

（1）从混合元器件库中拖出 555 集成电路。

（2）从电源库中拖出电源 V_{CC}、接地，并将电源的值改为 12V。

（3）从显示器材库中拖出直流电压表。

（4）从基本元器件库中拖出一个电阻器，将阻值改为20kΩ。

（5）从基本元器件库中拖出两个电容器，并将它们的值改为22μF和0.01μF。

（6）按图5-5所示连接电路。

（7）按下仿真开关，观察电压表的指示情况。延时开始时，电压表的读数为0V，延时结束时电压表的读数为12V。

（二）实验　555定时器电路测试

1. 实验目的

测试并掌握555集成电路的逻辑功能。

2. 实验器材

（1）数字电路实验板　　1块

（2）直流稳压电源（9V）　1台

（3）555集成电路　　1片

（4）电阻器（248kΩ）和电位器（330kΩ）　　各1个

（5）电容器（220μF、0.01μF）　各1个

（6）数字万用表　　1块

（7）集成电路起拔器　1个

3. 注意事项

（1）不要在带电状态下用万用表欧姆挡测电阻的阻值，否则容易造成万用表损坏。

（2）电阻器、电容器用导线连接好后，再插入相应插孔内。

4. 操作步骤

（1）用数字万用表欧姆挡检查电阻的阻值是否符合要求。

（2）将555集成电路插入集成电路插座上，按图5-6所示连接电路。

（3）关闭直流稳压电源开关，将+9V电压接到555集成电路8脚和4脚，将电源负极接到555集成电路的1脚。

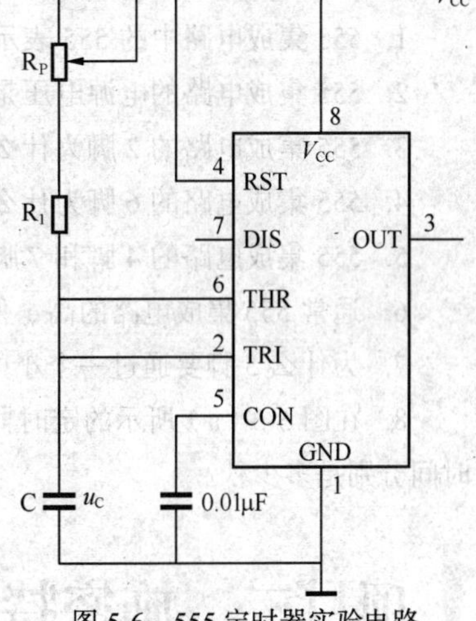

图5-6　555定时器实验电路

（4）接通电源开关进行测试。

（5）用数字万用表直流电压挡，测量555集成电路输出端3脚与地之间的电压，电压值应接近9V。

（6）测量实际延时时间。当输出端3脚与地之间的电压值约为0V时，说明延时时间到，将实际延时时间填入表5-2中。

（7）改变电阻器的阻值，重新测试延时时间。

表5-2　　555定时器测试记录

电容（C）	电阻（R）	理论延时时间（s）	实际延时时间（s）
220 μF	248 kΩ	60	
220 μF	372 kΩ	90	
220 μF	496 kΩ	120	

习　题

一、填空题（请将正确答案填在下画线处）

1. 555集成电路由________、________、________、________、________等部分组成。

2. 555集成电路按内部器件的不同可分为________和________两种类型。

3. 555集成电路的2脚电平低于1/3 V_{CC}时，3脚输出________电平。

4. 555集成电路的延时时间只与________有关，与电源电压无关。

二、判断题（判断正误并在括号内填√或×）

1. 555集成电路的逻辑输出既可以从电源正极与输出端之间输出，也可以从电源负极与输出端之间输出。（　　）

2. 555集成电路的逻辑输出只能出现“0”和“1”之一。（　　）

3. 555集成电路输出低电平时的电压值为0，输出高电平时的电压值接近V_{CC}。（　　）

三、问答题

1. 555集成电路中的555表示什么？

2. 555集成电路的电源电压是多少？输出电流是多少？

3. 555集成电路的2脚为什么称为低电平触发端？

4. 555集成电路的6脚为什么称为高电平触发端？

5. 555集成电路的4脚和7脚分别起什么作用？

6. 通常555集成电路的高、低触发电平各是多少？

7. 为什么5脚要通过一个小电容接地？

8. 在图5-3（a）所示的定时器电路中，R分别取220kΩ、510kΩ和1MΩ，C取100μF。问延时时间分别是多少秒？

项目二　施密特触发器

一、项目分析

施密特触发器是一种双稳态触发器，它有两个显著的特点：一是输入信号上升和下降过程中，引起输出信号状态变换的输入电平是不同的；二是输出电压波形的边沿很徒，可以得到比较理想的矩形脉冲。基于以上两个特点，施密特触发器在信号的变换、整形、幅度鉴别以及自动控制方面得到了广泛应用。

二、相关知识

（一）施密特触发器的电压转移特性

输出电压跟随输入电压变化的关系，称为电压转移特性。施密特触发器的电压转移特性如图 5-7 所示。在转移特性曲线中，存在着两个不同的门限转换电压。输出由高电压转换为低电压的临界输入电压称为上阈值电压，又叫做上门槛电压 U_+；输出由低电压转换为高电压的临界输入电压称为下阈值电压，又叫做下门槛电压 U_-。从图 5-7 中的转移特性曲线可知，触发器的输入电压不断增加，当增加到大于上门槛电压时，触发器的输出电压由高电压翻转为低电压；而当输入电压下降到上门槛电压 U_+ 时，触发器却不会由低电压翻转到高电压，而必须当输入电压下降到下门槛 U_- 电压时，触发器才能从低电压翻转到高电压状态。通常 $U_+ > U_-$，U_+ 与 U_- 的差值称为回差电压。

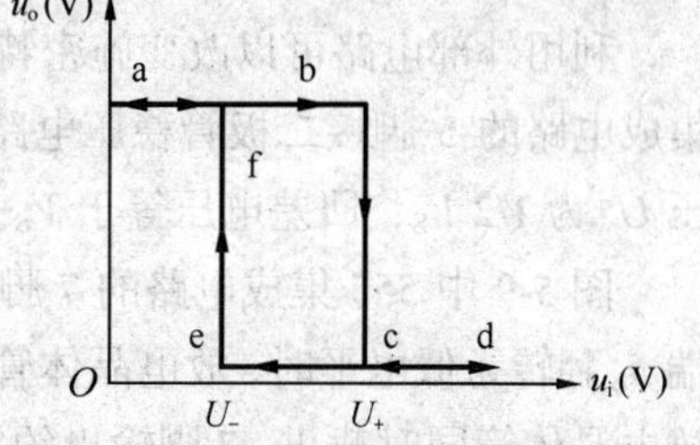

图 5-7　施密特触发器的电压转移特性

在自动控制中广泛应用回差电压特性。例如，在水塔的水位控制中，水位低时水泵启动，水位高时水泵停止。若水位差（通过传感器变换为回差电压）合适，则水泵的启动与停止的间歇合理；若水位差太小，则水位的变化会引起水泵频繁地启动和停止，容易损坏水泵电动机。

（二）555 集成电路构成的施密特触发器

用 555 集成电路构成的施密特触发器如图 5-8（a）所示，低电平触发端 2 脚与高电平触发端 6 脚连在一起，作为外加信号 u_i 的输入端，3 脚为输出信号端。

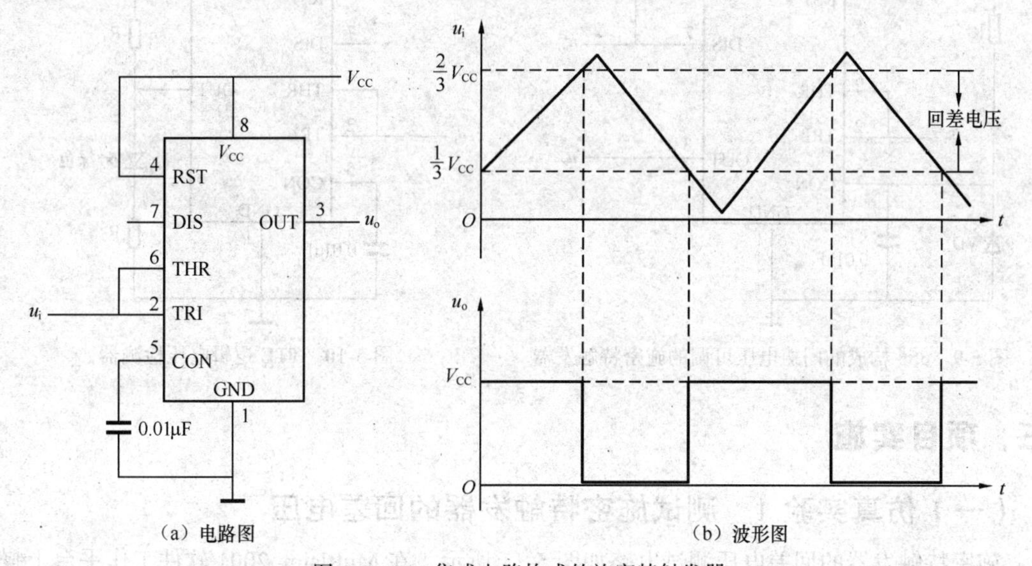

（a）电路图　　（b）波形图

图 5-8　555 集成电路构成的施密特触发器

若输入信号 u_i 是一个三角波，由 555 集成电路的工作原理可知，当外加电压 u_i 增加到大于 2/3 V_{CC} 时，2 脚和 6 脚为高电平，3 脚由高电平翻转为低电平；当外加电压 u_i 下降到小于 1/3 V_{CC} 时，2 脚和 6 脚为低电平，3 脚从低电平翻转为高电平。其上门槛电压 U_+ 为 2/3 V_{CC}，下门槛电压 U_- 为 1/3 V_{CC}，回差电压等于 $2/3\ V_{CC} - 1/3 V_{CC} = 1/3 V_{CC}$。

利用施密特触发器很容易把非矩形波的输入信号变换为矩形脉冲信号。由图 5-8（b）可以看出，当输入电压 u_i 为三角波时，只要三角波的幅度高于施密特触发器的上门槛电压 U_+，就可以在输出端得到矩形脉冲。

（三）555集成电路构成的门槛电压可调的施密特触发器

利用外部电路可以改变施密特触发器的门槛电压和回差电压，电路如图 5-9 所示。将 555 集成电路的 5 脚接二极管稳压电路，则上门槛电压 U_+ 为稳压二极管的输出电压 V_S，下门槛电压 U_- 为 1/2 V_S，回差电压等于 $V_S - 1/2V_S = 1/2V_S$。

图 5-9 中 555 集成电路的 7 脚也被利用。将 7 脚通过电阻器 R_2 接另一组电源 V_{CC}'，当输出端 u_o 翻转为低电平时，放电晶体管同时导通，7 脚输出为低电平；当输出端 u_o 翻转为高电平时，放电晶体管同时截止，7 脚输出约等于 V_{CC}'。所以在 7 脚也能输出一列与 u_o 波形同相的矩形波，但它的幅度却是 V_{CC}'，而不是 V_{CC}，因此，实现了电平转移的功能。

（四）应用举例——TTL逻辑电压检测器

若在 555 集成电路的输出端与直流电源之间和输出端与地之间分别接入一个电阻和一个发光二极管，并将 2 脚和 6 脚连在一起作为检测探头，就构成了 TTL 逻辑电压检测器，如图 5-10 所示。当检测点为低电平时，输出端 3 脚输出高电平，绿色发光管亮；当检测点为高电平时，输出端 3 脚输出低电平，红色发光管亮。

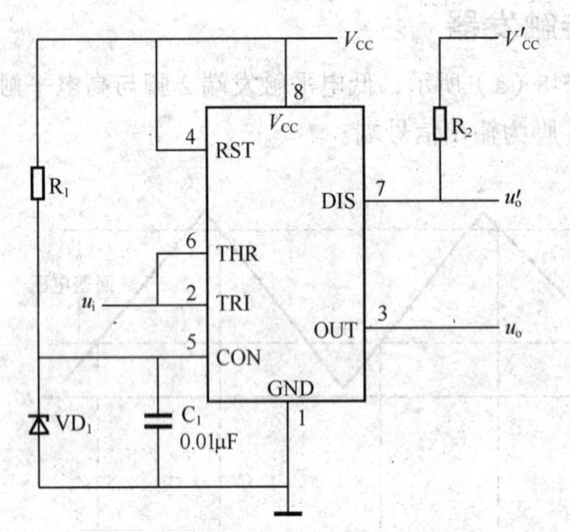

图 5-9　555 构成的门槛电压可调的施密特触发器

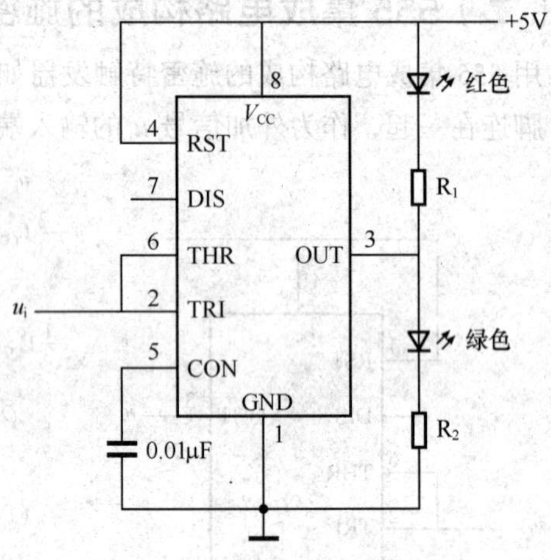

图 5-10　TTL 逻辑电压检测器

三、项目实施

（一）仿真实验 1　测试施密特触发器的回差电压

施密特触发器的回差电压测试电路如图 5-11 所示，在 Multisim 2001 软件工作平台上操作步骤如下。

（1）从混合元器件库中拖出 555 集成电路。

（2）从电源库中拖出直流电源 V_{CC} 和接地，并将电源的值改为 9V。

（3）从基本元器件库中拖出电位器，将阻值变化率由 5%改为 1%，定义键名为 A。

（4）从显示器材库中拖出电压表和逻辑指示灯。

（5）连接电路后按下仿真开关进行测试。

（6）按下 A 键或 Shift + A 组合键，调整电位器的阻值。从电压表的读数可以看出，当电压小于 3V 时，输出端 3 脚输出高电平，指示灯亮；当电压大于 6V 时，输出端 3 脚输出低电平，指示灯灭。电路的回差电压为 6V－3V＝3V。

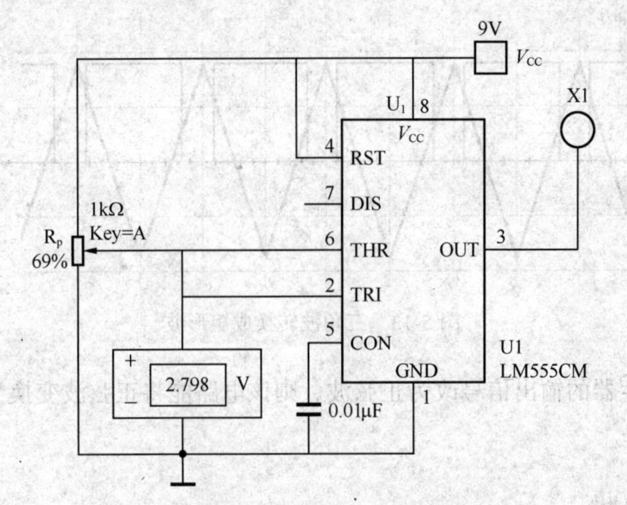

图 5-11　施密特触发器的回差电压测试电路

（二）仿真实验 2　施密特触发器波形转换

施密特触发器波形转换电路如图 5-12 所示，在 Multisim 2001 软件工作平台上操作步骤如下。

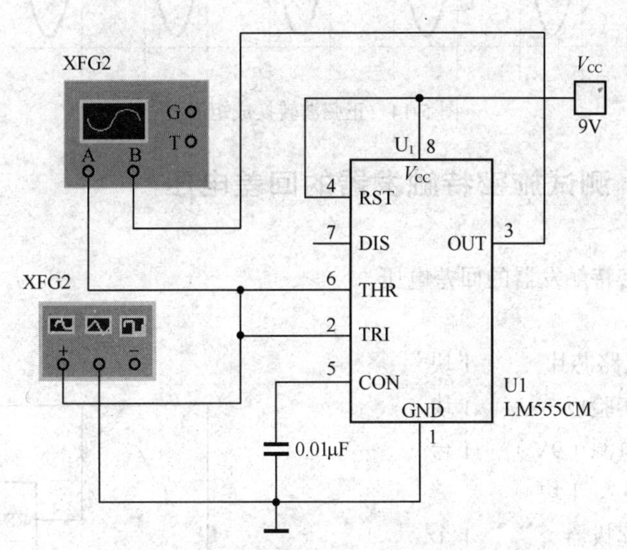

图 5-12　施密特触发器波形转换电路

（1）从混合元器件库中拖出 555 集成电路。

（2）从电源库中拖出直流电源 V_{CC} 和接地，并将电源电压改为 9V。

（3）从仪表栏中拖出信号发生器，选择输出信号为三角波，电压设为 9V，频率设为 50Hz。

（4）从仪表栏中拖出双踪示波器，通道 A 接 555 低电平触发端 2 脚和高电平触发端 6 脚，通道 B 接 555 输出端 3 脚。

（5）连接电路后按下仿真开关进行测试。

（6）双踪示波器显示波形如图 5-13 所示，可以看出，已将输入的三角波转换成矩形波，完成了波形变换。

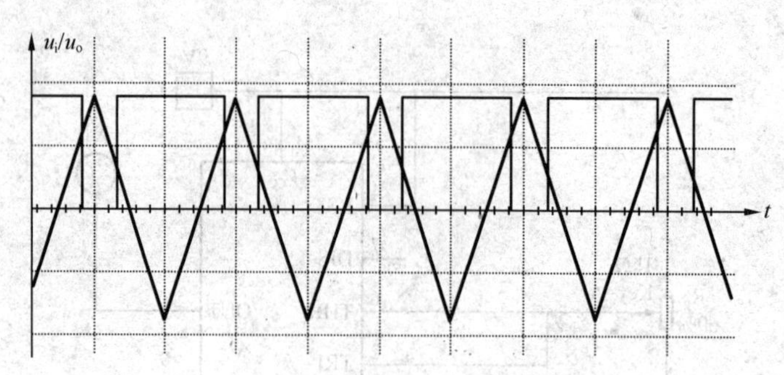

图 5-13　三角波转换成矩形波

（7）将信号发生器的输出信号改为正弦波，则该电路能将正弦波变换为矩形波，如图 5-14 所示。

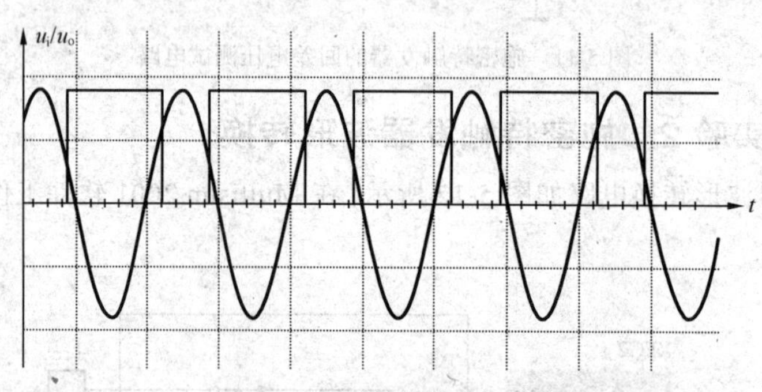

图 5-14　正弦波转换成矩形波

（三）实验　测试施密特触发器的回差电压

1．实验目的

测试并验证施密特触发器的回差电压。

2．实验器材

（1）555 集成电路芯片　　1 块

（2）数字电路实验板　　1 块

（3）直流稳压电源（9V）　1 台

（4）万用表　　1 块

（5）集成电路起拔器　　1 个

（6）0.01μF 电容器　　1 个

（7）10kΩ 电位器、1kΩ 电阻器和发光二极管各 1 个

3．注意事项

实验注意事项同本模块项目一的实验。

4．操作步骤

（1）按图 5-15 所示连接电路，关闭直流稳压电源开关，将集成电路块 555 插入集成电路插座上。

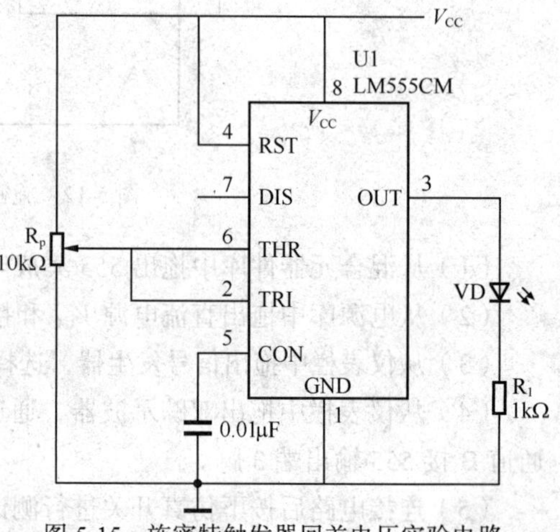

图 5-15　施密特触发器回差电压实验电路

（2）将+9V 电压接到 555 集成电路的 4 脚和 8 脚，将电源负极接到 555 集成电路的 1 脚。

（3）将 0.01μF 电容器接到 555 集成电路的 5 脚和地之间。

（4）电位器接到电源和地之间，中间抽头接到 555 集成电路的 6 脚和 2 脚。

（5）将发光二极管和 R_1 接在 555 集成电路的输出脚 3 脚和 1 脚。

（6）打开直流稳压电源的开关，用万用表的直流电压挡测量 555 集成电路的 6 脚和 2 脚对地电压，改变电位器电阻的大小，观察发光二极管的发光情况，分别记录二极管由发光到不发光转变时刻电压表的读数（上门槛电压）和二极管由不发光到发光转变时刻电压表的读数（下门槛电压），从而计算出电路的回差电压，将结果填入表 5-3 中。

表 5-3 回差电压测试记录

上门槛电压	理论值:　6V	实测值:
下门槛电压	理论值:　3V	实测值:
回差电压	理论值:　3V	实际值:

习　题

一、填空题（请将正确答案填在下画线处）

1. 施密特触发器输入电压与输出电压之间的关系称为________。

2. 施密特触发器的上门槛电压与下门槛电压的差值称为________。

二、选择题（请在下列选项中选择一个正确答案并填在括号内）

1. 在施密特触发器中，当输入信号在回差电压范围内时，其输出状态为（　　）。

A. 发生变化　B. 保持原状态　C. 低电平　D. 高电平

2. 施密特触发器是依靠输入信号的（　　）触发的。

A. 频率　B. 相位　C. 幅度　D. 脉冲

3. 通常由 555 集成电路构成的施密特触发器的回差电压是（　　）。

A. $1/3V_{CC}$　B. $2/3V_{CC}$　C. V_{CC}　D. $1/2V_{CC}$

4. 施密特触发器的输出信号是（　　）。

A. 矩形脉冲波　B. 对称三角波　C. 正弦波　D. 锯齿波

5. 施密特触发器有（　　）种输出状态。

A. 1　B. 2　C. 3　D. 4

三、问答题

1. 施密特触发器有什么特点和用途？

2. 什么是回差电压？

四、分析题

如图 5-16 所示，555 集成电路的 5 脚接稳定电压值为 6V 的稳压二极管。试分析该施密特触发器的上、下门槛电压各是多少，回差电压是多少？

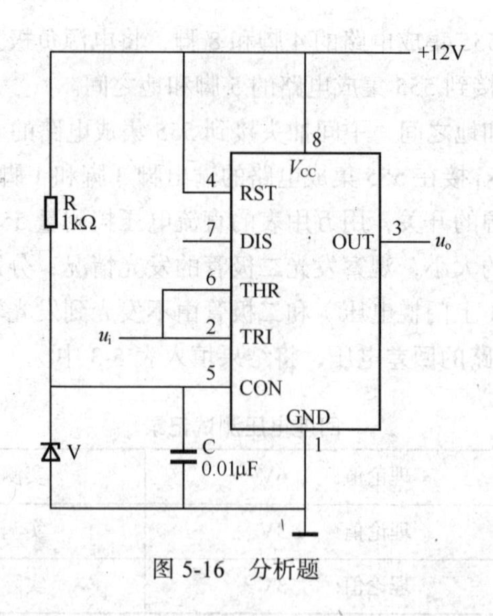

图 5-16　分析题

项目三　多谐振荡器

一、项目分析

在数字电路中，时钟脉冲信号起着重要的同步作用，而获得脉冲的方法一般有两种，一种是利用脉冲振荡器直接产生脉冲波形，另一种是利用整形电路，把已有的波形变换成所需要的波形。555 集成电路在脉冲波形的产生和整形中应用十分广泛，一般情况下，可利用 555 集成电路构成脉冲振荡器，来产生时钟脉冲信号。如果对脉冲信号的频率精确度要求比较严格，可采用石英晶体多谐振荡器。利用石英晶体产生稳定的高频信号，经过分频后得到频率精确度很高的时钟脉冲信号，如在计时电路中，常需要精确度很高的秒脉冲信号。

二、相关知识

（一）555 集成电路构成的多谐振荡器

多谐振荡器是一种能够产生矩形波的电路，因为在矩形波中包含了多次谐波，故称为多谐振荡器。用 555 集成电路构成的多谐振荡器如图 5-17（a）所示，电容器两端的电压 u_C 和输出端电压 u_o 的波形如图 5-17（b）所示。

电路的工作原理是：当接通电源时，由于电容器两端的电压不能突变，低电平触发端 2 脚和高电平触发端 6 脚的电位均小于 1/3 V_{CC}，555 集成电路被置位，输出端 3 脚为高电平，放电管截止。

电源通过电阻器 R_1 和 R_2 对电容器 C_2 进行充电，电容器两端的电压逐渐升高，在到达 2/3 V_{CC} 之前，输出端 3 脚保持高电平不变。当电容两端的电压达到电源电压的 2/3 时，高电平触发端 6 脚获得高电平信号，555 集成电路被复位，输出端 3 脚变为低电平，同时放电管导通，电容器 C_2 经过 7 脚和电阻器 R_2 放电，电容器上的电压逐渐下降。

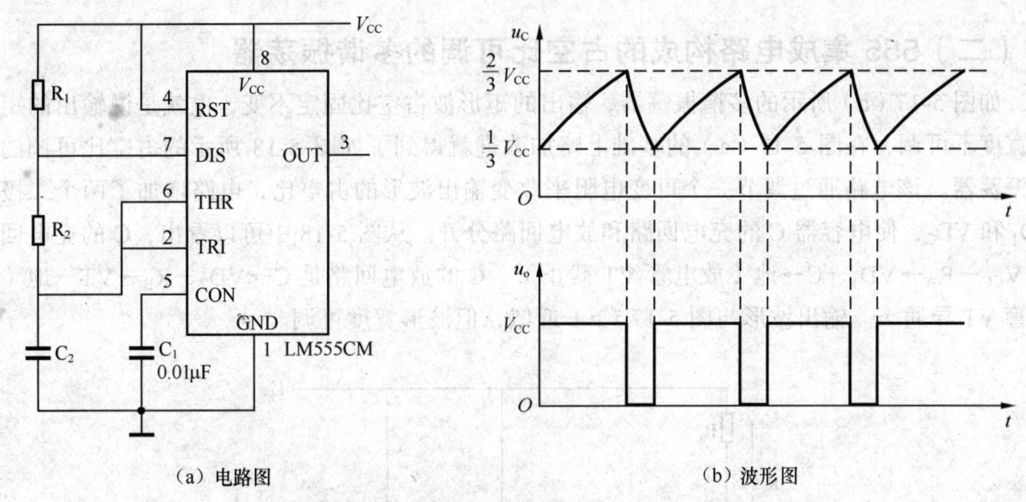

图 5-17　555 集成电路构成的多谐振荡器及波形图

当电容器电压下降到电源电压 1/3 时，555 集成电路再次被置位，输出端 3 脚为高电平，放电管截止，电容器放电停止，电源通过电阻器 R_1 和 R_2 再次对电容器 C_2 充电，如此反复，形成振荡，输出连续矩形脉冲。

由于电阻器 R_1、R_2 和电容器 C_2 构成充电回路，则充电时间（高电平宽度）为

$$t_{W1}=0.7(R_1+R_2)C_2 \tag{5-2}$$

由于电阻器 R_2 和电容器 C_2 构成放电回路，则放电时间（低电平宽度）为

$$t_{W2}=0.7R_2C_2 \tag{5-3}$$

故振荡周期为

$$T=t_{W1}+t_{W2}=0.7(R_1+2R_2)C_2 \tag{5-4}$$

高电平时间占整个周期时间的百分比称为占空比，用 q 表示，则占空比 q 为

$$q=\frac{t_{W1}}{T}=\frac{R_1+R_2}{R_1+2R_2} \tag{5-5}$$

若取 $R_2 >> R_1$，电路即可输出占空比约为 50%的方波。

【例题 5-2】　设 $R_1=5.1\ \text{k}\Omega$，$R_2=51\ \text{k}\Omega$，$C=1\mu\text{F}$，计算图 5-17（a）所示多谐振荡器的振荡周期、频率和占空比。

解：

$$t_{W1}=0.7(R_1+R_2)C=0.7\times(5.1+51)\times10^3\times1\times10^{-6}\approx39.3\times10^{-3}\text{s}$$

$$t_{W2}=0.7R_2C=0.7\times51\times10^3\times1\times10^{-6}=35.7\times10^{-3}\text{s}$$

$$T=t_{W1}+t_{W2}=(39.3+35.7)\times10^{-3}=75\times10^{-3}\text{s}$$

$$f=\frac{1}{T}=\frac{1}{75\times10^{-3}}\approx13.3\text{Hz}$$

$$q=\frac{t_{W1}}{T}=\frac{39.3\times10^{-3}}{75\times10^{-3}}=52.4\%$$

（二）555 集成电路构成的占空比可调的多谐振荡器

如图 5-17（a）所示的多谐振荡器，输出的矩形波占空比固定不变，也就是说输出的矩形波宽度不可调，在图 5-17（a）的基础上略加改进就得到了如图 5-18 所示的占空比可调的多谐振荡器。该电路通过调节一个可变电阻来改变输出波形的占空比，电路增加了两个二极管 VD_1 和 VD_2，使电容器 C 的充电回路和放电回路分开。从图 5-18 中可以看出，C 的充电回路是 V_{CC}→R_A→VD_1→C→地（放电管 VT 截止），C 的放电回路是 C→VD_2→R_B→VT→地（放电管 VT 导通）。输出波形与图 5-17（b）近似，但波形宽度可调。

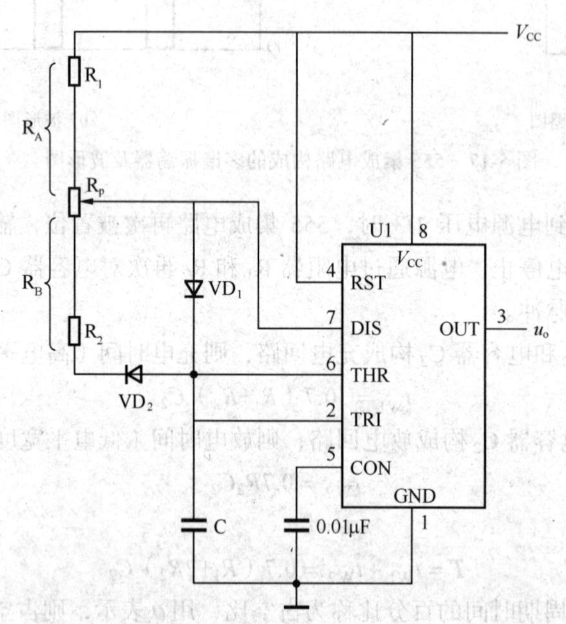

图 5-18 555 集成电路构成的占空比可调的多谐振荡器

高电平宽度为

$$t_{W1} \approx 0.7 R_A C \tag{5-6}$$

低电平宽度为

$$t_{W2} \approx 0.7 R_B C \tag{5-7}$$

振荡周期为

$$T = t_{W1} + t_{W2} \approx 0.7(R_A + R_B)C \tag{5-8}$$

占空比为

$$q = \frac{t_{W1}}{T} = \frac{R_A}{R_A + R_B} \tag{5-9}$$

只要改变可变电阻滑动臂的位置就可以调节占空比，而周期保持不变。若取 $R_A = R_B$，则成为方波发生器。

（三）石英晶体多谐振荡器

石英晶体振荡器是利用石英晶体的压电效应制成的一种谐振器件，简称为石英晶体或晶振，石英晶体具有如图 5-19 所示的阻抗频率特性，图中 f_0 是石英晶体固有的串联谐振频率。可以看出，当外加频率 $f<f_0$ 时，石英晶体呈现电容性；当外加频率 $f=f_0$ 时，电抗 $X=0$，石英晶体呈现电阻性，此时信号最容易通过；当外加频率 f 略大于 f_0 时，石英晶体呈现电感性；当外加频率 f 远大于 f_0 时，石英晶体呈现电容性。

图 5-20 所示为由门电路和石英晶体构成的多谐振荡器，它由两个非门、一个电阻构成放大环节，石英晶体构成正反馈环节。

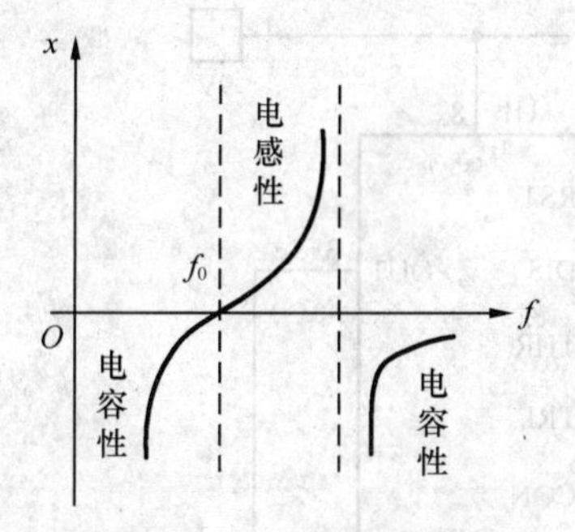

图 5-19 石英晶体的阻抗特性

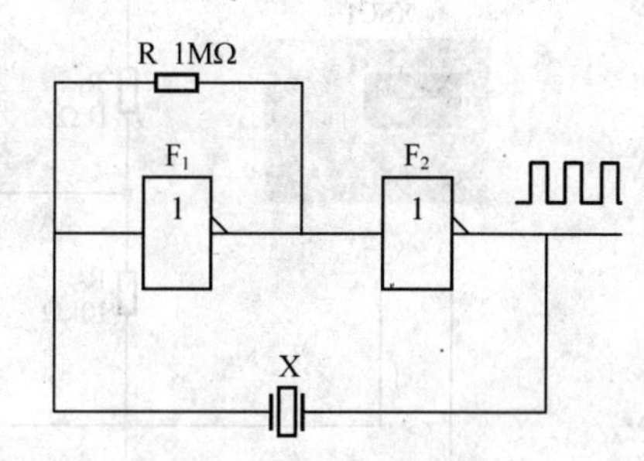

图 5-20 石英晶体振荡器一

该电路的工作原理是：利用非门电路的电压传输特性的转折区，实现对信号的放大作用，采用两级非门，实现倒相 360°功能，在门电路的输出端与输入端跨接一个电阻器，使该电路的静态工作点始终处于传输特性的转折区内，保证对小信号的放大作用。石英晶体跨接在第 2 个门的输出端与第 1 个门的输入端之间，对于频率为 f_0 的信号分量，晶体呈串联谐振状态，其等效阻抗很小且为纯阻性，因而形成正反馈，使电路起振。振荡频率完全取决于石英晶体固有的串联谐振频率 f_0，而与电路的参数无关，因此，利用石英晶体谐振器组成的振荡电路，可获得很高的频率精确度和稳定度。

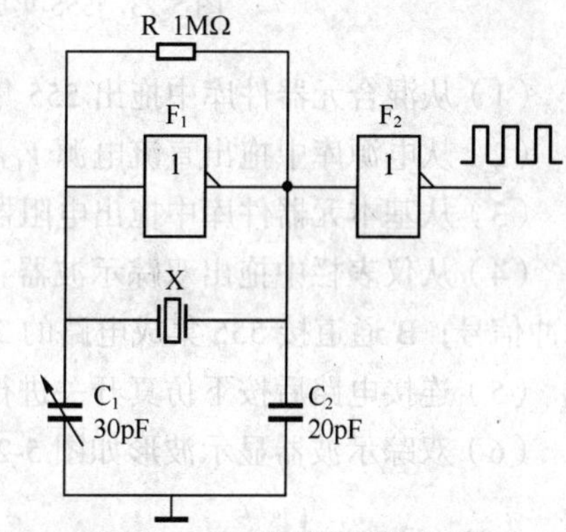

图 5-21 石英晶体振荡电路二

图 5-21 所示为石英晶体振荡器的另一种电路，其中 CMOS 反相器 F_1、石英晶体 X、电阻器 R、微调电容器 C_1 和电容器 C_2 构成振荡系统，它仅用一个非门 F_1，利用石英晶体的附加移相作用，产生正反馈并引起振荡。振荡系统的频率主要由石英晶体决定，C_1 可以进行频率微调。CMOS 反相器 F_2 对输出波形进行整形，并提高抗干扰能力和带负载能力。

石英晶体振荡器的频率较高，在实际应用时可利用 T′触发器的二分频功能降低频率。在图 5-22 所示电路中，石英晶体 X 的振荡频率为 32 768Hz。如要获得 1Hz 的秒脉冲信号，可经过多级分频。经过第一级 T′触发器，频率降为 32 768Hz/2 = 16 384Hz，经过第二级 T′触发器，频率降为 16 384Hz/2 = 8 192 Hz……经过 15 级 T′触发器后输出为 1 Hz 秒脉冲信号。

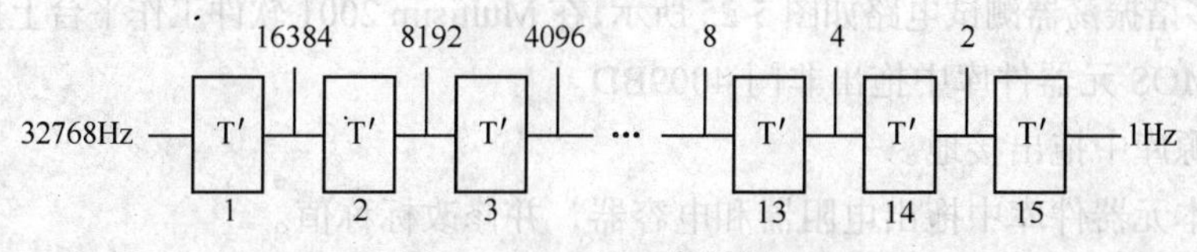

图 5-22 15 级二分频电路

三、项目实施

（一）仿真实验 1　测试 555 集成电路构成的多谐振荡器

多谐振荡器测试电路如图 5-23 所示，在 Multisim 2001 软件工作平台上操作步骤如下。

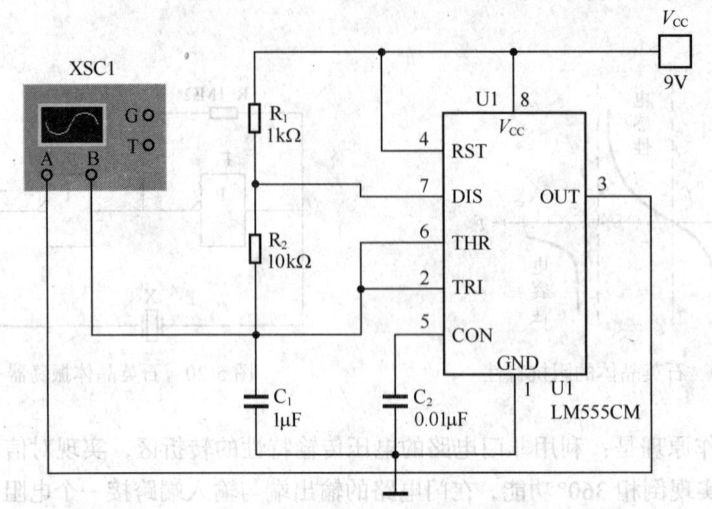

图 5-23　555 集成电路构成的多谐振荡器仿真测试电路

（1）从混合元器件库中拖出 555 集成电路。

（2）从电源库中拖出直流电源 V_{CC} 和接地，并将电源值设置为 9V。

（3）从基本元器件库中拖出电阻器和电容器，并修改标称数值。

（4）从仪表栏中拖出双踪示波器，A 通道接 555 集成电路的输出端 3 脚，观察输出矩形波脉冲信号；B 通道接 555 集成电路的 2 脚和 6 脚，观察电容器的充放电波形。

（5）连接电路后按下仿真开关进行测试。

（6）双踪示波器显示波形如图 5-24 所示，可以看出输出波形为矩形波。

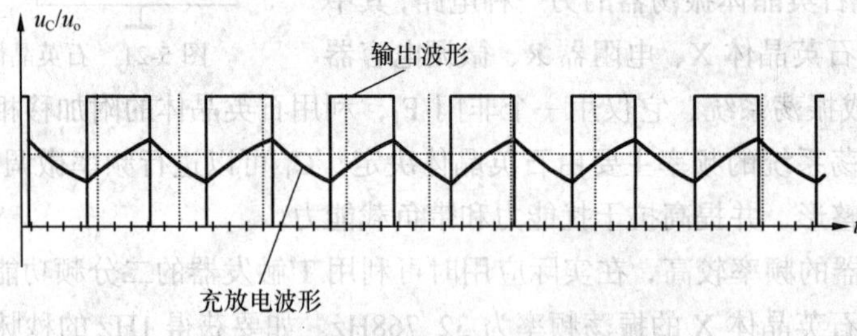

图 5-24　555 多谐振荡器输出波形图

（二）仿真实验 2　测试石英晶体多谐振荡器

石英晶体多谐振荡器测试电路如图 5-25 所示，在 Multisim 2001 软件工作平台上操作步骤如下。

（1）从 CMOS 元器件库中拖出非门 4009BD。

（2）从电源库中拖出接地。

（3）从基本元器件库中拖出电阻器和电容器，并修改标称值。

（4）从其他器材库中拖出晶振 X1。

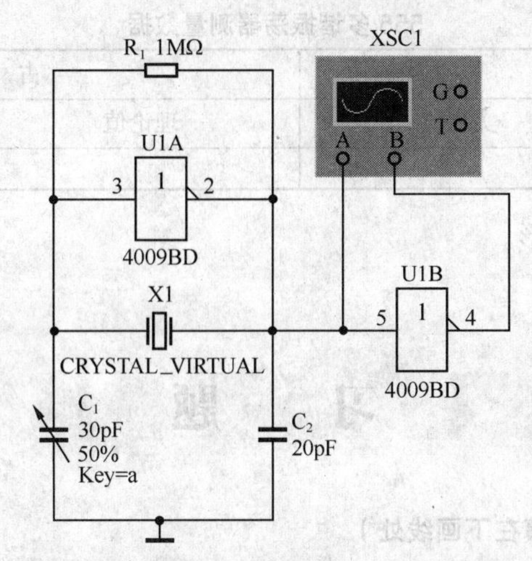

图 5-25 石英晶体多谐振荡器仿真测试电路

（5）从仪表栏中拖出双踪示波器，通道 A 接多谐振荡器输出信号，通道 B 接经非门整形后的信号。

（6）连接电路后按下仿真开关进行测试。

（7）观察并绘出双踪示波器的显示波形。

（三）实验 测试 555 集成电路构成的多谐振荡器

1. 实验目的

测试并验证 555 集成电路构成的多谐振荡器的逻辑功能。

2. 实验器材

（1）数字电路实验板　　1 块

（2）直流稳压电源（9V）　1 台

（3）555 集成电路　　1 片

（4）电阻器（51kΩ、5.1kΩ）　各 1 个

（5）电容器（1μF、0.01μF）　各 1 个

（6）双踪示波器　　1 台

（7）集成电路起拔器　1 个

3. 注意事项

实验注意事项同本模块项目一的实验。

4. 操作步骤

参考图 5-23 连接 555 集成电路构成的多谐振荡器电路。

（1）关闭直流稳压电源开关，将集成电路块 555 插入集成电路插座上。

（2）将 + 9V 电压接到集成电路的 8 脚和 4 脚，将电源负极接到集成电路的 1 脚。

（3）将 555 集成电路输出端 3 脚通过连接线接到电平显示端。

（4）接通直流稳压电源，用双踪示波器观察 u_C 和 u_o 的波形。

（5）用双踪示波器观察占空比，是否与理论一致。

（6）测量 u_o 振荡周期及占空比，将测量结果填入表 5-4 内。

表 5-4　555 多谐振荡器测量数据

周　　期		占　空　比	
理论值	实测值	理论值	实测值

（7）绘出 u_C 和 u_o 的波形。

习　题

一、填空题（请将正确答案填在下画线处）

1. 多谐振荡器是一种能自动反复输出________波的自激振荡电路。

2. 多谐振荡器电路的输出状态在________之间不断地翻转。

3. 石英晶体振荡器是利用石英晶体的________效应制成的一种谐振器件。

4. 石英晶体振荡器的输出频率只与晶体的________有关，因此可获得很高的频率精确度和稳定度。

二、问答题

1. 555 多谐振荡器电容器充放电通路分别经过哪几个元器件？

2. 简述石英晶体振荡器的电路构成和工作原理。

三、计算题

1. 555 多谐振荡器电路如图 5-17（a）所示，设 $R_1 = 4.7\text{k}\Omega$，$R_2 = 47\text{k}\Omega$，$C = 10\mu\text{F}$，试计算电路的振荡周期、频率和占空比。

2. 在如图 5-17（a）所示电路中，若 R_1 为一个可变电阻与一个固定电阻的组合，其阻值调节范围为 3.3～8kΩ，$R_2 = 4.7\text{k}\Omega$，$C = 10\mu\text{F}$，则电路的输出频率范围是多少？

3. 已知石英晶体振荡器的频率为 32 768Hz。如要获得 1 024Hz 的脉冲信号，需要经过多少级二分频？

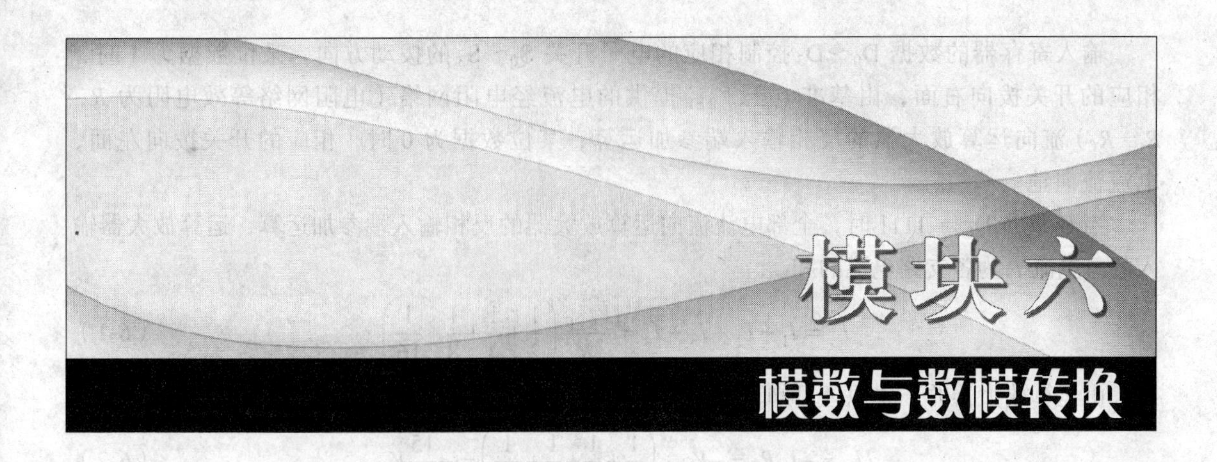

项目一 数模转换器

一、项目分析

随着数字系统的广泛应用，用数字系统处理模拟量的情况非常普遍。在自动化控制中，数模转换电路将工控计算机输出的数字信号转换为不同的电压（电流）值，通过模拟量控制单元去调节转速、温度、流量、压力等不同的物理量，以实现自动控制的目的。

数模（Digital to Analog，D/A）转换，顾名思义就是将数字信号转换成为模拟信号。实现D/A转换的电路称为D/A转换器（Digital-Analog Converter，DAC），电阻网络型是常见的数模转换电路。本项目以集成数模转换电路AD7520为例，介绍DAC的工作原理、应用方法和操作技能。

二、相关知识

（一）DAC的工作原理

1. 电路组成

4位电阻网络DAC电路如图6-1所示，它由输入寄存器、电子开关、基准电压、电阻网络和运算放大器组成。

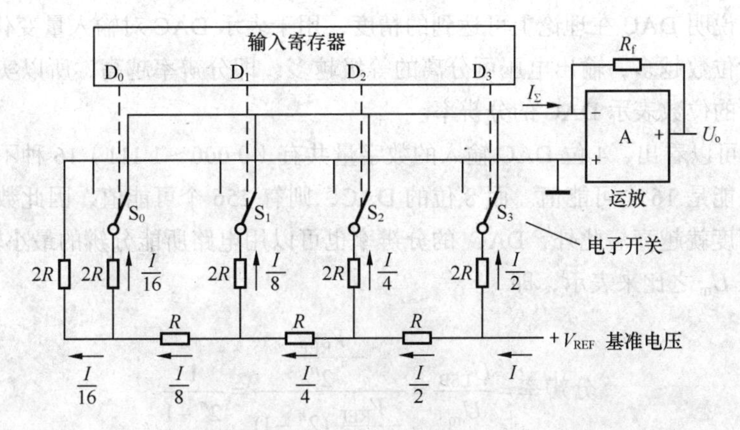

图6-1 4位电阻网络DAC

输入寄存器的数据 D_0～D_3 控制相应的电子开关 S_0～S_3 的拨动方向。某位数据为 1 时，相应的开关拨向右面，由基准电压 V_{REF} 提供的电流经电阻网络（电阻网络等效电阻为 R，$R = R_f$）流向运算放大器的反相输入端参加运算；某位数据为 0 时，相应的开关拨向左面，电流流向地。

当 $D_3D_2D_1D_0$ = 1111 时，全部电流流向运算放大器的反相输入端参加运算，运算放大器输入的总电流 I_Σ为各支路电流的和。

$$I_\Sigma = I_1 + I_2 + I_3 + I_4 = \frac{V_{REF}}{R}\left(\frac{1}{2}+\frac{1}{4}+\frac{1}{8}+\frac{1}{16}\right) \tag{6-1}$$

由运算放大器的工作原理可知，此时输出电压 U_o 最大。

$$U_o = -I_\Sigma R_f = -V_{REF}\left(\frac{1}{2}+\frac{1}{4}+\frac{1}{8}+\frac{1}{16}\right) = -\frac{15}{16}V_{REF} \tag{6-2}$$

电流是参加运算还是流向地，受数码 D_3、D_2、D_1 和 D_0 的控制，因此，输出电压 U_o 的表达式为

$$U_o = -\frac{1}{16}V_{REF}(2^3 D_3 + 2^2 D_2 + 2^1 D_1 + 2^0 D_0) \tag{6-3}$$

在这个转换器中，当输入数字信号的取值为 0000～1111 时，输出模拟电压量为 0～－15/16V_{REF}，输出模拟电压与输入数字量的值成正比，实现了数模转换。

由此可以推广到 n 位的 DAC 输出为

$$U_o = -\frac{1}{2^n}V_{REF}(2^{n-1} D_{n-1} + 2^{n-2} D_{n-2} + \cdots + 2^1 D_1 + 2^0 D_0) \tag{6-4}$$

【例题 6-1】 有一个 4 位 DAC，基准电压 V_{REF} = 10V，输入的数字量 $D_3D_2D_1D_0$ = 1010，求输出模拟电压。同样的基准电压，若是一个 8 位的 DAC，输入数字量是 $D_7D_6D_5D_4$ $D_3D_2D_1D_0$ = 1010 1010，求输出模拟电压。

解：4 位 DAC：$U_o = -\frac{1}{16}V_{REF}(2^3 + 2^1) = -\frac{10}{16}\times 10 = -6.25\text{V}$

8 位 DAC：$U_o = -\frac{1}{256}V_{REF}(2^7 + 2^5 + 2^3 + 2^1) = -\frac{10}{256}\times 170 = -6.64\text{V}$

2. DAC 的主要参数

（1）分辨率

分辨率用以说明 DAC 在理论上可达到的精度，用于表示 DAC 对输入量变化的敏感程度。显然输入数字量位数越多，输出电压可分离的等级越多，即分辨率越高，所以实际应用中，往往用输入数字量的位数表示 DAC 的分辨率。

从例题 6-1 可以看出，4 位 DAC 输入的数字量共有（0 000～1 111）16 种不同的组合，所以输出电压也只能是 16 个可能值。而 8 位的 DAC，则有 256 个可能值，因此数模转换器的位数越多，转换精度就越高。此外，DAC 的分辨率也可以用电路所能分辨的最小输出电压 U_{LSB} 与最大输出电压 U_m 之比来表示，即

$$\text{分辨率} = \frac{U_{LSB}}{U_m} = \frac{-\frac{V_{REF}}{2^n}}{-\frac{V_{REF}}{2^n}(2^n - 1)} = \frac{1}{2^n - 1} \tag{6-5}$$

上式说明，输入数字代码的位数 n 越多，分辨能力越高。例如，10 位 DAC 的分辨率为

$$\frac{1}{2^{10}-1}=\frac{1}{1\,023}\approx 0.001$$

（2）转换误差

转换误差用以说明 D/A 转换器实际上能达到的转换精度。转换误差又分静态误差和动态误差，产生静态误差的原因有：基准电源 V_{REF} 的不稳定、运放的零点漂移、电子开关导通时的内阻和压降、电阻网络中阻值的偏差等。动态误差则是在转换过程中产生的附加误差，它是由于电路分布参数的影响，使各位的电压信号到达解码网络输出端的时间不同所致。

D/A 转换器的绝对误差（或绝对精度）是指输入端加入最大数字量（全 1）时，D/A 转换器的理论值与实际值之差。该误差值应低于 LSB/2。

例如，一个 8 位的 D/A 转换器，对应最大数字量（FFH）的模拟理论输出值为 $\frac{255}{256}V_{\mathrm{REF}}$，$\frac{1}{2}\mathrm{LSB}=\frac{1}{512}V_{\mathrm{REF}}$，所以实际值不应超过 $\left(\frac{255}{256}\pm\frac{1}{512}\right)V_{\mathrm{REF}}$。

（3）建立时间

建立时间是在输入数字量各位由全 0 变为全 1 或由全 1 变为全 0 时输出电压达到规定的误差范围（±LSB/2）时所需的时间。目前，在内部只含有解码网络和电子开关的单片集成 D/A 转换器中，建立时间最短可达 0.1μs；在内部还包含有基准电压源和求和运算放大器的集成 D/A 转换器中，建立时间最短的在 1.5μs 左右。

（4）温度系数

温度系数是指在输入数据不变的情况下，输出模拟电压随温度变化产生的变化量。一般用满刻度输出条件下温度每升高 1℃，输出电压变化的百分数作为温度系数。

（二）数模转换器 AD7520 的应用

1. 数模转换器 AD7520

AD7520 是一种不含寄存器、基准电压源和运算放大器，采用 CMOS 工艺的 10 位二进制数模转换器（AD 是生产公司代号）。电源电压可从+5V～+15V，其管脚排列如图 6-2 所示。

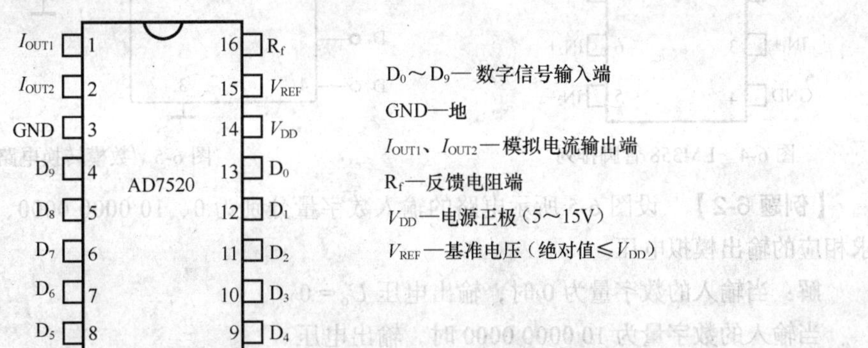

图 6-2 AD7520 管脚排列

AD7520 的内部结构图如图 6-3 所示。

2. 集成运放 LM358

集成运放 LM358 内部包括两个独立的高增益的具有内部频率补偿功能的双运算放大器，能

在电源电压范围很宽的单电源或双电源供电下使用。图 6-4 所示为 LM358 的管脚排列。

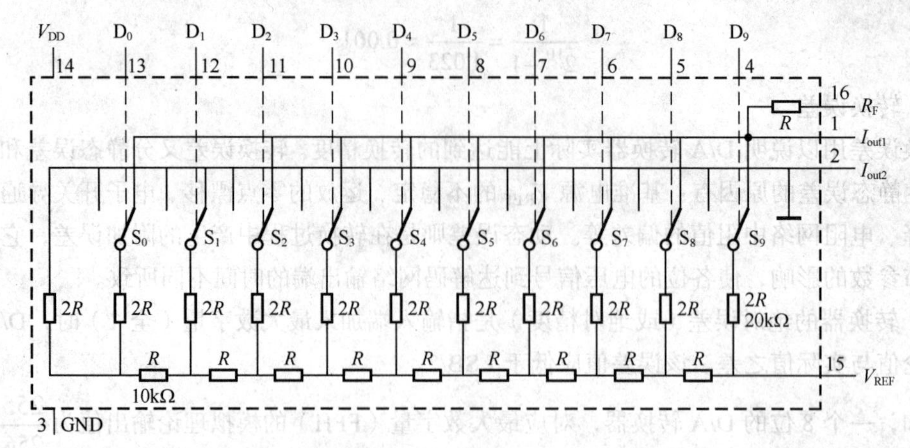

图 6-3 AD7520 内部结构图

3. AD7520 数模转换电路

用 AD7520 构成的数模转换电路如图 6-5 所示。AD7520 将输入的数字量转换为模拟电流输出，运算放大器 LM358 将模拟电流变换为模拟电压的形式输出。

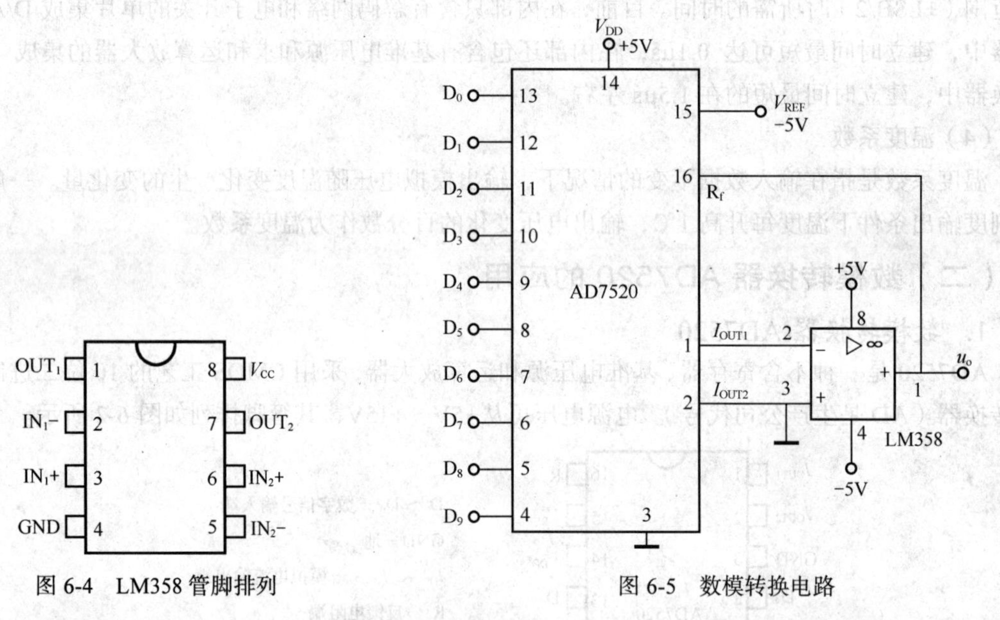

图 6-4 LM358 管脚排列

图 6-5 数模转换电路

【例题 6-2】 设图 6-5 所示电路的输入数字量分别为 0、10 0000 0000、11 1111 1111 时，求相应的输出模拟电压。

解： 当输入的数字量为 0 时，输出电压 $U_o = 0$

当输入的数字量为 10 0000 0000 时，输出电压

$$U_o = -\frac{1}{2^{10}}V_{REF}(2^9) = -\frac{1}{2}\times(-5) = 2.5\text{V}$$

当输入的数字量为 11 1111 1111 时，输出电压

$$U_o = -\frac{1}{2^{10}}V_{REF}(2^9+2^8+2^7+2^6+2^5+2^4+2^3+2^2+2^1+2^0) = -\frac{1\,023}{1\,024}\times(-5) = 4.99\text{V}$$

三、项目实施

（一）仿真实验　测试数模转换器

Multisim 2001 中没有 AD7520 模型，但内建了 8 位 DAC 模块，测试 DAC 的电路如图 6-6 所示，操作步骤如下。

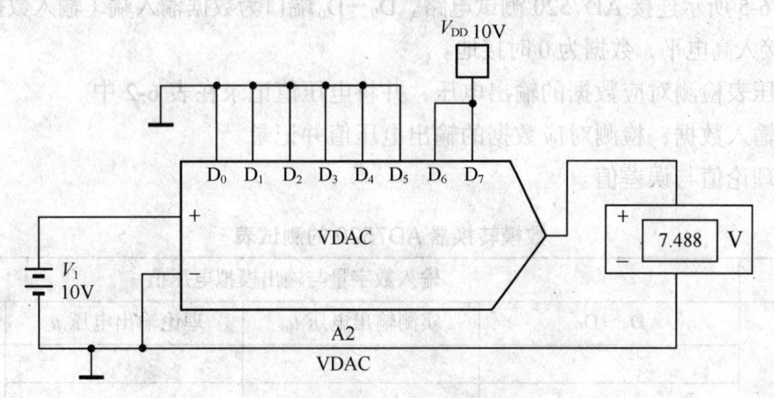

图 6-6　DAC 仿真测试电路

（1）从混合元器件库中选取 VDAC 模块拖到电路中。

（2）从电源库中拖出电源 V_{DD}、接地和一个 10V 的直流电源（DAC 的参考电压）。

（3）从显示器材库中拖出电压表。

（4）测试前需要先输入数据，如图 6-6 所示，当前输入数据为 1100 0000（0C0H）。

（5）按下仿真开关进行测试，并将输入数据和输出电压值记录在表 6-1 中。

表 6-1　　数字量与模拟电压的对应表

数字量（H）	00H			0C0H		0FFH
模拟电压（V）				7.488		
理论电压（V）				7.500		

（6）重新输入数据，再次测试并记录。

（二）实验　测试集成数模转换器 AD7520

测试 AD7520 的电路如图 6-5 所示，D_9～D_0 分别为数据输入端的最高位和最低位，基准电压使用 – 5V，运算放大器使用 LM358，使用双电源供电。

1. 实验目的

测试并验证 AD7520 将数字量转换为模拟电压值。

2. 实验器材

（1）数字电路实验板　　1 块

（2）直流稳压电源（+5V、– 5V）　　1 台

（3）AD7520　　1 片

（4）运算放大器 LM358　　1 片

（5）电压表　　1 块

（6）集成电路起拔器　　1 个

3. 注意事项

（1）不要在带电状态下插拔集成电路，否则容易造成集成电路内部电路损坏。

（2）输入数据端口不能悬空。

（3）输出电压的大小应该按照 DAC 转换规律输出，如果有较大的差别，应检查电路是否接错。

4. 操作步骤

（1）按图 6-5 所示连接 AD7520 测试电路。D_9～D_0 端口为数据输入端（输入数据 0 或者 1），当数据为 1 时接入高电平，数据为 0 时接地。

（2）用电压表检测对应数据的输出电压，并将电压值记录在表 6-2 中。

（3）更新输入数据，检测对应数据的输出电压值并记录。

（4）计算理论值与误差值。

表 6-2　数模转换器 AD7520 的测试表

测 试 项 目	输入数字量与输出模拟电压值			
	D_9～D_0	实测输出电压 u_o	理论输出电压 u_o	误差值
AD7520				

习　题

一、填空题（请将正确答案填在下画线处）

1. 数模转换器简称 DAC，D 代表________，A 代表________，C 代表________。

2. 数模转换电路由________、________、________、________、________等部分组成。

3. 在 DAC 电路中，某位输入数据为 1 时，由基准电压提供的电流经电阻网络流向运算放大器的________端参加运算；输入数据为 0 时，电流流向________。

二、选择题（请在下列选项中选择一个正确答案并填在括号内）

1. 在数模转换电路中，输出模拟电压数值与输入的数字量之间（　）关系。

A. 成正比　　B. 成反比　　C. 无

2. 在数模转换电路中，数字量的位数越多，分辨输出最小电压的能力（　　）。

A. 越稳定　　B. 越弱　　C. 越强

3. 在数模转换电路中，当输入数据全部为 0 时，输出电压等于（　　）。

A. 电源电压　　B. 0　　C. 基准电压

4. 在数模转换电路中，当输入数据全部为 1 时，输出电压（　　）。

A. 接近基准电压　　B. 接近 0　　C. 等于基准电压

5. 在数模转换电路中，当输入数据只有最高位为 1 时，输出电压等于（　　）。

A. 基准电压　　B. 1/2 基准电压　　C. 电源电压

三、判断题（判断正误并在括号内填√或×）

1. 温度、压力、位移、声音等物理量是数字量。（　　）
2. 连续变化的电压、电流是数字量。（　　）
3. 三角波、锯齿波是数字量。（　　）
4. 计算机系统中传输的矩形波信号是数字量。（　　）
5. DAC 电路是将数字量以线性正比关系转换为模拟量。（　　）

四、计算题

1. 有一个 4 位数模转换电路，基准电压 $V_{REF}=-5V$，试将输入数字量与输出模拟电压的关系填入表 6-3 中。

表 6-3　　输入数字量与输出模拟电压关系表

输入数字量 $D_3D_2D_1D_0$	输出模拟电压（V）	输入数字量 $D_3D_2D_1D_0$	输出模拟电压（V）
0000	0	1 000	
0001	0.3125	1 001	
0010	0.625	1 010	
0011		1 011	
0100		1 100	
0101		1 101	
0110		1 110	
0111		1 111	

2. 有一个 8 位数模转换电路，基准电压 $V_{REF}=10V$，试计算：

（1）当输入的数字量为 0000 0001 时，输出模拟电压 U_o 为多少？

（2）当输入的数字量为 1000 0000 时，输出模拟电压 U_o 为多少？

（3）当输入的数字量为 1111 1111 时，输出模拟电压 U_o 为多少？

项目二　模数转换器

一、项目分析

模数转换器的功能是将输入的模拟电压（电流）值转换为成正比关系的数字量。

在自动化控制中，工控计算机通常要接各类传感器，这些传感器产生的电信号，如电阻阻值的变化信号、光线的强弱信号、温度的高低信号、压力的大小信号等通常是模拟量。这些模拟信号在输入工控计算机前，必须先转换为数字信号，才能被工控计算机所接受。

将模拟信号转换为数字信号的过程称为模数（Analog to Digital，A/D）转换，实现 A/D 转换的电路称为 A/D 转换器（Analog-Digital Converter，ADC）。本项目以集成电路 ADC0809 为例，重点介绍 ADC 的工作原理、应用方法和操作技能。

二、相关知识

（一）ADC 的工作原理

在 ADC 中，因为输入的模拟信号在时间上是连续量，而输出的数字信号是离散量，所以进行转换时必须在一系列选定的瞬间对输入的模拟信号取样，然后再把这些取样值转换为输出的数字量。因此，一般的A/D转换过程是通过取样、保持、量化和编码4个步骤完成的，即首先对输入的模拟电压信号取样，取样结束后进入保持时间，在这段时间内将取样的电压量转化为数字量，并按一定的编码形式给出转换结果，然后开始下一次取样。图6-7所示为从模拟量转换到数字量的过程框图。

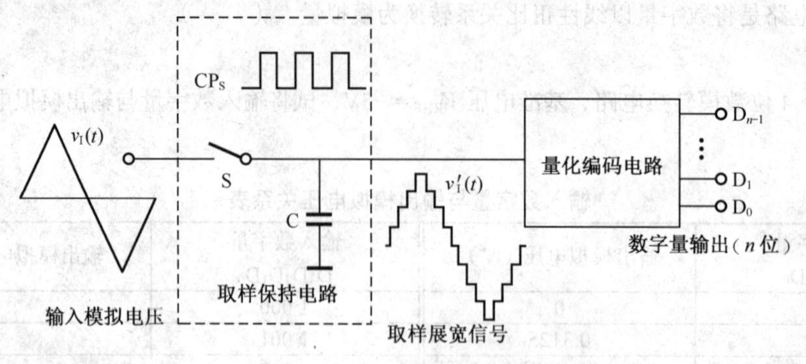

图6-7 ADC转换过程

因为每次把取样电压转换为相应的数字量都需要一定的时间，所以在每次取样以后，必须把取样电压保持一段时间。可见，进行ADC转换时所用的输入电压，实际上是每次取样结束时的电压值。

常用的ADC有并联比较型和逐次逼近型。并联比较型的速度快，但分辨率不易提高；逐次逼近型速度稍慢，但使用元器件数量少。

（二）ADC的主要技术指标

1. 转换精度

ADC的转换精度是用分辨率和转换误差来描述的。

（1）分辨率。分辨率说明ADC对输入信号的分辨能力。ADC的分辨率以输出二进制数的位数表示。从理论上讲，n位输出的ADC能区分2^n个不同等级的输入模拟电压，能区分输入电压的最小值为满量程输入的$1/2^n$。在最大输入电压一定时，输出位数越多，量化单位越小，分辨率越高。例如，ADC输出为8位二进制数，输入信号最大值为5V，那么这个转换器应能区分输入信号的最小电压为$5/2^8 = 19.53\text{mV}$。

（2）转换误差。转换误差表示ADC实际输出的数字量和理论上的输出数字量之间的差别。常用最低有效位的倍数表示。例如，某个ADC给出的误差≤± LSB/2，这就表明实际输出的数字量和理论上应得到的输出数字量之间的误差小于最低位的半个字；如果给出的误差≤± LSB，则表明实际输出的数字量和理论上应得到的输出数字量之间的误差小于最低位。例如，8位的ADC，$\text{LSB} = \frac{1}{256}V_{\text{REF}}$，$\text{LSB}/2 = \frac{1}{512}V_{\text{REF}}$，显然±LSB/2误差的ADC在转换误差上要优于± LSB误差的ADC。

2. 转换时间

转换时间指ADC从转换控制信号到来开始，到输出端得到稳定的数字信号所经过的时间。不同类型的转换器转换速度相差甚远，8位二进制输出的并联比较型单片集成ADC的转换时间可达几十纳秒以内，逐次逼近型ADC转换时间在几十至几百微秒之间。

在实际应用中，应从系统数据总的位数、精度要求、输入模拟信号的范围、输入信号极性等方面综合考虑 ADC 的选用。

（三）集成模数转换器 ADC0809

ADC0809 是采用逐次逼近技术进行模数转换的 CMOS 集成芯片，它的分辨率为 8 位，单电源 5V 供电，输入模拟电压范围为 0～5 V，内部集成了可以锁存控制的 8 路模拟转换开关，输出采用三态输出缓冲寄存器，电平与 TTL 电平兼容。ADC0809 管脚排列如图 6-8 所示。

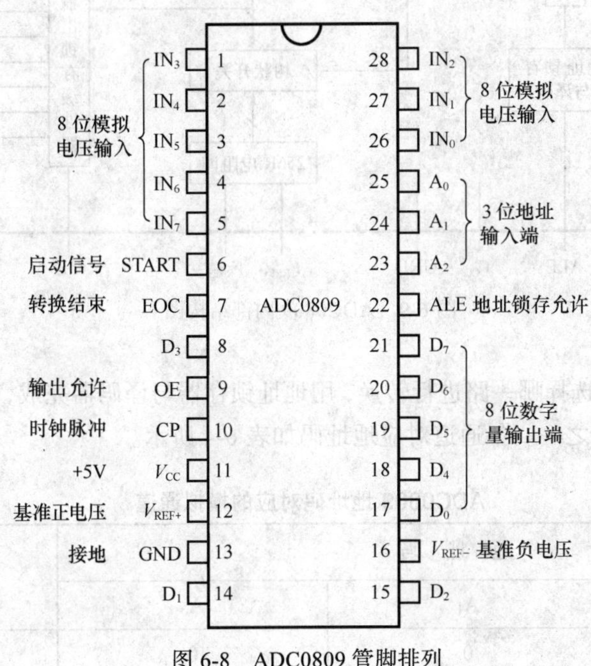

图 6-8　ADC0809 管脚排列

ADC0809 各管脚的功能说明如下。

IN_0～IN_7——8 路模拟信号输入通道。

A_0、A_1、A_2——控制 8 路模拟信号输入通道的 3 位地址码输入端。

ALE——地址锁存允许输入端，该信号的上升沿使多路开关的地址码 A_0、A_1、A_2 锁存到地址寄存器中。

START——启动信号输入端，此输入信号的上升沿使内部寄存器清零，下降沿使 A/D 开始转换。

EOC——A/D 转换结束信号，它在 A/D 转换开始时由高电平变为低电平，转换结束由低电平变为高电平，此信号的上升沿表示 A/D 转换完毕，常用做计算机中断申请信号。

OE——输出允许信号，高电平有效，用来打开三态输出锁存器，将数据送到数据总线。

D_7～D_0——8 位数据输出端。

CP——时钟信号输入端，时钟的频率决定 A/D 转换的速度，CP 的频率范围为 10～1 280kHz。当 CP 为 640 kHz 时，A/D 转换时间为 100μs。

V_{REF+}和 V_{REF-}——基准电压输入端。

ADC0809 内部结构如图 6-9 所示。

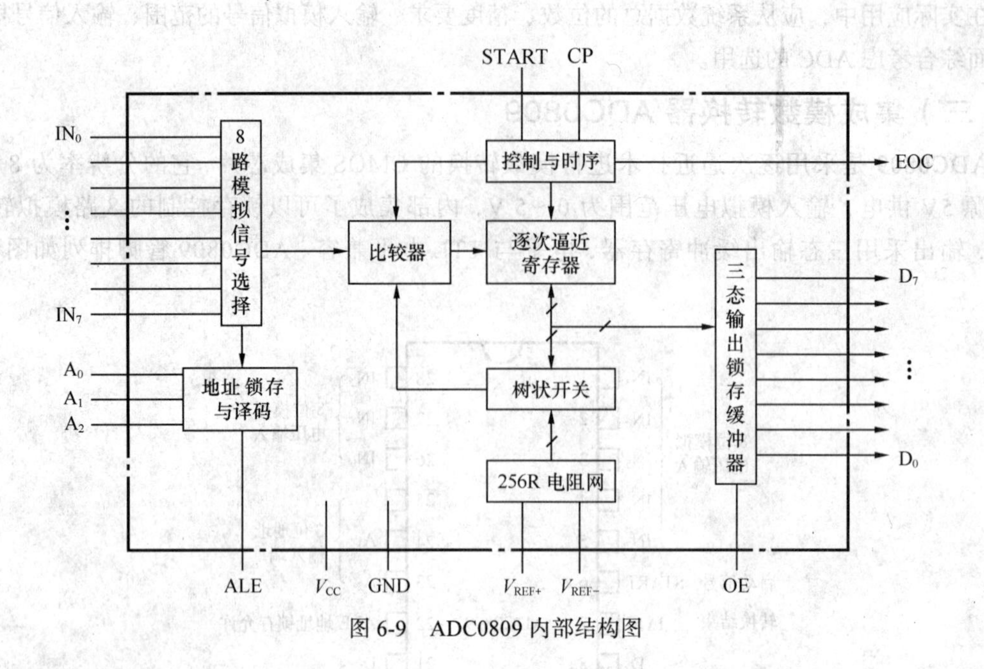

图 6-9　ADC0809 内部结构图

8 路模拟输入信号选择哪一路进行转换，用地址锁存器与译码器完成，3 位地址码有 8 种状态，可以选中 8 个通道之一。各通道对应地址码如表 6-4 所示。

表 6-4　ADC0809 地址码对应的模拟通道

地 址 码			模 拟 通 道
A_2	A_1	A_0	
0	0	0	IN_0
0	0	1	IN_1
0	1	0	IN_2
0	1	1	IN_3
1	0	0	IN_4
1	0	1	IN_5
1	1	0	IN_6
1	1	1	IN_7

开始转换前，经启动脉冲启动后，逐次逼近寄存器清零，在外加脉冲的作用下，对由地址码选中的模拟信号进行 A/D 转换。当转换结束时，发出转换结束信号，并将逐次逼近寄存器的数码送到三态输出锁存缓冲器。当输出信号有效时，打开三态输出锁存缓冲器，转换好的数码输出到外部的数据总线上，供数字系统进行处理。

ADC0809A/D 转换电路如图 6-10 所示。地址码 $A_2A_1A_0=000$，选中 IN_0 模拟通道。调节电位器 R_P，输入模拟电压 U_i。在 START—启动信号输入端输入脉冲信号后开始转换，输出相应数字量 D_7～D_0。

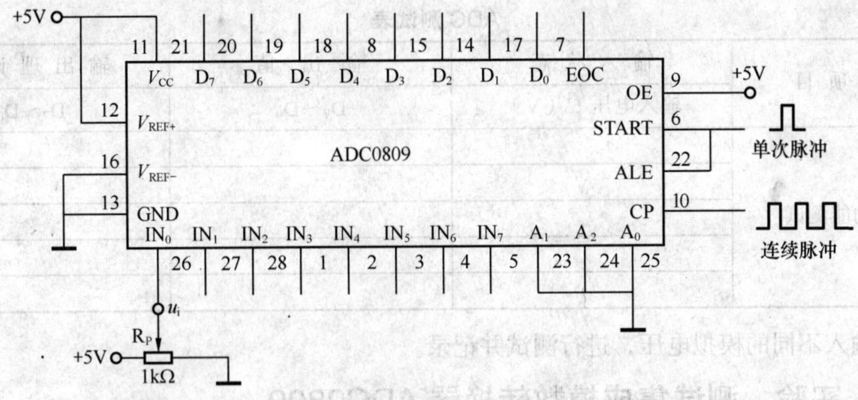

图 6-10　ADC0809A/D 转换电路

三、项目实施

（一）仿真实验　测试模数转换器

Multisim 2001 没有 ADC0809 的模型，但内建了一个 8 位的 ADC 模型，与 ADC0809 类似，因此我们使用这个模型来测试模数转换器。测试电路如图 6-11 所示，操作步骤如下。

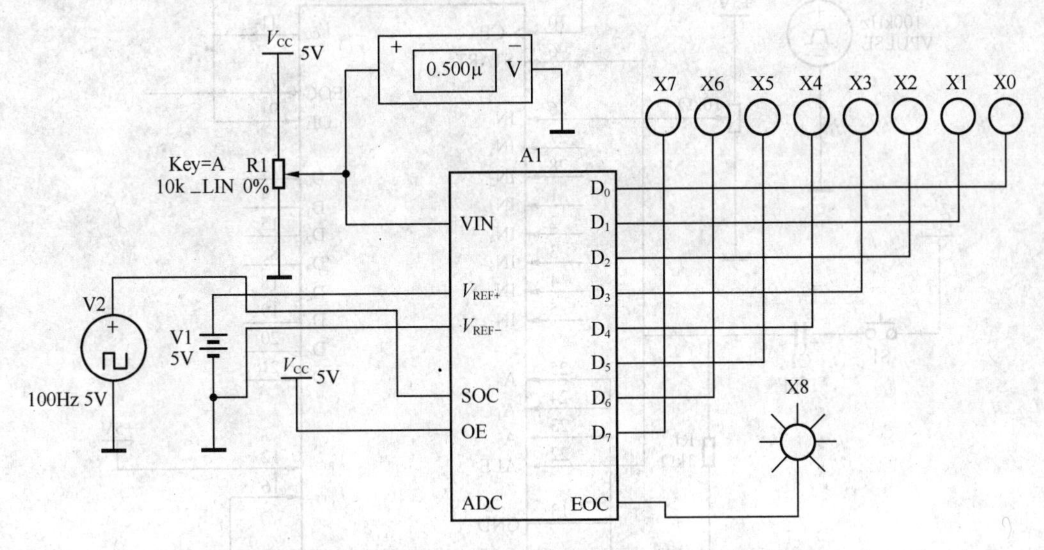

图 6-11　ADC 测试电路

（1）从混合元器件库中选取 ADC 模块拖到电路中。

（2）从电源库中拖出电源 V_{CC}、接地和一个 5V 的直流电源（ADC 的参考电压）。

（3）从电源库中拖出方波信号源（ADC 的 CP 脉冲，100Hz）。

（4）从显示器件库中拖出电压表、逻辑指示灯。

（5）从基本元器件库中拖出电位器，将阻值变化率由 5%改为 1%，定义键名为 A。

（6）连接电路后按下仿真开关进行测试。

（7）按下 A 键或 Shift+A 组合键，调整电位器的阻值（输入模拟电压值）。

（8）将测试的模拟电压数据和输出数据（逻辑指示灯的状态）记录在表 6-5 中。

表 6-5　　ADC 测试表

测 试 项 目	输 入 状 态	输 出 值	输 出 理 论 值
	输入电压 U_i（V）	D_7～D_0	D_7～D_0
ADC 功能测试			

（9）输入不同的模拟电压，进行测试并记录。

（二）实验　测试集成模数转换器 ADC0809

测试 ADC0809 的电路如图 6-12 所示。采用信号发生器输出方波，作为 ADC0809 的时钟脉冲源，U_i 由电源与电位器分压提供，得到 0～5V 的模拟电压，选择 IN0 作为输入通道，因此地址码 ADD = 000。启动信号由 C1 与 R1 构成，未按下按钮 S1 时，启动端低电平，无启动信号；当按下按钮 S1 时，V_{CC} 通过 C1、R1 产生一个瞬间正脉冲，相当于启动信号，ADC0809 开始转换。参考电压使用 5V，逻辑笔检测 D_7～D_0 的状态。

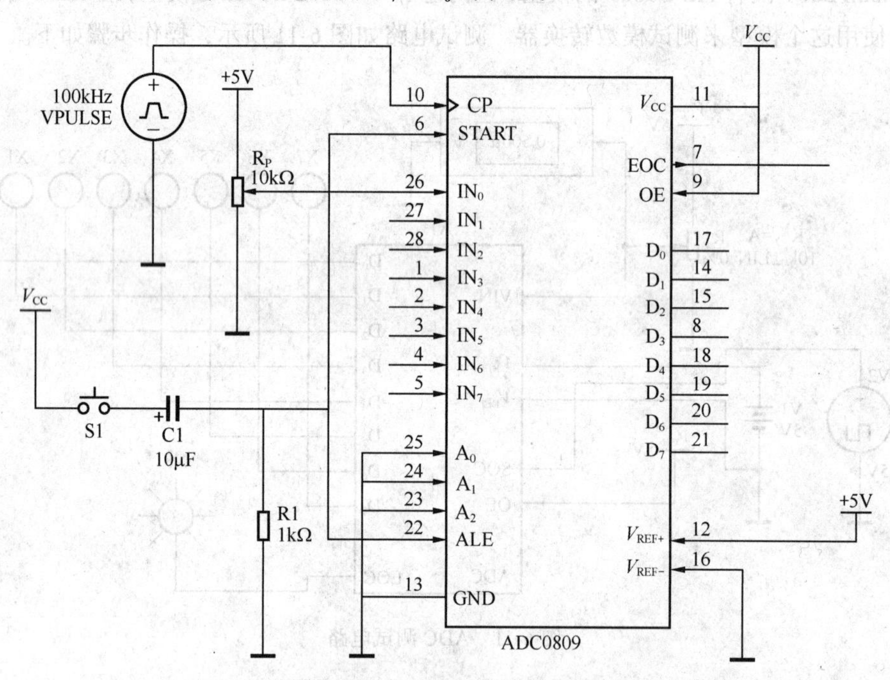

图 6-12　ADC0809 的实验电路

1. 实验目的

测试并验证 ADC0809 将模拟电压值转换为相应的数字量。

2. 实验器材

（1）数字电路实验板　1 块

（2）直流稳压电源（5V）　　1 台

（3）ADC0809　1 片

（4）信号发生器　　1 台

（5）电压表、逻辑笔　　各 1 个

（6）集成电路起拔器　　1 个

3. 注意事项

实验注意事项同本模块项目一的实验。

4. 操作步骤

按图 6-12 所示连接 ADC0809 测试电路。

（1）关闭直流稳压电源开关，将集成电路块 ADC0809 插入集成电路插座上。

（2）将+5V 电压接到 V_{CC} 端和参考电压端，负极接地。

（3）将信号发生器输出信号调整为 500kHz，接到 CP 时钟脉冲信号输入端。

（4）接通电源。

（5）调节电位器得到一个 0～5V 的电压，用电压表检测并记录在表 6-6 中。

（6）按下启动按钮 S1，用逻辑笔检测 D_7～D_0 的状态并记录在表 6-6 中。

表 6-6　　模数转换器 ADC0809 的测试

测试项目	输入状态	实际输出值	理论输出值
	输入电压 U_i（V）	D_7～D_0	D_7～D_0
ADC0809 功能测试			

（7）调节电位器，重复新的测试和记录。

习　题

一、填空题（请将正确答案填在下画线处）

1. 模数转换器简称 ADC，A 代表________，D 代表________，C 代表________。
2. 模数转换过程为：________、________、________、________。
3. 常用的 ADC 类型有________型和________型。

二、选择题（请在下列选项中选择一个正确答案并填在括号内）

1. 在 A/D 转换电路中，输出数字量与输入模拟信号之间（　　）关系。
   A. 成正比　　B. 成反比　　C. 无
2. 在 A/D 转换电路中，输出数字量的位数越多，分辨率（　　）。
   A. 越稳定　　B. 越低　　C. 越高
3. 集成模数转换器 ADC0809 可以锁存（　　）模拟信号。
   A. 4 路　　B. 8 路　　C. 16 路
4. 集成模数转换器 ADC0809 单极性模拟电压输入范围为（　　）。
   A. 5V　　B. −5～+5V　　C. 0～5V

5. 集成模数转换器 ADC0809 输出（　　）数字量。

A. 4 位　　B. 8 位　　C. 16 位

6. 集成模数转换器 ADC0809 的地址码为（　　）。

A. 3 位　　B. 4 位　　C. 8 位

三、判断题（判断正误并在括号内填 √ 或 ×）

1. ADC 电路是将连续变化的模拟量转换成有限位数的数字量。（　）

2. ADC 电路的取样—保持是对模拟信号的幅度进行周期性地取值并保持一段时间。（　）

3. 模数转换器 ADC0809 是 CMOS 类型。（　）

4. 模数转换器 ADC0809 转换方式是并联比较型。（　）

四、计算题

1. 有一个 4 位逐次逼近型数模转换电路，参考电压 $V_{REF} = 5V$，试计算：

（1）若输入的模拟电压为 1.25V，则 ADC 输出的数字量是多少？

（2）若输入的模拟电压为 3.00V，则 ADC 输出的数字量是多少？

（3）若输入的模拟电压为 4.58V，则 ADC 输出的数字量是多少？

（4）若输入的模拟电压为 5.00V，则 ADC 输出的数字量是多少？

2. A/D 转换电路如图 6-13 所示，将电位器的模拟电压值转换为数字量信号输出。

（1）模拟信号连接在哪个输入端？相应的地址码是多少？

（2）若电位器电压值调节为 2.50V，则输出的数字信号是多少？

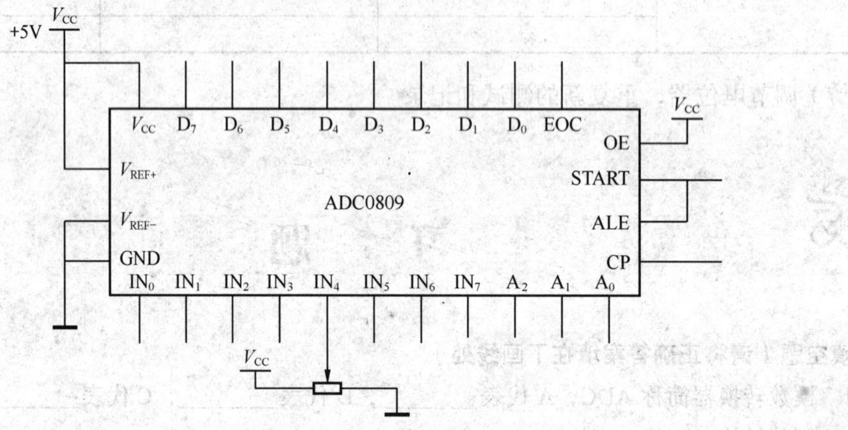

图 6-13　计算题 2

模块七 半导体存储器

半导体存储器是能够存储大量二进制信息的器件，可以存放各种程序、数据、资料等。存储器是数字系统和计算机中不可缺少的组成部分，半导体存储器因具有容量大、体积小、功耗低、存取速度快、使用寿命长等特点，在数字系统中应用很广泛。

半导体存储器的种类很多，按照存取功能的不同，分为只读存储器（Read-Only Memory，ROM）、随机存取存储器（Read Access Memory，RAM）和可编程逻辑器件（PLD）3 大类；按照制造工艺分类，存储器可以分为双极型和 MOS 型两种，其中 MOS 型存储器以功耗低、集成度高等优势在大容量存储器中应用广泛。

项目一 只读存储器

一、项目分析

只读存储器（ROM）用来存放永久性的、不变的数据，如常数、表格、设备管理程序等，通常只能读出数据而不能改写数据，即使断电，数据也不会丢失。从逻辑功能上讲，ROM 属于大规模组合逻辑电路。根据写入和擦除方式的不同，ROM 可分为掩膜 ROM、可编程 ROM（PROM）、紫外线擦除可编程 ROM（EPROM）、电擦除可编程 ROM（E^2PROM）和快擦写存储器（Flash Memory）。

掩膜只读存储器又称固定 ROM，这种 ROM 在制造时利用掩膜技术把信息写入存储器中，使用时用户无法更改，要改变其内容只能更换 ROM 芯片。ROM 芯片制作成本低，适合大批量生产。掩膜只读存储器可分为二极管 ROM、双极型三极管 ROM 和 MOS 管 ROM 3 种类型。

可编程 ROM 的结构与掩膜 ROM 类似，不同之处在于用户在使用时可以根据需要改写存储单元的内容。其中 PROM 属于一次性可编程的存储器，而 EPROM、E^2PROM 和 Flash Memory 属于多次性可编程的存储器。

二、相关知识

（一）只读存储器的结构

图 7-1 所示为 ROM 的结构框图，它主要由地址译码器、存储矩阵、输出电路等几部分

组成。

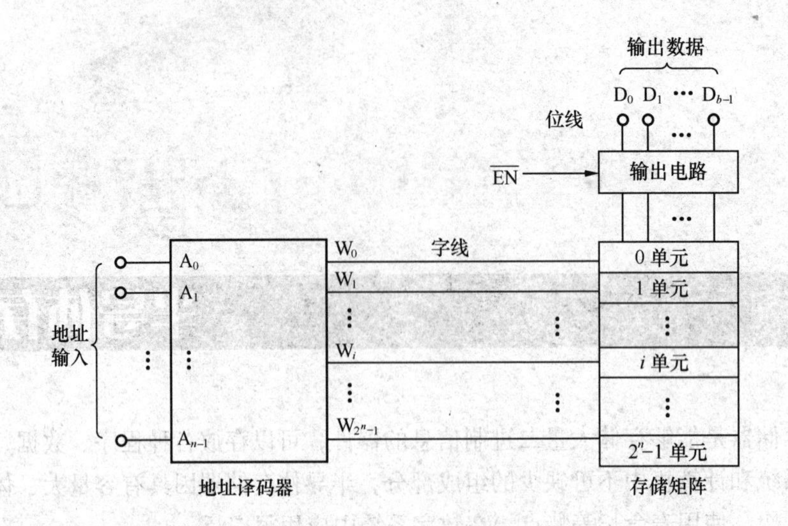

图 7-1 ROM 结构框图

地址译码器将输入的地址代码译成相应的单元地址控制信号，利用这个信号从存储矩阵中选出指定的存储单元，把此单元的数据送给输出电路。

存储矩阵由大量能存放一位二进制信息的存储单元组成，每个存储单元都有固定的地址。

输出电路一般用三态门作缓冲级，以提高带负载的能力。三态门的使能端，用于实现输出的三态控制，便于和总线连接。

（二）电路组成和读数

图 7-2（a）所示为可一次性编程的 ROM（PROM）存储单元结构，产品出厂后，每根字线与位线通过二极管连接，相当于存储的信息都是 1。用户使用前，要进行编程。如果该位存放的数据信息是 1，则结构不变；如果数据信息是 0，则通过编程高电压将连接二极管的熔丝烧断。可以看出，字线 W_0 与位线 D_0 连接，W_0 与 D_1 已断开。熔丝烧断后，不能再恢复原状。

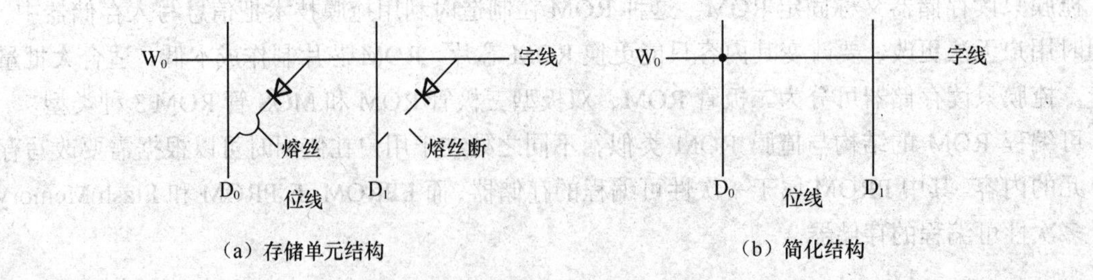

图 7-2 PROM 存储单元结构

图 7-2（b）所示为 PROM 的简化结构图，字线和位线交叉处的“·”表示通过二极管连接，存储的信息是 1。字线和位线交叉处不连接，存储的信息是 0。

存储器的规模用容量表示，容量为字数乘以数据位数。例如，图 7-3 所示的某存储器容量为 8×4 位，表示存储器可存 8 个字，每个字由 4 位数据组成。该存储器是由一个三线—八线译码器、二极管存储矩阵和三态门组成的。A_0、A_1、A_2 为输入地址码，可产生 W_0～W_7 8 个不同的地址，用来选择存储单元，W_0～W_7 称为字线。存储矩阵由二极管或门电路组成，连接到三态门的输入端。当三态门的控制端为低电平时，4 位存储数据 D_0～D_3 由三态门输出，D_0～D_3 也称为位线（或数据线）；当三态门的控制端为高电平时，输出为高阻态（Z），不同芯片的数据线可以方便地连接到数字系统的总线上。

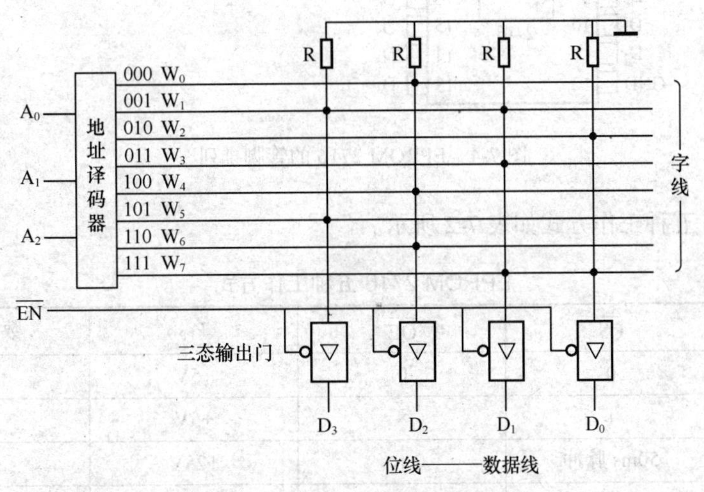

图 7-3　某 8×4 位 ROM 电路图

读数就是根据地址码将选中的存储单元的数据读出来。从图 7-3 中可以看出，当地址码为 000 时，选中的字线 W_0 为高电平，其他字线为低电平，所以从数据线 $D_3D_2D_1D_0$ 输出数据为 0 100。该存储器地址码与输出数据的关系如表 7-1 所示。

表 7-1　　某 8×4 位 ROM 的存储数据

地址码	选中字线	输出数据			
$A_2A_1A_0$		D_3	D_2	D_1	D_0
000	W_0	0	1	0	0
001	W_1	1	0	1	0
010	W_2	0	0	0	1
011	W_3	0	0	1	0
100	W_4	0	1	0	0
101	W_5	1	0	0	0
110	W_6	0	1	0	0
111	W_7	0	0	1	1

（三）集成只读存储器

图 7-4 所示为只读存储器 EPROM 2716 的管脚排列，它有 8 位数据线 D_0～D_7，即每个字 8 位数据。有 A_0～A_{10} 11 位地址码，因为 $2^{11}=2\times2^{10}=2K$ 字（1K = 1 024），所以它的容量为 2K×8 位。芯片中间有透明窗口，用紫外线照射 20min 以上，所有信息被擦除，故编程后要用黑色胶布贴住窗口，以防信息丢失。

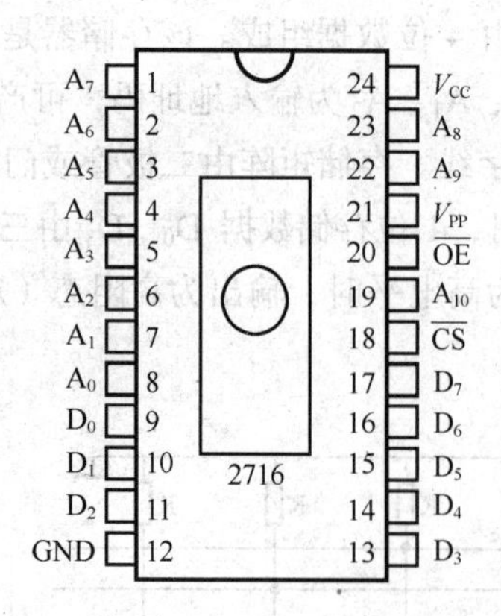

A_0～A_{10}：11 位地址码
D_0～D_7：8 位数据线
V_{CC}和 GND：+5V 电源和地
V_{PP} ：+25V 编程电压输入端
$\overline{CS}$：片选端
$\overline{OE}$：数据输出允许控制端

图 7-4 EPROM 2716 的管脚排列

EPROM 2716 五种工作方式如表 7-2 所示。

表 7-2 EPROM 2716 五种工作方式

工 作 方 式	$\overline{CS}$	$\overline{OE}$	V_{PP}	数据输出端 D
读数据	0	0	+5V	数据输出
维持	1	×	+5V	高阻
编程	50ms 脉冲	1	+25V	数据输入
编程禁止	0	1	+25V	高阻
编程校验	0	0	+25V	数据输出

（1）读数据方式。当 $\overline{CS}=0$、$\overline{OE}=0$，并有地址码输入时，从 D_0～D_7读出该地址单元的数据。

（2）维持方式。当$\overline{CS}=1$ 时，数据输出端 D_0～D_7 呈高阻隔离状态，此时芯片处于维持状态，电源电流下降到维持电流 27 mA 以下。

（3）编程方式。$\overline{OE}=1$，在 V_{PP}端加入 25V 编程电压，在地址线上输入单元地址，数据线上输入要写入的数据后，在$\overline{CS}$端送入 50 ms 宽的编程正脉冲，数据就被写入到由地址码确定的存储单元中。

（4）编程禁止。在编程方式下，如果$\overline{CS}$端不送入编程正脉冲，而保持低电平，则芯片不能被编程，此时为编程禁止方式，数据端为高阻隔离状态。

（5）编程检验。当 $V_{PP}=+25V$，$\overline{CS}$和$\overline{OE}$均为有效电平时，送入地址码，可以读出相应存储单元中的数据，以便检验。

（四）ROM 的应用

存储器可以用来存放二进制信息，也可以用来实现函数运算、代码转换和逻辑比较等。

1. 用 ROM 实现组合逻辑函数

因为 ROM 的地址译码器是一个“与”阵列，存储矩阵是可编程“或”阵列，所以很方便用来实现与—或形式的逻辑函数。利用 ROM 实现组合逻辑函数的步骤如下。

（1）列出函数的真值表或最小项表达式。

（2）选择合适的 ROM，绘出函数的阵列图。

【例题 7-1】 用 ROM 实现下列逻辑函数

$$Y_1 = \overline{A}\,\overline{B} + AB$$
$$Y_2 = \overline{B}\,\overline{C} + \overline{A}C$$
$$Y_3 = \overline{A}B\overline{C} + C$$

解：（1）利用公式 $A+\overline{A}=1$ 将上述函数式化为最小项表达式。

$$Y_1 = \overline{A}\,\overline{B} + AB = \sum(0,1,6,7)$$
$$Y_2 = \overline{B}\,\overline{C} + \overline{A}C = \sum(0,1,3,4)$$
$$Y_3 = \overline{A}B\overline{C} + C = \sum(1,2,3,5,7)$$

（2）把 ROM 中的 n 位地址作为逻辑函数的输入变量，则 ROM 的 n 位地址译码器的输出，是由输入变量组成的 2^n 个最小项，即实现了逻辑变量的"与"运算；ROM 中的存储矩阵是把有关的最小项相或后输出，实现了最小项的"或"运算，即形成了各个逻辑函数。与阵列中的垂直线代表与逻辑，交叉圆点代表与逻辑的输入变量；或阵列中的水平线代表或逻辑，交叉圆点代表字线输入。

实现这 3 个函数的逻辑图如图 7-5 所示。

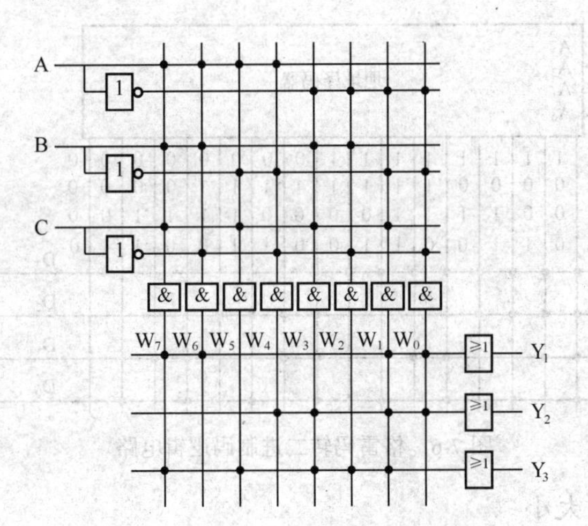

图 7-5 用 ROM 来实现组合逻辑函数

2. 将格雷码变换为二进制数码

格雷码属于可靠性编码，在生产设备上格雷码应用较多，但格雷码是无权码，为了计算方便，可利用 ROM 将格雷码变换为二进制数码。设格雷码为 A、B、C、D，每位分别接入存储器的地址线 A_3～A_0，从存储器的数据输出线 D_3～D_0 输出二进制数码 Y_3～Y_0。格雷码与二进制数码转换表如表 7-3 所示。

表 7-3 格雷码与二进制数码转换表

格雷码 ABCD				二进制数码 $Y_3Y_2Y_1Y_0$			
A_3	A_2	A_1	A_0	D_3	D_2	D_1	D_0
0	0	0	0	0	0	0	0

续表

格雷码 ABCD				二进制数码 $Y_3Y_2Y_1Y_0$			
0	0	0	1	0	0	0	1
0	0	1	1	0	0	1	0
0	0	1	0	0	0	1	1
0	1	1	0	0	1	0	0
0	1	1	1	0	1	0	1
0	1	0	1	0	1	1	0
0	1	0	0	0	1	1	1
1	1	0	0	1	0	0	0
1	1	0	1	1	0	0	1
1	1	1	1	1	0	1	0
1	1	1	0	1	0	1	1
1	0	1	0	1	1	0	0
1	0	1	1	1	1	0	1
1	0	0	1	1	1	1	0
1	0	0	0	1	1	1	1

根据表 7-3 可绘出格雷码转换二进制码的逻辑电路如图 7-6 所示。

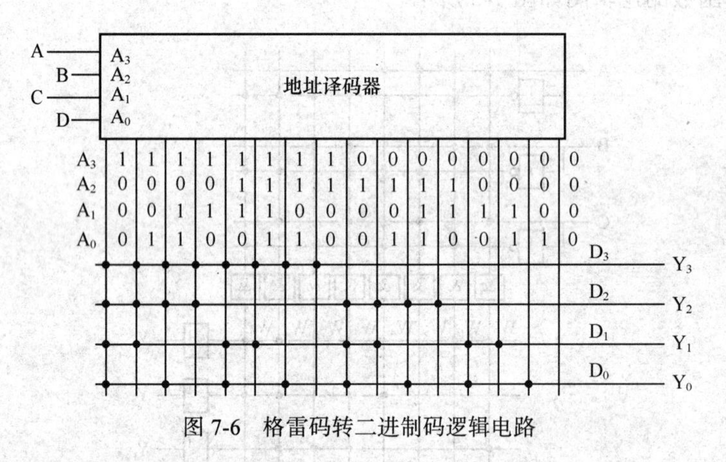

图 7-6　格雷码转二进制码逻辑电路

3. 比较两个数的大小

数控设备工作时，系统对运动部件的实际轨迹与程序设定轨迹做实时比较判断，并对差值进行修正，以保证实际轨迹与程序设定轨迹重合。设两个 2 位二进制数据 A、B 分别代表实际轨迹与程序设定轨迹，利用 ROM 进行 A、B 两个数据比较判断，A 数据接地址线 A_3A_2，B 数据接地址线 A_1A_0，若 $A > B$，则数据输出线 D_2 输出为 1；若 $A = B$，则 D_1 输出为 1；若 $A < B$，则 D_0 输出为 1。A、B 两个数据比较判断结果如表 7-4 所示。

表 7-4　　A、B 数据比较判断表

A 数据（A_3A_2）		B 数据（A_1A_0）		D_2	D_1	D_0
0	0	0	0	0	1	0
0	0	0	1	0	0	1
0	0	1	0	0	0	1
0	0	1	1	0	0	1

续表

A 数据（A_3A_2）		B 数据（A_1A_0）		D_2	D_1	D_0
0	1	0	0	1	0	0
0	1	0	1	0	1	0
0	1	1	0	0	0	1
0	1	1	1	0	0	1
1	0	0	0	1	0	0
1	0	0	1	1	0	0
1	0	1	0	0	1	0
1	0	1	1	0	0	1
1	1	0	0	1	0	0
1	1	0	1	1	0	0
1	1	1	0	1	0	0
1	1	1	1	0	1	0

根据表 7-4 可绘出 A、B 两个数据的比较判断逻辑电路如图 7-7 所示。

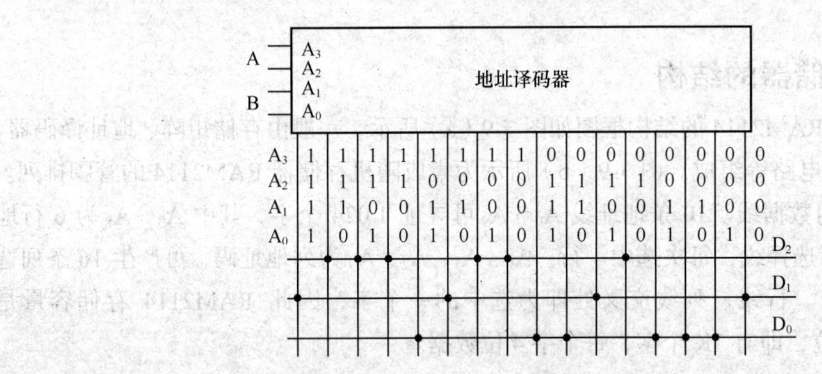

图 7-7　A、B 数据比较判断逻辑电路图

习　题

1. ROM、PROM、EPROM 和 E^2PROM 各有什么特点？
2. 试用 16 × 4 位的 ROM 将二进制数码变换为格雷码。
3. 图 7-8 所示电路为用 4 × 3 位 ROM 实现的组合逻辑电路，试写出输出 Y_2、Y_1、Y_0 的逻辑函数式。

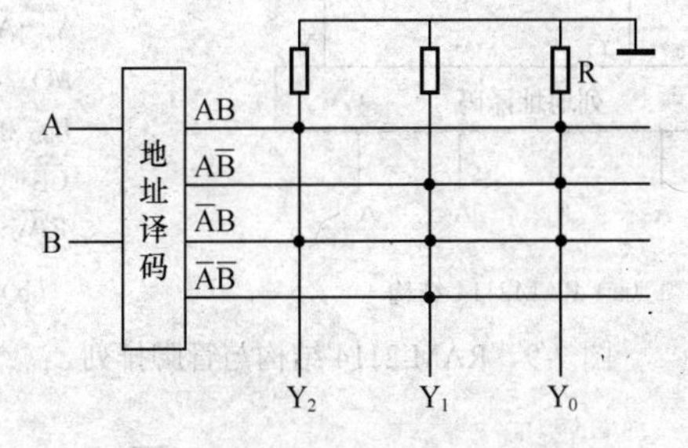

图 7-8　4 × 3 位的 ROM 逻辑电路

4. 用 4 × 3 位 ROM 实现下列函数。

$$Y_2 = AB + \overline{A}\,\overline{B} \quad Y_1 = A + \overline{B} \quad Y_0 = \overline{A}\,\overline{B}$$

项目二　随机存储器

一、项目分析

随机存储器（RAM）可以随时对选中的存储单元进行信息的存入（写）或取出（读），但电源断电时，所有的信息都会消失。随机存储器的特点是存取速度快，易与控制中心 CPU 的速度相匹配，一般被用做控制中心的主存储器。

二、相关知识

（一）随机存储器的结构

随机存取存储器 RAM2114 的结构框图如图 7-9（a）所示，一般由存储矩阵、地址译码器、片选控制和读/写控制电路等组成。图 7-9（b）所示为集成随机存储器 RAM2114 的管脚排列。I/O_0～I/O_3 为 4 条双向数据线。10 条地址线 A_0～A_9 可寻址 1 024 个字，其中 A_3～A_8 为 6 行地址码，可产生 64 条行选择线，每次选中一行。A_0、A_1、A_2、A_9 为列地址码，可产生 16 条列选择线，每次选中一列。行线、列线交叉处即为选中的一个字，因此 RAM2114 存储容量是 64 × 16 × 4 = 1K × 4 位，即有 1K 个字，每个字 4 位数据。

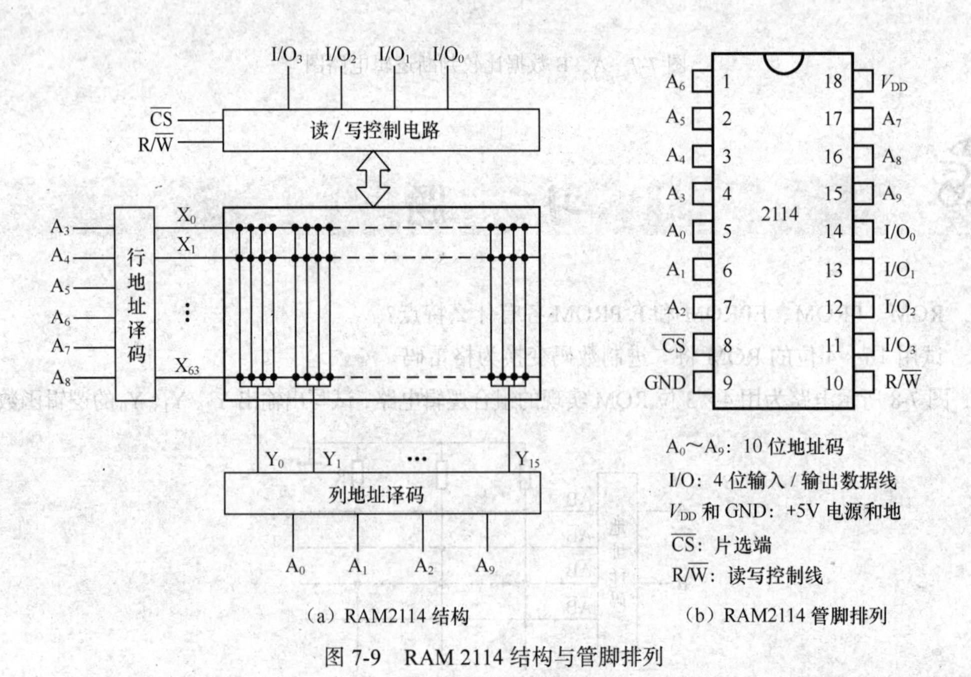

（a）RAM2114 结构　　（b）RAM2114 管脚排列

图 7-9　RAM 2114 结构与管脚排列

当片选信号 $\overline{CS} = 0$ 时，芯片被选中，读写控制线 $R/\overline{W} = 0$ 时，进行写入操作，4 位输入/

输出数据线上的数据同时写入存储单元；读写控制线 $R/\overline{W}=1$ 时，进行读数操作，存储单元的 4 位数据同时传送到输入/输出数据线上。当片选信号 $\overline{CS}=1$ 时，芯片被禁止，该芯片数据线处于高阻状态，不能进行读写操作，这样 RAM 可方便地进行字扩展和位扩展。

（二）RAM 容量扩展

RAM 在使用过程中如果容量不够，可以对数据位和字容量进行扩展。

1. 位扩展

位扩展的方法是将几片相同型号的存储器对应的地址线、片选线和读/写控制线并联使用，各片的数据线并列使用即可。用 2 片 RAM2114 构成的 1K × 8 位存储器逻辑电路如图 7-10 所示。

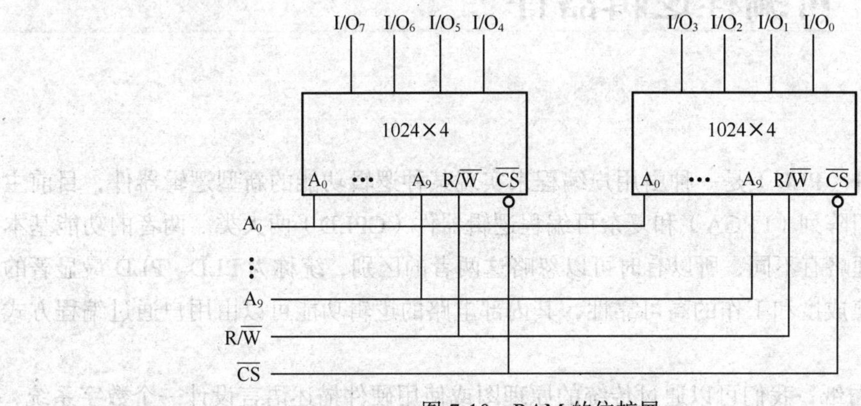

图 7-10 RAM 的位扩展

2. 字扩展

用型号相同的存储器进行字扩展时，各片数据线、地址线和读/写控制线并联使用。另外增加地址线，利用片选线和译码电路使各个存储器分时工作即可。使用两片 RAM 2114 构成的存储容量为 2K × 4 位的存储器逻辑电路如图 7-11 所示。当地址线 A_{10} 为 0 时，片 1 被选中，片 2 被禁止；当地址线 A_{10} 为 1 时，片 2 被选中，片 1 被禁止。

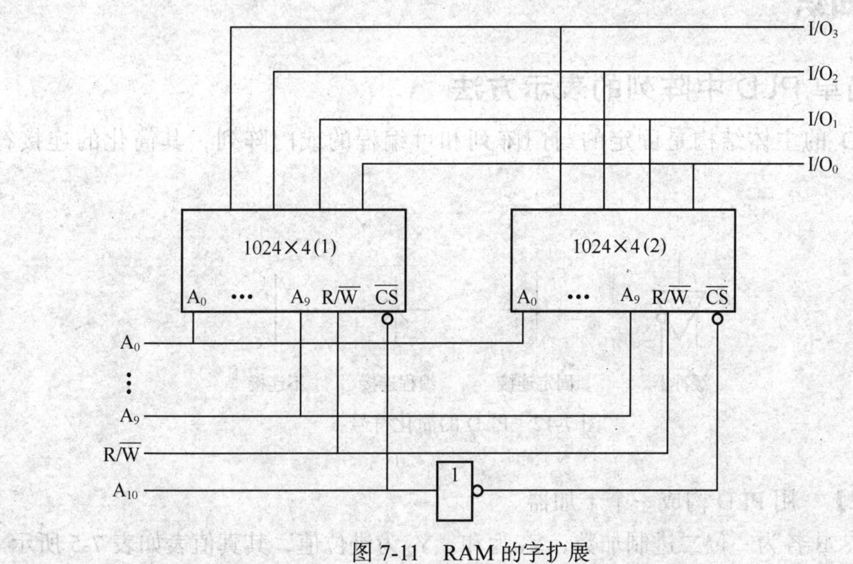

图 7-11 RAM 的字扩展

习　题

1. 试绘出用 4 片 RAM2114 构成的 1K × 16 位的存储器逻辑电路。

2. 试绘出用 4 片 RAM2114 和 3 线–8 线译码器 74LS138 构成的 4K × 4 位的存储器逻辑电路。

*项目三　可编程逻辑器件

一、项目分析

可编程逻辑器件（PLD）是一种由用户编程来实现某种逻辑功能的新型逻辑器件，目前主要分为现场可编程门阵列（FPGA）和复杂可编程逻辑器件（CPLD）两大类。两者的功能基本相同，只是实现原理略有不同，所以有时可以忽略这两者的区别，统称为 PLD。PLD 最显著的特点是高速度、高集成度和工作的高可靠性，其内部电路的逻辑功能可以由用户通过编程方式写入芯片。

PLD 如同一张白纸，我们可以通过传统的原理图或使用硬件描述语言设计一个数字系统，通过编程方式输入 PLD 后制作出自己专用的集成电路。通过软件仿真，可以事先验证设计的正确性。在电路板完成以后，还可以利用 PLD 的在线修改能力，随时修改设计而不必改动硬件电路。使用 PLD 来开发数字电路，可以大大缩短设计时间，减少电路板的面积，提高系统的可靠性。上述优点使得 PLD 技术得到飞速的发展，在先进的自动化控制设备上已广泛使用了 PLD 器件。

二、相关知识

（一）简单 PLD 中阵列的表示方法

简单 PLD 的主体结构是固定的与门阵列和可编程的或门阵列，其简化的连接符号如图 7-12 所示。

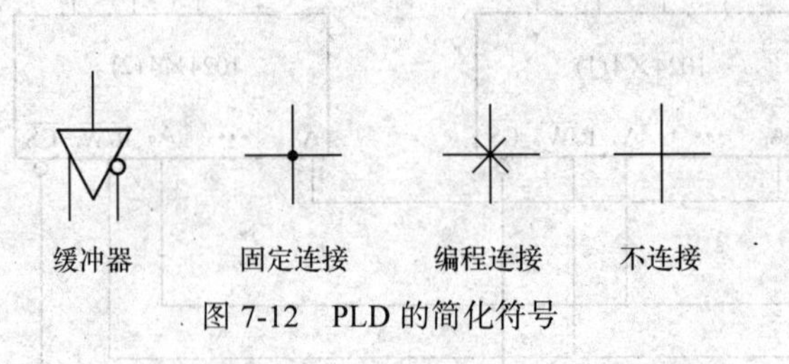

图 7-12　PLD 的简化符号

【例题 7-2】　用 PLD 构成一个半加器。

解：设 A、B 各为一位二进制加数，Y_1 为和，Y_2 为进位值，其真值表如表 7-5 所示。

表 7-5　　例题 7-2 的真值表

A	B	Y_1	Y_2
0	0	0	0
0	1	1	0
1	0	1	0
1	1	0	1

由真值表可得出半加器的逻辑表达式为

$$Y_1 = \overline{A}B + A\overline{B} \qquad Y_2 = AB$$

在简单的 PLD 中，固定的与门阵列包含了逻辑函数的全部最小项，所以在可编程的或门阵列中选择相应的编程点连接即可完成逻辑电路。将输出端 Y_1、Y_2 与输入端 A、B 的逻辑关系写入 PLD 中，即构成半加器逻辑电路，如图 7-13 所示。

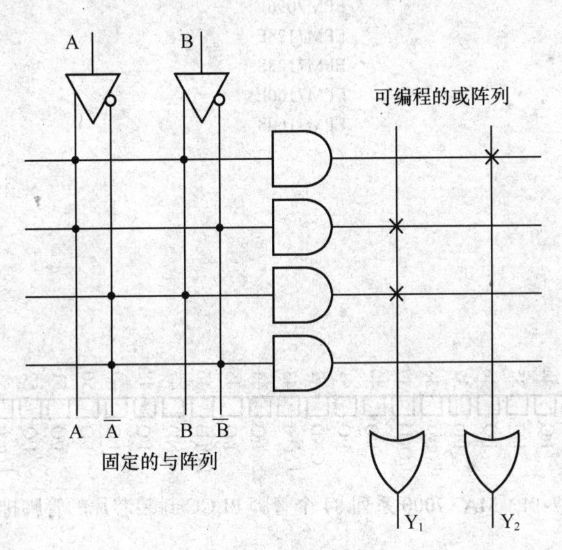

图 7-13　PLD 构成的半加器

（二）Altera 公司的可编程逻辑器件和软件

Altera 公司是生产 PLD 器件的著名厂商，其产品 MAX7000 系列（属于 CPLD 种类）在国内使用的较多。MAX7000 器件利用 CMOS_E^2PROM 单元来实现逻辑功能，MAX7000 系列器件包含 32～256 个宏单元，每个宏单元扩展后可多达 32 个乘积项。

MAX7000 系列 84 个管脚 PLCC 封装芯片的管脚排列如图 7-14 所示，可根据需要将 I/O 口设置为输入端口或输出端口。

MAX + plus Ⅱ是 Altera 公司推出的第三代 CPLD 应用软件，它操作简单，不需要使用者精通器件的内部结构，使用者可以用自己熟悉的设计方式（原理图或硬件描述语言）输入设计项目。

用 MAX + plus Ⅱ进行设计和编程的流程图如图 7-15 所示，主要包含以下 5 个步骤：新建项目、设计输入、项目编译与仿真、器件选择与管脚锁定、器件编程。

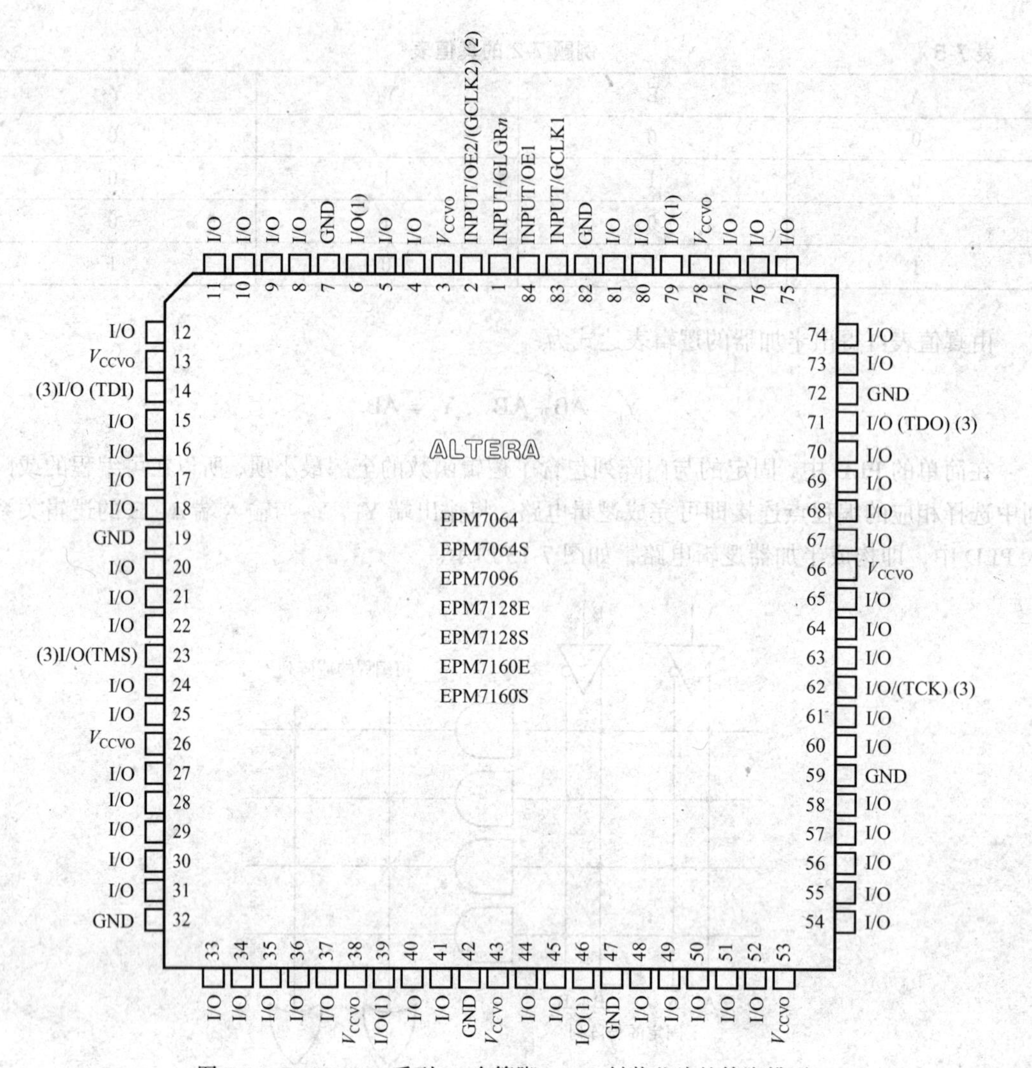

图 7-14　MAX7000 系列 84 个管脚 PLCC 封装芯片的管脚排列

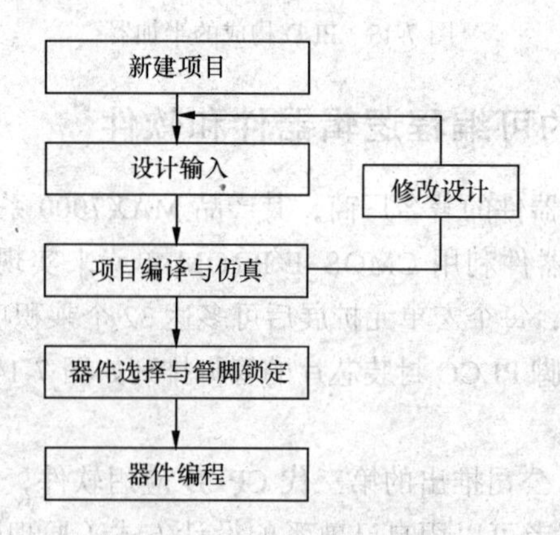

图 7-15　PLD 设计和编程的流程图

（三）用 PLD 构成组合逻辑门电路

用 PLD 构成一个如图 7-16 所示的组合逻辑门电路。

图 7-16 所示的组合逻辑门电路有 2 个输入端和 5 个输出端，输出与输入的逻辑关系分别是与、或、非、与非和异或。逻辑表达式分别为

$$Y_1 = AB \qquad Y_2 = A + B \qquad Y_3 = \overline{A} \qquad Y_4 = \overline{AB} \qquad Y_5 = A \oplus B$$

因为 74 系列集成电路芯片只有单一的逻辑功能，所以用 74 系列集成电路芯片构成图 7-16 所示电路时需要用 5 片相关逻辑芯片，而用可编程逻辑器件只需要 1 片芯片就可以完成。可以看出，用可编程逻辑器件可以构成满足用户特别需要的专用集成电路，这个集成电路甚至可以容纳用户整个数字控制系统。

用编程软件 MAX + plus Ⅱ 进行设计的原理图如图 7-17 所示。

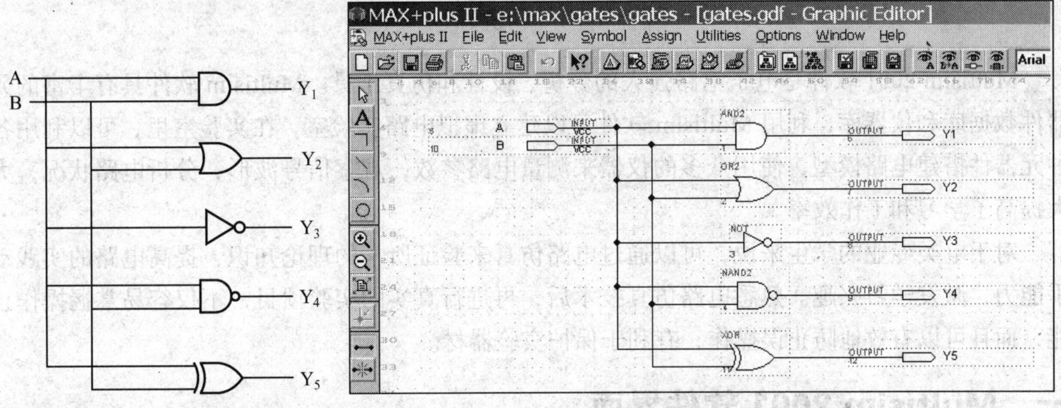

图 7-16　组合逻辑门电路　　　　图 7-17　组合逻辑门电路原理图

管脚锁定就是用户根据自己硬件电路的需求，将电路原理图中的输入、输出信号管脚与实际器件的 I/O 管脚一一对应起来。管脚锁定信息如表 7-6 所示。

表 7-6　　PLD 管脚锁定信息

信　号	A	B	Y_1	Y_2	Y_3	Y_4	Y_5
管　脚	56	57	30	31	33	34	35

在专用编程器上将原理图信息及管脚锁定信息写入 PLD 芯片，就构成一个如图 7-16 所示的组合逻辑门电路。同样，用 PLD 芯片也可以构成时序逻辑电路。

习　题

1. 什么是 PLD？PLD 主要分为哪两大类？PLD 有什么优点？
2. 用编程软件 MAX + plus Ⅱ 进行设计主要包含哪几个步骤？

Multisim 2001 软件是电子电路强大的分析、设计和仿真工具。Multisim 软件具有丰富的元器件数据库和仪器库，利用 Multisim 软件可以建立虚拟电路实验室，在实验室里，可以利用各种元器件搭建电路模型，使用众多的仪器来测量电路参数，观察信号波形，分析电路状况，大大提高了学习和工作效率。

对于电类专业的学生来说，可以通过电路仿真来验证所学的理论知识，提高电路的实践动手能力，激发学习兴趣。熟悉电路仿真技术后，再进行真实的实验项目，不仅容易掌握操作技能，而且可以有效地防止误操作，有利于保护实验器材。

一、Multisim 2001 软件界面

运行 Multisim 2001 软件后，主界面如图 A1 所示。

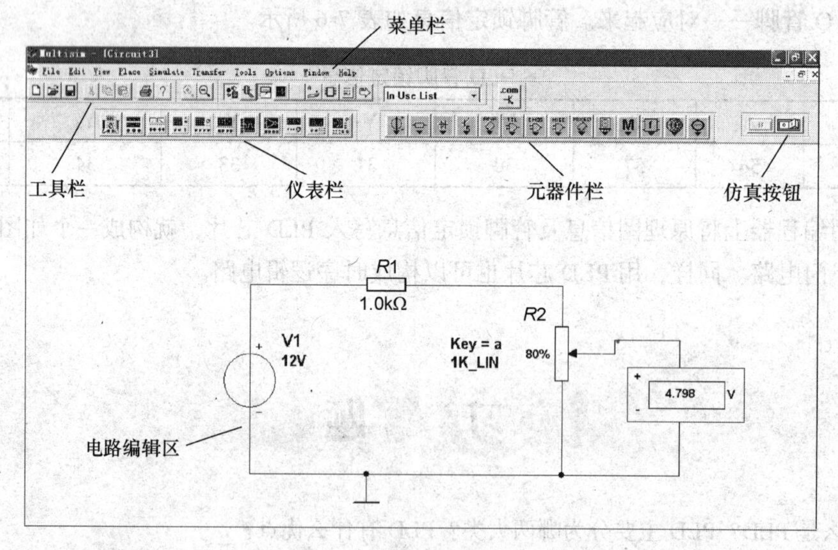

图 A1　Multisim 2001 软件主界面

1. 菜单栏

与所有的 Windows 应用程序一样，可以在菜单栏中找到各个功能的命令。Multisim 2001 的菜单栏中包括 10 个菜单项，即【File】文件菜单，【Edit】编辑菜单，【View】视图菜单，【Place】

放置菜单,【Simulate】仿真菜单,【Transfer】传递菜单,【Tools】工具菜单,【Options】系统设置菜单,【Windows】窗口菜单,【Help】帮助菜单。

2. 工具栏

使用工具栏上的按钮操作可以更快捷地创建文件，仿真和分析电路，以及输出数据。工具栏上的按钮和功能如图 A2 所示。

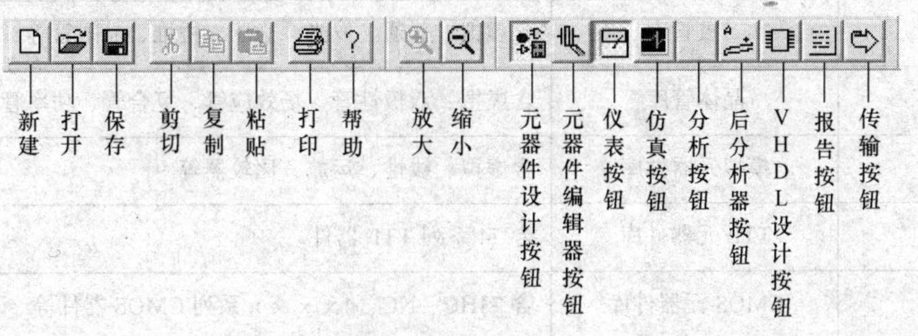

图 A2 工具栏

3. 仪表栏

Multisim 2001 软件提供的 11 种仪表的名称和类型如图 A3 所示。

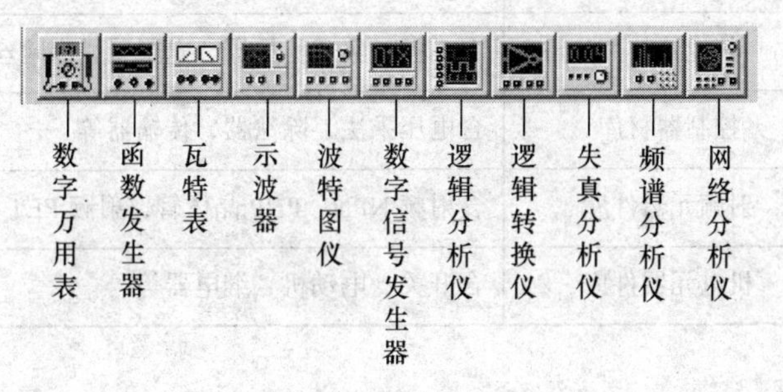

图 A3 仪表栏

4. 元器件栏

元器件栏由 14 个元器件库的图标构成，如图 A4 所示。

图 A4 元器件栏

Multisim 2001 软件将所有元器件模型放在 14 个元器件库中，单击元器件栏上的图标按钮，可以打开元器件库内部的子元器件库。各子元器件库的内部元器件如表 A1 所示。

表 A1　　　　　　　　　　　　元器件库

库 图 标	名 称	内部子元器件
	电源库	接地、交（直）流电源、交流信号源、受控源等
	基本元器件库	电阻器、电容器、电感器、变压器、开关、继电器等
	二极管库	含虚拟、普通、发光、稳压、桥堆、晶闸管等
	晶体管库	含虚拟、双极性管、场效应管、复合管、功率管等
	模拟元器件库	含虚拟、线性、运放、比较器等
	TTL 元器件库	含 74 系列 TTL 器件
	CMOS 元器件库	含 74HC、NC、4××××系列 CMOS 器件等
	其他元器件库	含 TTL、RAM、ROM、VHDL、LINE 器件等
	混合元器件库	含 ADC、DAC、555 定时器、模拟开关等
	显示器材库	含电压表、电流表、指示灯、数码管等
	其他器材库	含晶振、集成稳压器、电子管、保险丝等
	控制器材库	含电压乘法、除法器，传输器等
	射频元器件库	含射频 NPN、PNP 晶体管，射频 FET 等
	机电元器件库	含开关、电动机、继电器等

5. 电路编辑区

电路编辑区即绘图区，将元器件和仪表模型拖到电路编辑区合适位置进行连接电路。

6. 仿真按钮

仿真按钮有“运转”、“停止”和“暂停”3 个位置。电路连接完毕后，可根据需要按下仿真按钮进行电路测试。

二、操作环境设置

1. 符号标准设置

软件默认设置采用的符号标准为美国标准，由于我国的标准与欧州标准相近，因此将符号标准栏的设置改为欧州标准，其他设置均采用默认设置。

单击【Options】系统设置菜单→【Preferences】→【Component Bin】，选择欧州标准后单击“OK”按钮，如图 A5 所示。

2. 符号显示和元器件颜色设置

为了适应不同的电路要求和用户习惯，可根据需要设置是否显示电路元器件的符号、序号、参数值等信息，还可以设置图纸背景颜色和元器件颜色。

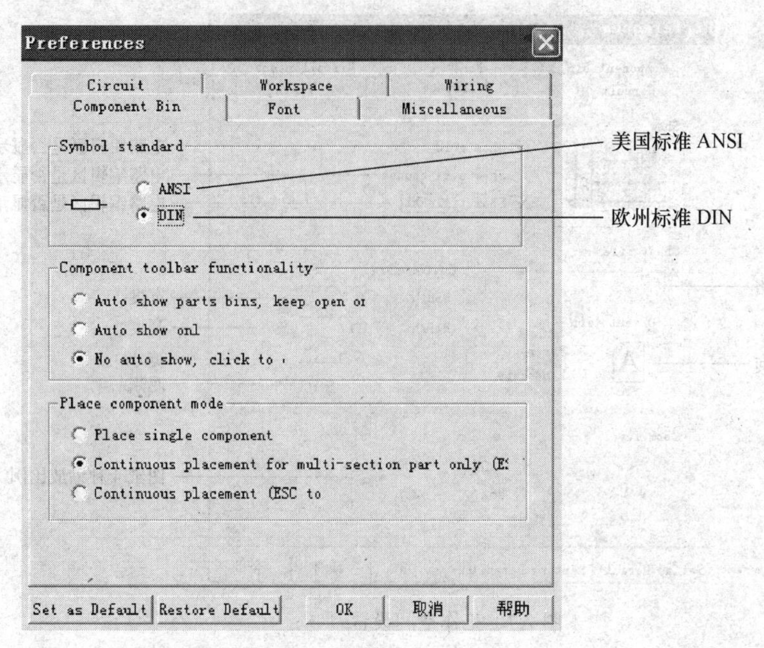

图 A5 符号标准设置

单击【Options】→【Preferences】→【Circuit】，按图 A6 所示进行设置。

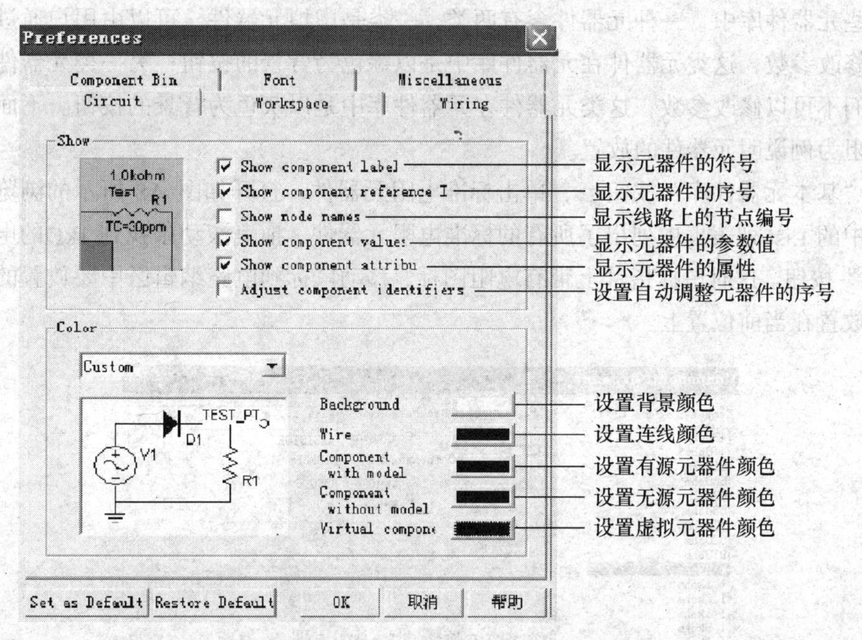

图 A6 参数显示和元器件颜色设置

3. 工作空间设置

工作空间设置是指对图纸格式、图纸规格、摆放方向以及图纸缩放比例进行设置。

单击【Options】→【Preferences】→【Workspace】，按图 A7 所示进行设置。

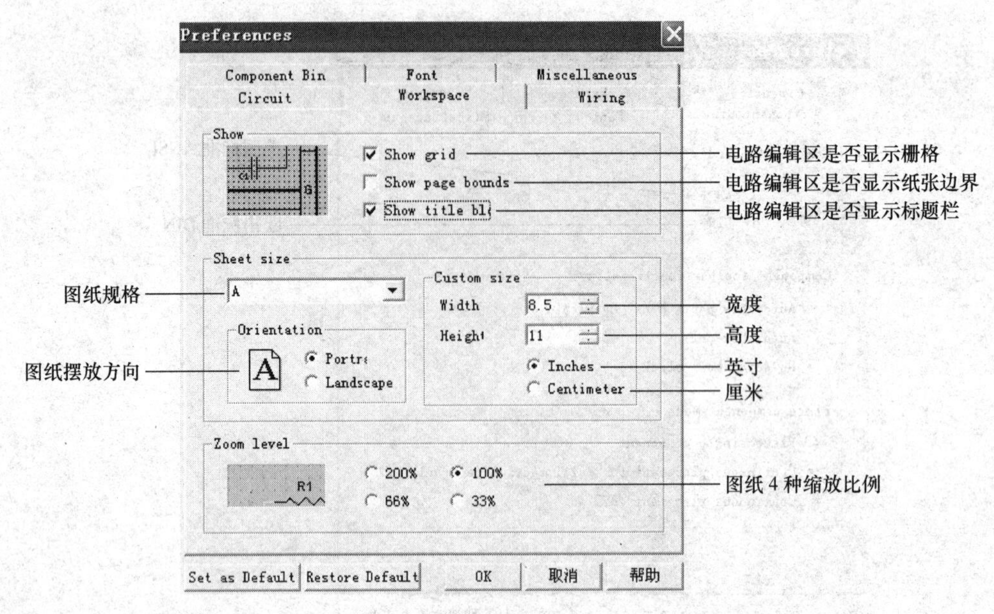

图 A7　工作空间设置

三、创建电路

1. 元器件的放置

在有些元器件库中，一种元器件含有两类，一类是虚拟元器件，可以由用户通过其属性对话框任意修改参数，这类元器件在元器件库中是以绿色为背景的按钮；另一类元器件是标准元器件，它们不可以修改参数，这类元器件在元器件库中是以灰色为背景的按钮。下面以取用 1 只 1kΩ电阻为例说明元器件的放置。

单击“基本元器件库”按钮，单击标准电阻元器件，打开如图 A8 所示的浏览对话框，在对话框中的 List 列表框中列出了所有的标准电阻元器件，拖曳滚动条找到 1kΩ的电阻，然后单击“OK”按钮。这时鼠标指针上带有电阻图标，移动鼠标到电路编辑区中要放置的位置后单击，将它放置在当前位置上。

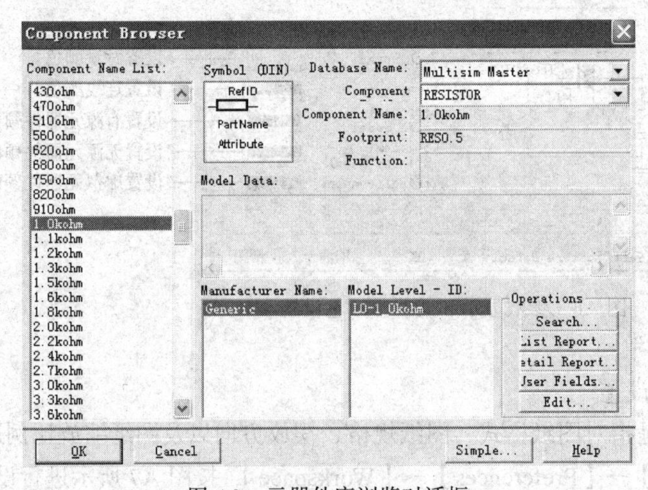

图 A8　元器件库浏览对话框

电路中至少要使用一个接地符号，因为没有接地符号的电路不能通过仿真。

2. 元器件的连接

元器件在电路编辑区放置好后，就可以将元器件连接起来。单击要连接元器件管脚的一端，拖动光标至另一个元器件的管脚处（或电路的导线上）并单击，系统就会用导线自动将两个管脚连接起来，并在“T”形交叉处自动放置一节点，如图 A9 所示。

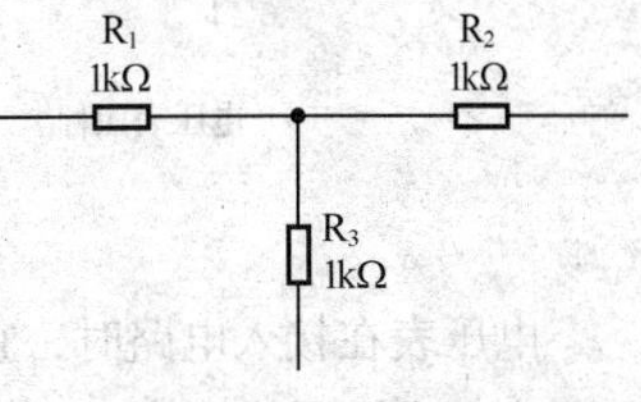

图 A9 元器件的连接

对于两条交叉而过的导线，系统不会自动放置节点。若需要放置节点，可通过执行【Place】放置菜单→【Junction】节点命令；或在电路窗口右击，在弹出的快捷菜单中执行此命令；或利用快捷键 Ctrl + J 来放置电路节点。

3. 开关的使用

在基本元器件库中选取开关元器件放置到电路编辑区后，要设置开关元器件的属性。双击开关元器件图标，弹出如图 A10 所示的开关元器件浏览对话框。开关元器件的默认设置是 Space（空格）键，可以修改为 A～Z 键。在电路中每按一次定义键，开关闭合或断开一次。

4. 电位器的使用

在基本元器件库中选取电位器元器件放置到电路编辑区后，要设置电位器元器件的属性。双击电位器元器件图标，弹出如图 A11 所示的电位器元器件浏览对话框。电位器元器件的默认设置是 a 键为阻值减小键，A（Shift + a）键为阻值增大键。阻值变化率的默认设置为 5%，可以根据需要进行调整。

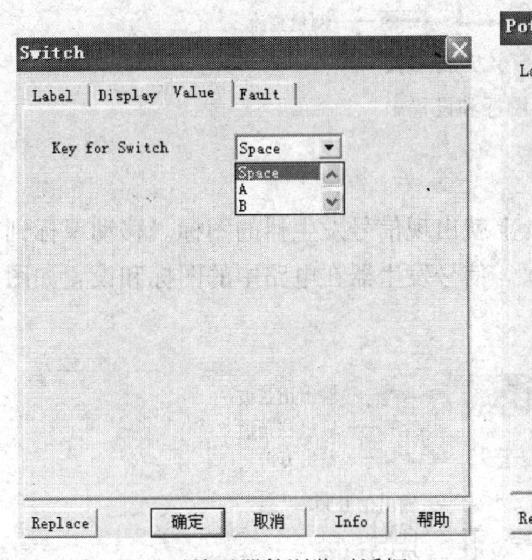

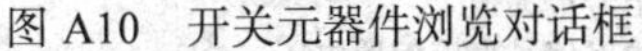

图 A10 开关元器件浏览对话框

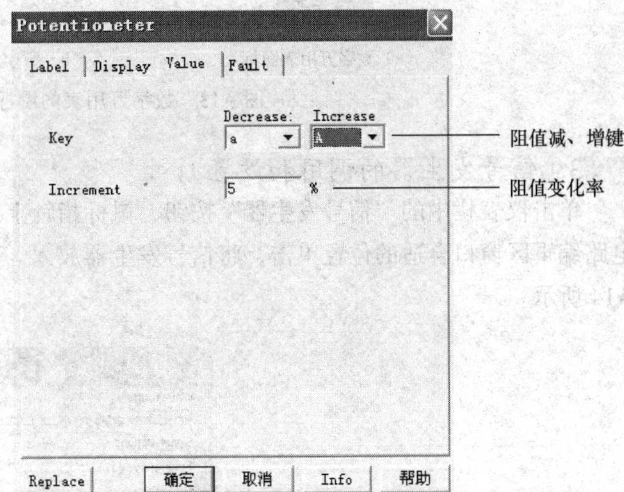

图 A11 电位器元器件浏览对话框

四、虚拟仪表的使用

1. 电压表的调用和设置

调用电压表时可以单击元器件栏中的“显示器材库”按钮，在弹出的元器件库中单击电压表图标，在 Mode 下拉列表中选择一种放置方向适合电路极性的电压表，然后单击“OK”按钮。移动鼠标到电路编辑区窗口合适的位置单击，将电压表图标放入。电压表在电路中的图标和设置如图 A12 所示。

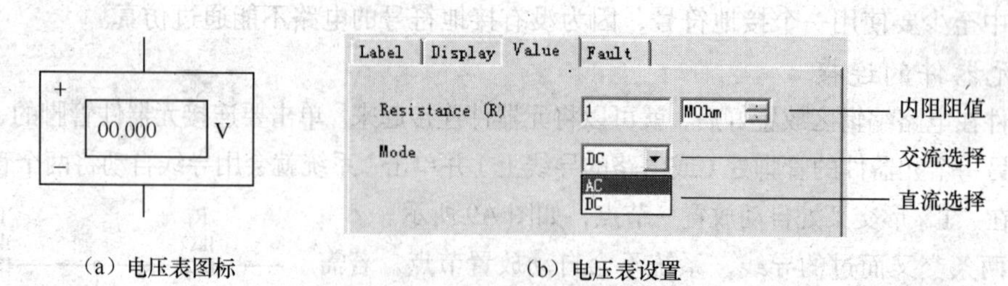

（a）电压表图标　　　　（b）电压表设置

图 A12　电压表的图标和设置

电压表在接入电路时，它的两个端子应与被测电路并联。并应根据电路极性选择交、直流电压表，在测量直流电压时应注意正、负极性。

2. 数字万用表的调用和设置

单击仪表栏中的“数字万用表”按钮，鼠标指针上就出现数字万用表的图标。移动鼠标到电路编辑区窗口合适的位置单击，将数字万用表图标放入。数字万用表在电路中的图标和设置如图 A13 所示。

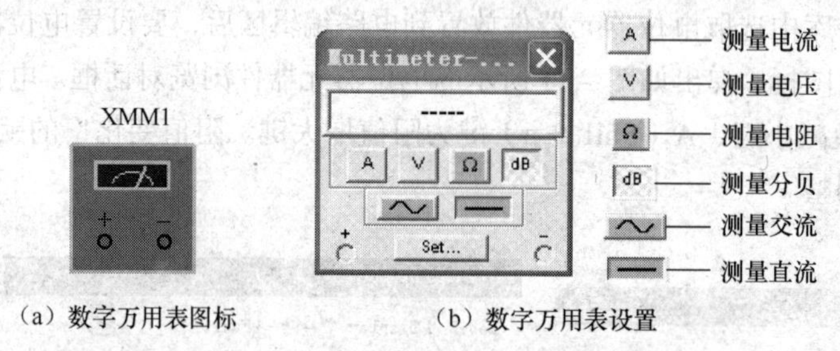

（a）数字万用表图标　　　　（b）数字万用表设置

图 A13　数字万用表的图标和设置

3. 信号发生器的调用和设置

单击仪表栏中的“信号发生器”按钮，鼠标指针上就出现信号发生器的图标。移动鼠标到电路编辑区窗口合适的位置单击，将信号发生器放入。信号发生器在电路中的图标和设置如图 A14 所示。

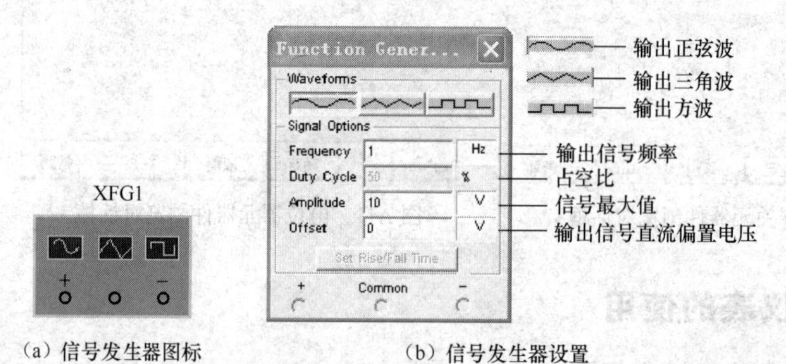

（a）信号发生器图标　　　　（b）信号发生器设置

图 A14　信号发生器的图标和设置

4. 示波器的调用和设置

单击仪表栏中的“示波器”按钮，鼠标指针上就出现示波器的图标。移动鼠标到电路编辑区窗口合适的位置单击，将示波器放入。示波器在电路中的图标和端子功能如图 A15 所示。

双击示波器图标，弹出其面板窗口，如图 A16 所示。面板上分有几个区域，下面分别对各区域的功能和设置进行介绍。

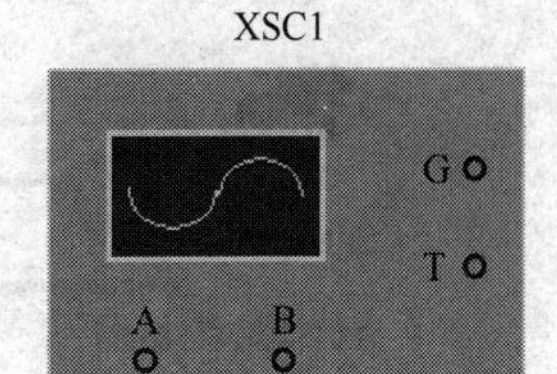

① 波形显示区

功能与设置如图 A17 所示。

② 时基控制、设置区

功能与设置如图 A18 所示。

XSC1
G
T
A
B
A：A 通道输入
B：B 通道输入
T：外触发输入
G：接地端

图 A15　示波器的图标和端子功能

Oscilloscope-XSC1
T1
VA1
VB1
19.3 s
-138.2mV
T2
VA2
VB2
19.3 s
175.9mV
T2-T1
VA2-VA1
VB2-VB1
1.0ms
314.1mV
Reverse
Save
Ground
Timebase
Scale 200 μs/Div
X position 0.0
Y/T Add B/A A/B
Channel A
Scale 5 V/Div
Y position 0.0
AC 0 DC
Channel B
Scale 5 V/Div
Y position 0.0
AC 0 DC -
Trigger
Edge
Level 0 V
Sing. Nor. Auto A B Ext

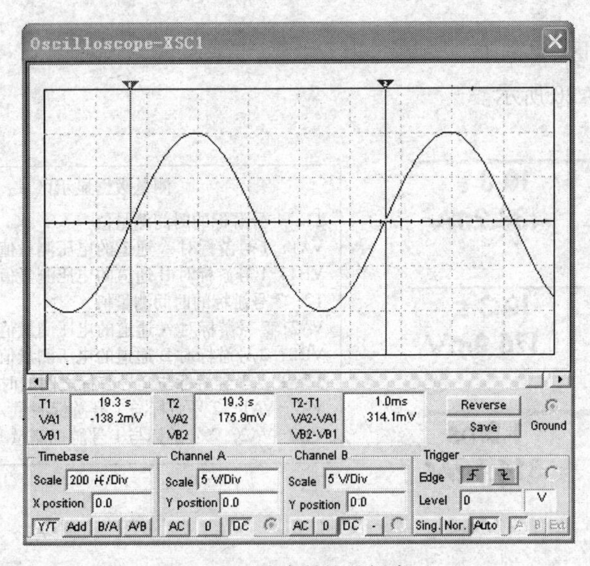

图 A16　示波器的面板窗口

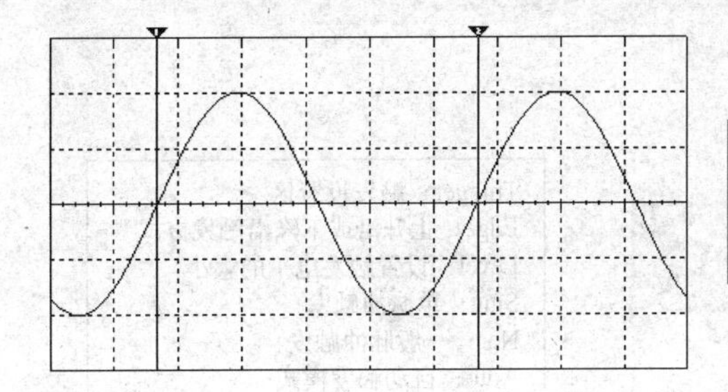

用来显示 A、B 两个通道的波形
在屏幕上有两个可以移动的游标 1
和游标 2，此游标的功能是为了在
数据显示区获得测量数据

图 A17　波形显示区

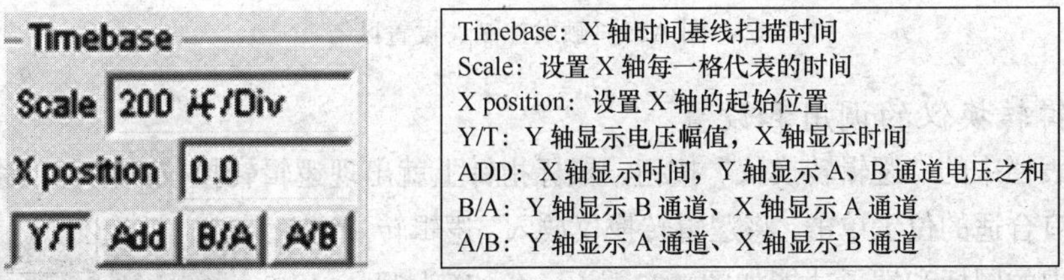

Timebase
Scale 200 μs/Div
X position 0.0
Y/T Add B/A A/B
Timebase：X 轴时间基线扫描时间
Scale：设置 X 轴每一格代表的时间
X position：设置 X 轴的起始位置
Y/T：Y 轴显示电压幅值，X 轴显示时间
ADD：X 轴显示时间，Y 轴显示 A、B 通道电压之和
B/A：Y 轴显示 B 通道、X 轴显示 A 通道
A/B：Y 轴显示 A 通道、X 轴显示 B 通道

图 A18　时基控制、设置区

③ A 通道的控制、设置区

功能与设置如图 A19 所示。

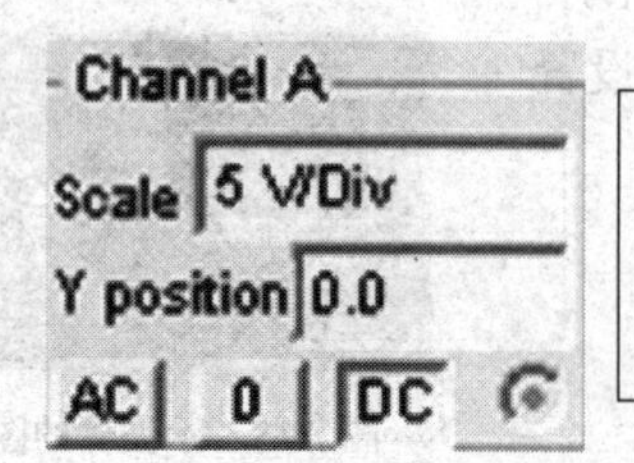

Scale：设置 Y 轴每一格代表的幅值
Y position：设置时间基线在屏幕中的上下位置
AC：只显示输入信号的交流分量
0：输入信号对地短路
DC：显示输入信号的交直流之和

图 A19　A 通道的控制、设置区

④ 测量数据选择区

功能与设置如图 A20 所示。

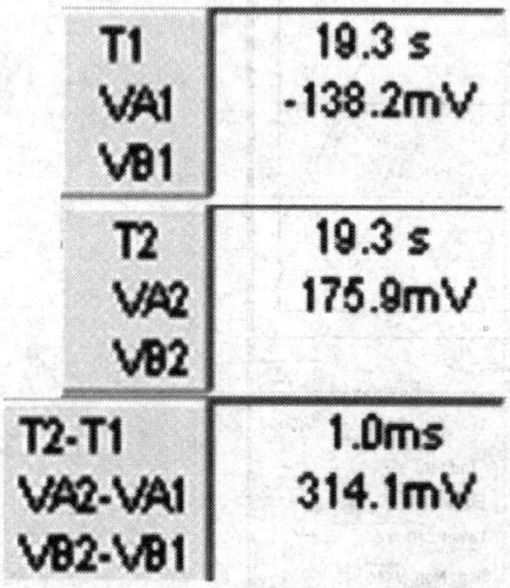

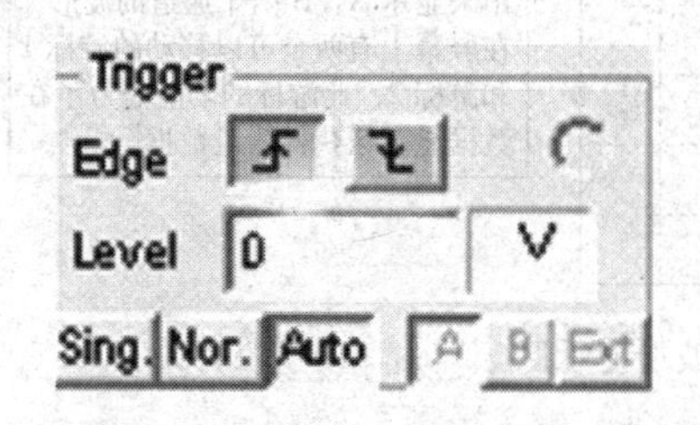

测量数据显示区
T1：1 号游标的时间测量值
VA1：1 号游标对 A 通道的电压测量值
VB1：1 号游标对 B 通道的电压测量值
T2：2 号游标的时间测量值
VA2：2 号游标对 A 通道的电压测量值
VB2：2 号游标对 B 通道的电压测量值
T2-T1：1 号游标与 2 号游标之间的时间差
VA2-VA1：2 号游标与 1 号游标测量 A 通道的电压差
VB2-VA2：2 号游标与 1 号游标测量 B 通道的电压差

图 A20　测量数据选择区

⑤ 触发控制、设置区

功能与设置如图 A21 所示。

Tnigger：触发设置区
Edge：上升沿或下降沿触发方式
Level：设置触发电平的大小
Sing：单脉冲触发
Nor：一般脉冲触发
Auto：自动触发模式
A 或 B：使用 A 或 B 通道信号触发
Ext：使用 T 端子输入的信号触发

图 A21　触发控制、设置区

5．逻辑转换仪的调用和设置

单击仪表栏中的“逻辑转换仪”按钮，鼠标指针上就出现逻辑转换仪的图标。移动鼠标到电路编辑区窗口合适的位置单击，将逻辑转换仪放入。逻辑转换仪在电路中的图标和端子功能如图 A22 所示，A～H 为逻辑变量输入端，Out 为逻辑变量输出端。

双击逻辑转换仪图标，弹出其工作界面，如图 A23 所示。

XLC1

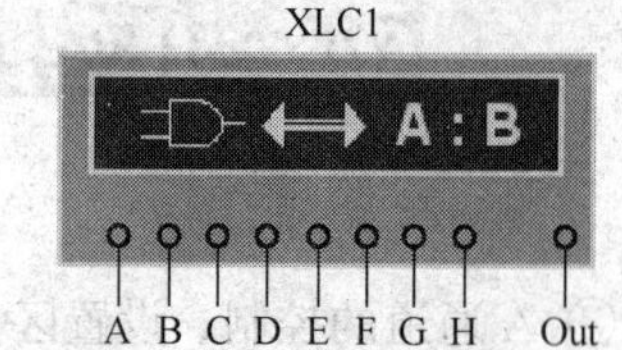

图 A22　逻辑转换仪的图标和端子功能

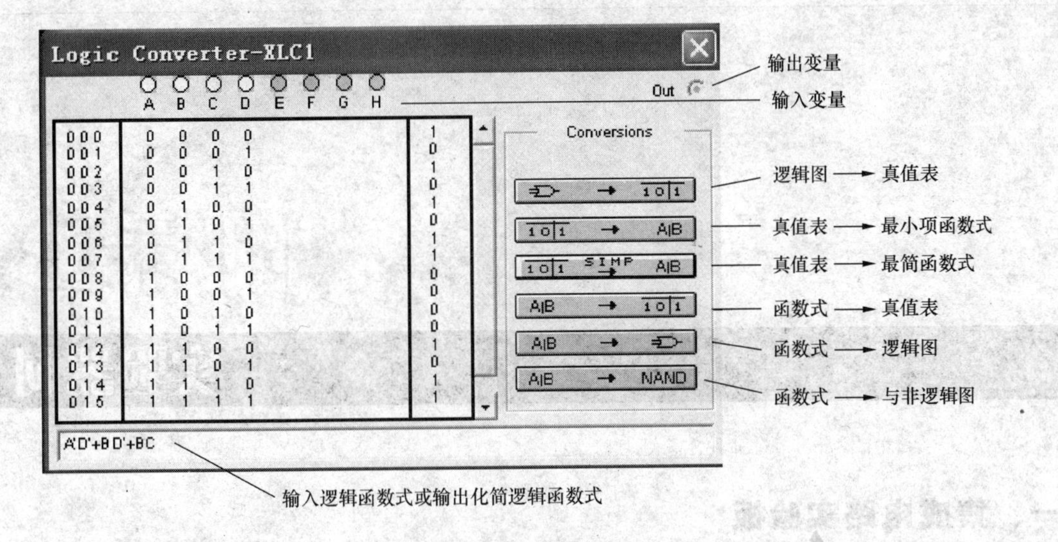

图 A23　逻辑转换仪界面

五、应用举例——测试分压器输入、输出波形

测试分压器输入、输出波形的电路如图 A24 所示，在 Multisim 2001 软件工作平台上操作步骤如下。

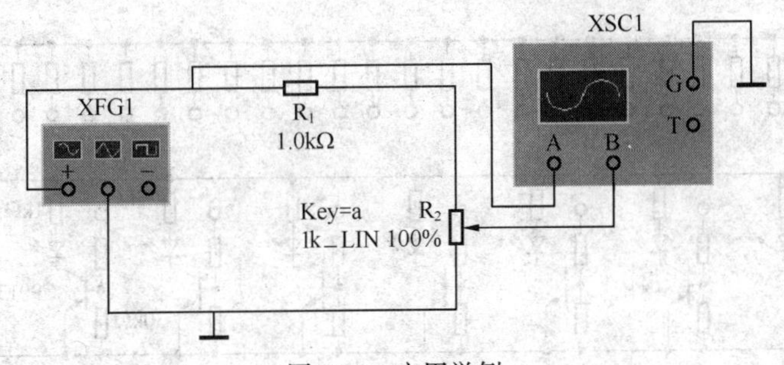

图 A24　应用举例

（1）从基本元器件库中拖出一个 1kΩ电阻。

（2）从基本元器件库中拖出一个 1kΩ的电位器，该电位器的操作键默认定义为“a”。

（3）从电源库中拖出两个接地。

（4）从仪表库中拖出信号发生器 XFG1，选取正弦波信号（1kHz，输出电压 10V）。

（5）从仪表库中拖出示波器 XSC1。A 通道接分压器输入端，B 通道接分压器输出端。

（6）操作按键“a”或“Shift + a”，调整电位器的输出电压值，可观察到 B 通道波形的大小随之变化。

示波器的参数设置和分压器的波形显示如图 A25 所示。

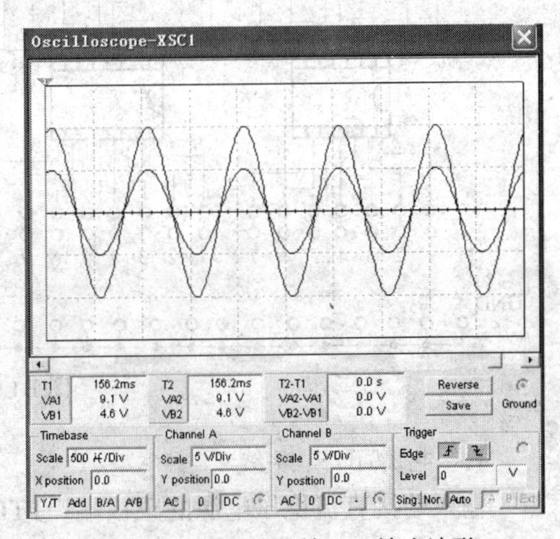

图 A25　分压器的输入、输出波形

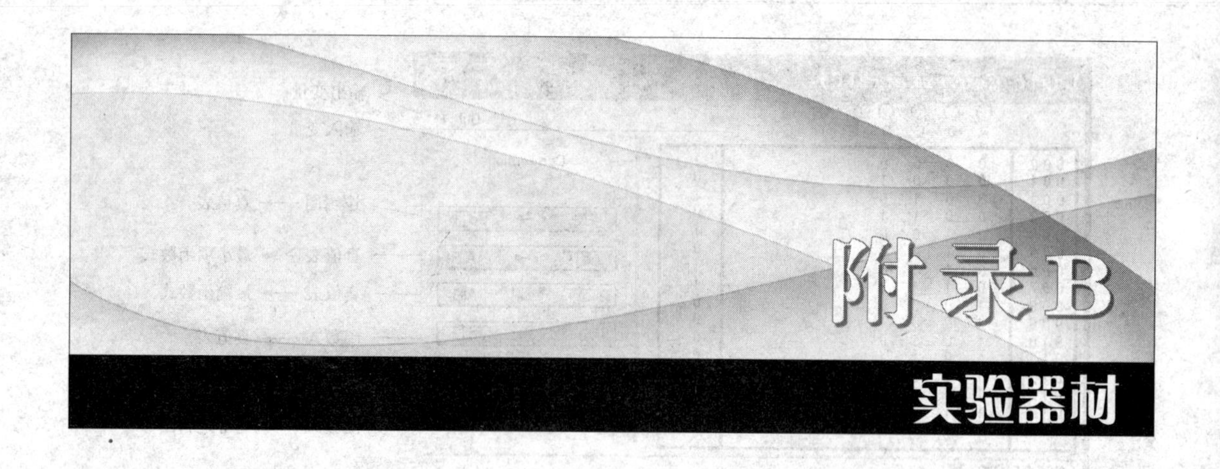

附录B

实验器材

一、集成电路实验板

集成电路实验板如图 B1 所示。电路板由敷铜板加工制成，所有的接线孔为金属化孔，用带插针的软线连接电路。电路板中有 3 个集成电路块插座，可插入 14/16/28 个管脚以下的 TTL 集成电路和 CMOS 集成电路。

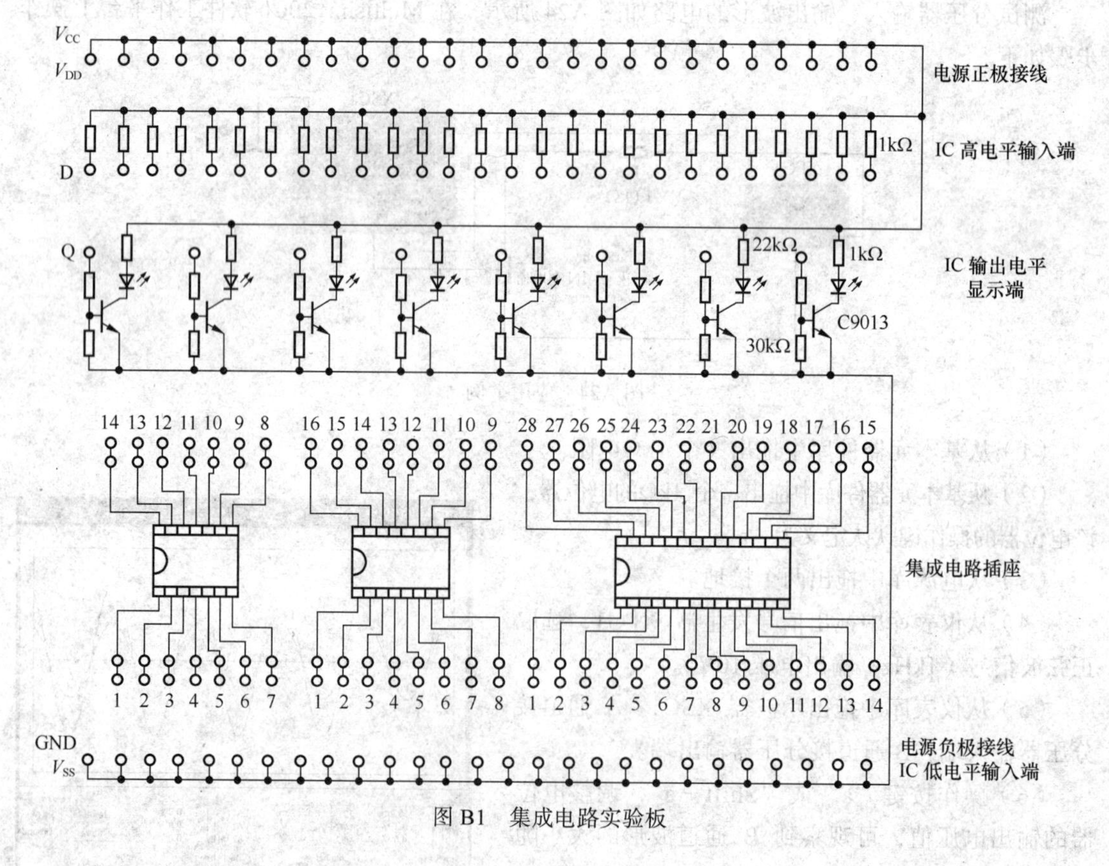

图 B1 集成电路实验板

1. 电源正极接线

输入端接直流稳压电源的正极端，TTL 集成电路用 + 5V 电源，CMOS 集成电路用 3～18V 电源。输出端连接集成电路电源端，TTL 集成电路接 V_{CC} 管脚，CMOS 集成电路接 V_{DD} 管脚。

2. 电源负极接线

输入端接直流稳压电源的负极端。输出端连接集成电路接地端，TTL 集成电路接 GND 管脚，CMOS 集成电路接 V_{SS} 管脚。

3. 集成电路（IC）高、低电平输入端

集成电路管脚端有两个插孔，一个接高电平，即接到电路板的 D 端，通过一个 1kΩ电阻接电源 V_{CC}/V_{DD}。另一个接低电平，即接到电路板的 GND/V_{SS} 端，此时该输入端为低电平状态。如果该输入端需要高电平，将接低电平的软线拔出即可。

4. 集成电路（IC）输出电平显示端

集成电路输出端接电路板的 Q 端。输出高电平时晶体管导通，发光二极管亮；输出低电平时晶体管截止，发光二极管灭。

集成电路输出端也可以接电压表。电压表可以显示输出高、低电平的高低状态。

集成电路输出端也可以接示波器，从示波器屏幕上观察输出信号的波形变化。

集成电路输出端不准直接与电源正极或地相连，否则会损坏器件。

注意：开机时先接通电路板电源，后开信号源；关机时先关信号源，后关电路板电源。尤其是 CMOS 电路未接通电源时，不允许有输入信号加入。

二、直流稳压电源

直流稳压电源为电路提供稳定的直流电压。

输入电压：220V

输出电压：±0～30V，电流 0.1～1A

工作温度：0～40℃

使用方法：打开电源开关，调节电压输出旋钮至需要值。

三、函数信号发生器

常用的函数信号发生器可以输出正弦波、方波、三角波等波形。输出频率在 0.2Hz～2MHz 范围内可调，有电压输出、TTL 输出和功率输出 3 种方式。

使用方法：打开电源开关，选择方波和 TTL 输出方式。

四、双踪通用示波器

示波器是观察和测量电压波形的一种电子仪器。现在普遍使用的是双踪通用示波器，它可以同时观察和测定两种不同电信号的瞬变过程，以便进行定性和定量的测量、对比、分析和研究。

使用方法：

（1）打开电源开关，调节亮度和聚焦。

（2）选择输入信号连接方式与垂直放大器连接方式“AC－⊥－DC”。

（3）选择合适的 Y 轴衰减挡“V/div ”。

（4）选择双踪工作方式“ALT”，交替显示通道 CH1 和 CH2 的输入信号波形。

（5）选择合适的 X 轴扫描挡“t/div”。

（6）旋转位移钮，调节扫描线的水平位置和垂直位置。

五、数字万用表

数字万用表操作方便、读数精确、功能齐全，具有自动极性选择，超量程显示。显示方式为$3\frac{1}{2}$位液晶数字显示，最大显示数字为“1999”。

数字万用表可以用来测量直流电压、直流电流、交流电压、交流电流、电阻、电容及电路的通断等。测试前要将表笔插入正确的插孔内，选择合适的挡位和量程。

附录C

部分数字集成电路型号表

74系列数字集成电路型号表

00	四2输入与非门	26	四2输入高压输出与非缓冲器（OC）
01	四2输入与非门（OC）	27	三3输入或非门
02	四2输入与非门	28	四2输入或非缓冲器
03	四2输入与非门（OC）	30	8输入与非门
04	六反相器	31	延迟元器件
05	六反相器（OC）	32	四2输入或门
06	六反相缓冲/驱动器（OC）	33	四2输入或非缓冲器（OC）
07	六缓冲/驱动器（OC）	34	六跟随器
08	四2输入与门	35	六跟随器（OC）
09	四2输入与门（OC）	36	四2输入或非门
10	三3输入与非门	37	四2输入与非缓冲器
11	三3输入与门	38	四2输入或非缓冲器（OC）
12	三3输入与非门（OC）	39	四2输入或非缓冲器（OC）
13	双4输入与非门（施密特触发）	40	双4输入与非缓冲器
14	六反相器（施密特触发）	42	4线-10线译码器（BCD输入）
15	三3输入与门（OC）	43	4线-10线译码器（余3码输入）
16	六高压输出反相缓冲/驱动器（OC）	44	4线-10线译码器（余3格雷码输入）
17	六高压输出缓冲/驱动器（OC）	45	BCD-十进制译码器/驱动器（OC）
18	双4输入与非门（施密特触发）	46	4线-七段译码器/驱动器（BCD输入，开路输出）
19	六反相器（施密特触发）	47	4线-七段译码器/驱动器（BCD输入，开路输出）
20	双4输入与非门	48	4线-七段译码器/驱动器（BCD输入、上拉电阻）
21	双4输入与门	49	4线-七段译码器/驱动器（BCD输入、OC输出）
22	双4输入与非门（OC）	50	双2路2-2输入与或非门（一门可扩展）
23	可扩展双4输入与非门（带选通）	51	双2路2-2（3）输入与或非门
24	四2输入与门（施密特触发）	52	4路2-3-2-2输入与或门（可扩展）
25	双4输入或非门（带选通）	53	4路2-2-2（3）-2输入与或非门（可扩展）

续表

74系列数字集成电路型号表			
54	4路2-2（3）-2（3）-2输入与或非门	97	同步六位二进制（比例系数）乘法器
55	2-路4-4输入与或非门（可扩展）	98	4位数据选择器/存储寄存器
56	1/50分频器	99	4位双向通用移位寄存器
57	1/60分频器	100	8位双稳态锁存器
58	2路2-2输入，2路3-3输入与或门	101	与或门输入下降沿JK触发器（有预置）
60	双4输入与扩展器	102	与门输入下降沿JK触发器（有预置和清除）
61	三3输入与扩展器	103	双下降沿JK触发器（有清除）
62	4路2-3-3-2输入与或扩展器	106	双下降沿JK触发器（有预置和清除）
63	六电流读出接口门	107	双主从JK触发器（有清除）
64	4路4-2-3-2输入与或非门	108	双下降沿JK触发器（公共清除，公共时钟，有预置）
65	4路4-2-3-2输入与或非门（OC）	109	双上升沿JK触发器（有预置和清除）
68	双4位十进制计数器	110	与门输入主从JK触发器（有预置、清除、数据锁定）
69	双4位二进制计数器	111	双主从JK触发器（有预置、清除、数据锁定）
70	与门输入上升沿JK触发器（有预置和清除）	112	双下降沿JK触发器（有预置和清除）
71	与或门输入主从JK触发器（有预置）	113	双下降沿JK触发器（有预置）
72	与门输入主从JK触发器（预置和清除）	114	双下降沿JK触发器（有预置、公共清除、公共时钟）
73	双JK触发器（有清除）	116	双4位锁存器
74	双上升沿D触发器（有预置、清除）	120	双脉冲同步驱动器
75	4位双稳态锁存器	121	单稳态触发器（有施密特触发器）
76	双JK触发器（有预置和清除）	122	可重触发单稳态触发器（有清除）
77	4位双稳态锁存器	123	双可重触发单稳态触发器（有正、负输入，直接清除）
78	双主从JK触发器（有预置和公共清除和公共时钟）	124	双压控振荡器（有允许功能）
80	门控全加器	125	四总线缓冲器（三态输出）
81	16位随机存取存储器（OC）	126	四总线缓冲器（三态）
82	2位二进制全加器	128	四2输入或非线驱动器
83	4位二进制全加器（带快速进位）	131	3线-8线译码器/多路分配器（有地址寄存）
85	4位数值比较器	132	四2输入与非门（有施密特触发）
86	四2输入异或门	133	13输入与非门
87	4位正/反码、0/1电路	134	12输入与非门（三态）
90	十进制计数器	135	四异或/异或非门
91	8位移位寄存器	136	四2输入异或门（OC）
92	十二分频计数器	137	3线-8线译码器/多路分配器（有地址锁存）
93	4位二进制计数器	138	3线-8线译码器/多路分配器
94	4位移位寄存器（双异步预置）	139	双2线-4译码器/多路分配器
95	4位移位寄存器（并行存取，左移/右移，串联输入）	140	双4输入与非线驱动器（线阻抗为50Ω）
96	5位移位寄存器	141	BCD-十进制译码器/驱动器（OC）

续表

74 系列数字集成电路型号表			
142	计数器/锁存器/译码器/驱动器（OC）	172	16 位寄存器阵（8×2 位，多端口，三态）
143	计数器/锁存器/译码器/驱动器（7V，15mA）	173	4 位 D 型寄存器（三态，Q 端输出）
144	计数器/锁存器/译码器/驱动器（15V，20mA）	174	六上升沿 D 型触发器（Q 端输出，公共清除）
145	BCD－十进制译码器/驱动器（驱动灯、继电器、MOS）	175	四上升沿 D 型触发器（互补输出，公共清除）
147	10 线－4 线优先编码器	176	可预置十进制/二、五混合进制计数器
148	8 线－3 线优先编码器	177	可预置二进制计数器
149	8 线－8 线优先编码器	178	4 位通用移位寄存器（Q 输出）
150	16 选 1 数据选择器/多路转换器（反码输出）	179	4 位通用移位寄存器（直接清除，QD 互补输出）
151	8 选 1 数据选择器/多路转换器（原、反码输出）	180	9 位奇偶产生器/校验器
152	8 选 1 数据选择器/多路转换器（反码输出）	181	四位算术逻辑单元/函数发生器
153	双 4 线－1 线数据选择器/多路转换器	182	超前进位产生器
154	4 线－16 线译码器/多路转换器	183	双进位保留全加器
155	双 2 线－4 线译码器/多路分配器（图腾柱输出）	184	BCD－二进制代码转换器（译码器）
156	双 2 线－4 线译码器/多路分配器（OC 输出）	185	二进制－BCD 代码器（译码器）
157	双 2 选 1 数据选择器/多路转换器（原码输出）	189	64 位随机存取存储器（三态，反码）
158	双 2 选 1 数据选择 /多路转换器（反码输出）	190	4 位十进制可预置同步加/减计数器
159	4 线－16 线译码器/多路分配器（OC 输出）	191	4 位二进制可预置同步加/减计数器
160	4 位十进制同步可预置计数器（异步清除）	192	4 位十进制可预置同步加/减计数器（双进钟、有清除）
161	4 位二进制同频可预置计数器（异步清除）	193	4 位二进制可预置同步加/减计数器（双进钟、有清除）
162	4 位十进制同步计数器（同步清除）	194	4 位双向通用移位寄存器（并行存取）
163	4 位二进制同步可预置计数器（同步清除）	195	4 位移位寄存器（JK 输入，并行存取）
164	8 位移位寄存器（串行输入，并行输出，异步清除）	196	可预置十进制/二、五混合进制计数器/锁存器
165	8 位移位寄存器（并联置数，互补输出）	197	可预置二进制计数器/锁存器
166	8 位移位寄存器（并/串行输入，串行输出）	198	8 位双向通用移位寄存器（并行存取）
167	十进制同步比例乘法器	199	8 位移位寄存器（JK’输入，并行存取）
168	4 位十进制可预置加/减同步计数器	200	256 位随机存取存储器（256×1，三态）
169	4 位二进制可预置加/减同步计数器	202	256 位读/写存储器（256×1，三态）
170	4×4 寄存器阵（OC）	207	256×4 随机存取存储器（边沿触发写控制，公共 I/O 通道）
171	四 D 触发器（有清除）	208	256×4 随机存取存储器（边沿触发写控制，三态）

续表

74 系列数字集成电路型号表			
214	102×1 随机存取存储器（片选端 S'简化扩展，三态）	265	四互补输出单元
215	1024×1 随机存取存储器（片选端 E 简化扩展并控制关态，三态）	266	四 2 输入异或非门
219	64 位随机存储器（三态）	268	六 D 型锁存器（三态）
221	双单稳态触发器	269	8 位加/减计数器
225	异步先入先出存储器（16×15）	273	八 D 型触发器
226	4 位并行锁存总线收发器（三态）	274	4 位×4 位并行二进制乘法器（三态）
230	八缓冲器/线驱动器（三态）	275	7 位位片华莱士树乘法器（输出可控）
231	八缓冲器/线驱动器（三态）	276	四 JK 触发器
237	3 线- 8 线译码器/多路分配器（地址锁存）	278	4 位可级联优先寄存器（输出可控）
238	3 线- 8 线译码器/多路分配器	279	四 R'S'锁存器
239	双 2 线- 4 线译码器/多路分配器	280	9 位奇偶产生器/校验型
240	八反相缓冲器/线驱动器/线接收器（三态）	281	4 位并行二进制累加器
241	八缓冲器/线驱动器/线接收器（三态）	282	超前进位发生器（有选择进位输入）
242	四总线收发器（反相，三态）	283	4 位二进制超前进位全加器
243	四总线收发器（三态）	284	4 位×4 位并行二进制乘法器（OC，产生高位积）
244	八缓冲器/线驱动器/线接收器（三态）	285	4 位×4 位并行二进制乘法器（OC，产生低位积）
245	八双向总线发送器/接线器（三态）	286	9 位奇偶发生器/校验器（有总线驱动、奇偶 I/O 接口）
246	4 线- 七段译码器/高压驱动器（BCD 输入，OC）	290	十进制计数器（÷2，÷5）
247	4 线- 七段译码器/高压驱动器(BCD 输入,OC）	292	可编程分频/数字定时器（最大 2^{31}）
248	4 线- 七段译码器/驱动器（BCD 输入，上拉输出）	293	四位二进制计数器（÷2，÷8）
249	4 线- 七段译码器/驱动器（BCD 输入，OC）	294	可编程分频/数字定时器（最大 2^{15}）
250	16 选 1 数据选择器/多路转换器（三态）	295	4 位双向通用移位/存储寄存器
251	8 选 1 数据选择器/多路转换器（三态，原、反码输出）	297	数字锁相球滤波器
253	双 4 选 1 数据选择器/多路转换器（三态）	298	四 2 输入多路转换器（有存储）
256	8 位寻址锁存器	299	8 位双向通用移位/存储寄存器
257	四 2 选 1 数据选择器/多路轩换器（三态）	320	晶体控制振荡器
258	四 2 选 1 数据选择器/多路轩换器（三态）	321	晶体控制振荡器（附 F/2，F/4 输出端）
259	8 位寻址锁存器	322	8 位移位寄存器（有信号扩展、三态）
260	双 5 输入或非门	323	8 位双向移位/存储寄存器（三态）
261	2 位×4 位并行二进制乘法器（锁存器输出）	347	BCD- 七段译码器/驱动器（OC）
264	超前进位发生器	348	8 线- 3 线优先编码器（三态）

续表

74 系列数字集成电路型号表			
350	4 位移位器（三态）	395	4 位可给联移位寄存器（三态，并行存取）
351	双 8 选 1 数据选择器/多路转换器（三态）	396	八进制存储寄存器
352	双 4 选 1 数据选择器/多路转换器（反码输出）	398	四 2 输入多路转换器（倍乘器）（有存储，互补输出）
353	双 4 选 1 数据选择器/多路转换器（反码，三态）	399	四 2 输入多路转换器（倍乘器）（有存储）
354	8 选 1 数据选择器/多转换器/透明寄存器（三态）	401	循环冗余校验产生器/检测器
355	8 选 1 数据选择器/多转换器/透明寄存器（OC）	402	扩展循环冗余校验产生器/检测器
356	8 选 1 数据选择器/多转换器/边沿触发寄存器（三态）	403	16 字×4 位先进先出（FIFO 型）缓冲型存储寄存器
357	8 选 1 数据选择器/多转换器/边沿触发寄存器（OC）	407	数据地址寄存器
363	八 D 型透明锁存器和边沿触发器（三态、公共控制）	410	寄存器堆——16×4RAM（三态）
364	八 D 型透明锁存器和边沿触发器（三态、公共控制、公共时钟）	411	先进先出 RAM 控制器
365	六总线驱动器（同相、三态、公共控制）	412	多模式 8 位缓冲锁存器（三态，直接清除）
366	六总线驱动器（反相、三态、公共控制）	422	可重触发单稳态多谐振荡器
367	六总线驱动器（三态、两组控制）	423	可重触发单稳态多谐振荡器
368	六总线驱动器（同相、三态、两组控制）	424	2 相时钟发生器/驱动器
373	八 D 型锁存器（三态、公共控制）	425	四总线缓冲器（三态，低允许）
374	八 D 型锁存器（三态、公共控制、公共时钟）	426	四总线缓冲器（三态，高允许）
375	4 位 D 型（双稳态）锁存器	432	8 位多模式反相缓冲锁存器（三态）
376	四 JK 触发器（公共时钟，公共清除）	436	线驱动器/存储器驱动电路- MOS 存储器接口电路（内含 15Ω）
377	八 D 型触发器（Q 端输出，公共允许，公共时钟）	437	线驱动器/存储器驱动电路－MOS 存储器接口电路
378	六 D 型触发器（Q 端输出，公共允许，公共时钟）	440	四总线收发器（OC，三方向传输，同相）
379	四 D 型触发器（互补输出，公共允许，公共时钟）	441	四总线收发器（OC，三方向传输，反相）
381	4 位算术逻辑单元/函数发生器（8 个功能）	442	四总线收发器（三态，三方向传输，同相）
382	4 位算术逻辑单元/函数发生器（脉动进位、溢出输出）	443	四总线收发器（三态，三方向传输，反相）
384	8 位 × 1 位补码乘法器	444	四总线收发器（三态，三方向传输，反相和同相）
385	四串行加法器/减法器	445	BCD- 十进制译码器/驱动器（OC）
386	四 2 输入异或门	446	四总线收发器（三态，双向传输，反码）
390	双二- 五- 十进制计数器	447	BCD- 七段译码器/驱动器（OC）
393	双 4 位二进制计数器（异步清除）	490	双 4 位十进制计数器

续表

74 系列数字集成电路型号表			
518	8 位恒等比较器（OC）	569	4 位二进制同步加/减计数器
519	8 位恒等比较器（OC）	573	八 D 型透明锁存器
520	8 位恒等比较器（反码）	574	八 D 型上升沿触发器（三态）
521	8 位恒等比较器（反码）	575	八 D 型上升沿触发器（三态，有清除）
522	8 位恒等比较器（反码，OC）	576	八 D 型上升沿触发器（三态，反相）
524	8 位可寄存比较器（可编程，三态，I/O，OC 输出）	577	八 D 型上升沿触发器（三态，反相，有清除）
525	16 位状态可编程计数器/分频器	579	8 位双向二进制计数器（三态）
526	熔断型可编程 16 位恒等比较器（反相输入）	580	八 D 型透明锁存器（三态，反相输出）
527	熔断型可编程 8 位恒等比较器和 4 位比较器（反相输出）	582	4 位 BCD 算术逻辑单元
528	熔断型可编程 12 位恒等比较器	583	4 位 BCD 加法器
533	八 D 型透明锁存器	588	八双向收发器（三态，IEEE488）
534	八 D 型上升沿触发器（三态，反相）	589	8 位移位寄存器（输入锁存，三态）
537	4 线- 10 线译码器/多路分配器	590	8 位二进制计数器（有输出寄存器、三态）
538	3 线- 8 线译码器/多路分想器	591	8 位二进制计数器（有输出寄存器、OC）
539	双 2 线- 4 线译码器/多路分想器（三态）	592	8 位二进制计数器（有输出寄存器）
540	八缓冲器/驱动器（三态，反相）	593	8 位二进制计数器（有输出寄存器、并行三态输入/输出）
541	八缓冲器/驱动器（三态）	594	8 位移位寄存器（有输出锁存）
543	八接收发送双向锁存器（三态，原码输出）	595	8 位移位寄存器（有输出锁存、三态）
544	八接收发送双向锁存器（三态，反码输出）	596	8 位移位寄存器（有输出锁存、OC）
545	八接收发送双向锁存器（三态）	597	8 位移位寄存器（有输入锁存）
547	3 线- 8 线译码器（输入锁存，有应答功能）	598	8 位移位寄存器（有输入锁存、并行三态输入/输出）
548	3 线- 8 线译码器/多路分配器（有应答功能）	599	8 位移位寄存器（有输出锁存、OC）
550	八寄存器接收发送器（带状态指示）	600	存储器刷新控制器（4K 或 16K）
551	八寄存器接收发送器（带状态指示）	601	存储器刷新控制器（64K）
552	八寄存器接收发送器（带奇偶及特征指示）	602	存储器刷新控制器（4K 或 16K）
557	8 位 × 8 位乘法器（三态，带锁存）	603	存储器刷新控制器（64K）
558	8 位 × 8 位乘法器	604	八 2 输入多路复用寄存器（三态）
560	4 位十进制同步计数器（三态，同步或异步清零）	605	八 2 输入多路复用寄存器（OC）
561	4 位二进制同步计数器（三态，同步或异步清零）	606	八 2 输入多路复用寄存器（三态，消除脉冲尖峰）
563	八 D 型透明锁存器（反相输出，三态）	607	八 2 输入多路复用寄存器（OC，消除脉冲尖峰）
564	八 D 型上升沿触发器（反相输出，三态）	608	存储器周期控制器
568	4 位十进制同步加/减计数器（三态）	610	存储器映象器（有锁存输出，三态映象输出）

续表

74 系列数字集成电路型号表			
611	存储器映象器（有锁存输出，映象输出为 OC）	649	八双向总线收发器和寄存器（OC，反码）
612	存储器映象器（三态映象输出）	651	八双向总线收发器和寄存器（三态，反码）
613	存储器映象器（OC 映象输出）	652	八双向总线收发器和寄存器（三态，原码）
618	三 4 输入与非门施密特触发器	653	八总线收发器/寄存器（三态，反向）
619	可逆施密特触发器	654	八总线收发器/寄存器（正向三态，反向 OC）
620	八总线收发器（三态，反相）	655	八缓冲器/线驱动器（有奇偶、反相、三态）
621	八总线收发器（OC）	656	八缓冲器/线驱动器（有奇偶、同相、三态）
622	八总线收发器（OC，反相）	657	八双向收发器（8 位奇偶产生/检测，三态输出）
623	八总线收发器（三态）	658	八总线收发器（有奇偶，反码，三态）
624	压控振荡器（有允许、互补输出）	659	八总线收发器（有奇偶，三态）
625	双压控振荡器（互补输出）	664	八总线收发器（反码，三态，有奇偶）
626	双压控振荡器（有允许、互补输出）	665	八总线收发器（原码，三态，有奇偶）
627	双压控振荡器（反相输出）	666	8 位 D 型透明的重复锁存器（三态）
628	压控振荡器（有允许、互补输出、外接电阻 Rr）	667	8 位 D 型透明的重复锁存器（三态，反相）
629	双压控振荡器（有允许、反相输出）	668	4 位十进制可预置加/减同步计数器
630	16 位误差检测及校正电路（三态）	669	4 位二进制可预置加/减同步计数器
631	16 位误差检测及校正电路（OC）	670	4×4 位寄存器阵（三态）
632	32 位并行误差检测及校正电路（三态）	671	4 位通用移位寄存器/锁存器（三态，直接清除）
633	32 位并行误差检测及校正电路（OC）	672	4 位通用移位寄存器/锁存器（三态，同步清除）
634	32 位并行误差检测及校正电路（三态）	673	16 位移位寄存器（串入，串/并出，三态）
635	32 位并行误差检测及校正电路（OC）	674	16 位移位寄存器（并/串入，串出，三态）
636	8 位并行误差检测和校正电路（三态）	675	16 位移位寄存器（串入，串/并出）
637	8 位并行误差检测和校正电路（OC）	676	16 位移位寄存器（串/并入，串出）
638	八总线收发器（双向，三态，互补）	677	16 位-4 位地址比较器（有允许）
639	八总线收发器（双向，三态）	678	16 位-4 位地址比较器（有锁存）
640	八总线收发器（三态，反码）	679	12 位-4 位地址比较器（有允许）
641	八总线收发器（OC，原码）	680	12 位-4 位地址比较器（有锁存）
642	八总线收发器（OC，反码）	681	4 位并行二进制累加器
643	八总线收发器（三态，原、反码）	682	双 8 位数值比较器（上拉）
644	八总线收发器（OC，原、反码）	683	双 8 位数值比较器（OC，上拉）
645	八总线收发器（三态，原码）	684	双 8 位数值比较器
646	八双向总线收发器和寄存器（三态，原码）	685	双 8 位数值比较器（OC）
647	八双向总线收发器和寄存器（OC，原码）	686	双 8 位数值比较器
648	八双向总线收发器和寄存器（三态，反码）	687	双 8 位数值比较器（OC，有允许）

续表

74系列数字集成电路型号表

688	双8位数值比较器（有允许）	822	10位总线接口触发器（三态，反码）
689	双8位数值比较器（OC，有允许）	823	9位总线接口触发器（三态）
690	十进制同步计数器（有输出寄存器、三态、直接清除）	824	9位总线接口触发器（三态，反码）
691	二进制同步计数器（有输出寄存器、三态、直接清除）	825	8位并联寄存器（正沿D触发器，同相输出）
692	十进制同步计数器（有输出寄存器、三态、同步清除）	826	8位并联寄存器（正沿D触发器，反相输出）
693	二进制同步计数器（有输出寄存器、三态、同步清除）	827	10位缓冲器/线驱动器（三态，同相输出）
696	十进制同步加/减计数器（有输出寄存器、三态、直接清除）	828	10位缓冲器/线驱动器（三态，反相输出）
697	二进制同步加/减计数器（有输出寄存器、三态、直接清除）	832	六2输入或驱动器
698	十进制同步加/减计数器（有输出寄存器、三态、同步清除）	841	10位并行透明锁存器（三态，同相）
699	二进制同步加/减计数器（有输出寄存器、三态、同步清除）	842	10位并行透明锁存器（三态，反相）
756	双四缓冲器/线驱动器/线接收器（OC、反码）	843	9位并行透明锁存器（三态，同相）
757	双四缓冲器/线驱动器/线接收器（OC、原码）	844	9位并行透明锁存器（三态，反相）
758	四路总线收发器（OC、反码）	845	8位并行透明锁存器（三态，同相）
759	四路总线收发器（OC、原码）	846	8位并行透明锁存器（三态，反相）
760	双四缓冲器/线驱动器/线接收器（OC、原码）	850	16选1数据选择器/多路分配器（三态）
762	双四缓冲器/线驱动器（OC、原、反码）	851	16选1数据选择器/多路分配器（三态）
763	双四缓冲器/线驱动器（OC、反码）	852	8位通用收发器/通道控制器（三态，双向）
779	8位双向二进制计数器（三态）	856	8位通用收发器/通道控制器（三态，双向）
784	8位串并行乘法器（带加/减）	857	六2选1通用多路转换器（三态）
793	八锁存器（有回读、三态）	866	8位数值比较器
800	三4输入与/与非驱动器	867	8位同步加/减计数器（异步清除）
802	三4输入或/或非线驱动器	869	8位同步加减计数器（同步清除）
804	六2输入与非驱动器	870	双16×4位寄存器阵列（三态）
805	六2输入或非驱动器	871	双16×4位寄存器阵列（三态，双向）
808	六2输入与驱动器	873	双4位D型锁存器（三态）
810	四2输入异或非门	874	双4位D型正沿触发器（三态）
811	四2输入异或非门（OC）	876	双4位D型正沿触发器（三态，反相）
821	10位总线接口触发器（三态）	874	双4位D型正沿触发器（三态）

续表

74 系列数字集成电路型号表			
876	双 4 位 D 型正沿触发器（三态，反相）	1642	八总线收发器（OC，反码）
877	8 位通用收发器/通道控制器（三态）	1643	八总线收发器（三态，反码/原码）
878	双 4 位 D 型正沿触发器（三态，同相）	1644	八总线收发器（OC，反码/原码）
879	双 4 位 D 型正沿触发器（三态，反相）	1645	八总线收发器（三态，原码）
880	双 4 位 D 型锁存器（三态，反相）	2620	八总线收发器/MOS 驱动器（三态，反码）
881	算术逻辑单元/函数发生器	2623	八总线收发器/MOS 驱动器（三态）
882	32 位超前进位发生器	2640	八总线收发器/MOS 驱动器（三态，反码）
885	8 位数值比较器	2643	八总线收发器/MOS 驱动器（三态，原/反码）
1000	四 2 输入与非缓冲/驱动器	2645	八总线收发器/MOS 驱动器（三态，原码）
1002	四 2 输入或非缓冲门	3037	四 2 输入与非 30Ω传输线驱动器
1003	四 2 输入与非缓冲门（OC）	3038	四 2 输入与非 30Ω传输线驱动器（OC）
1004	六驱动器（反码）	3040	双 4 输入与非 30Ω传输线驱动器
1641	八总线收发器（OC，原码）		

4000 系列数字集成电路型号表			
4000	双 3 输入或非门及反相器	4025	三 3 输入与非门
4001	四 2 输入或非门	4026	十进计数器/脉冲分配器（七段译码输出）
4002	双 4 输入正或非门	4027	双上升沿 JK 触发器
4006	18 位静态移位寄存器（串入，串出）	4028	4 线- 10 线译码器（BCD 输入）
4007	双互补对加反相器	4029	4 位二进制/十进制加/减计数器（有预置）
4008	4 位二进制超前进位全加器	4030	四异或门
4009	六缓冲器/变换器（反相）	4031	64 位静态移位寄存器
4010	六缓冲器/变换器（同相）	4032	三级加法器（正逻辑）
4011	四 2 输入与非门	4033	十进制计数器/脉冲分配器（七段译码输出，行波消隐）
4012	双 4 输入与非门	4034	8 位总线寄存器
4013	双上升沿 D 触发器	4035	4 位移位寄存器（补码输出，并行存取，JK'输入）
4014	8 位移位寄存器（串入/并入，串出）	4038	三级加法器（负逻辑）
4015	双 4 位移位寄存器（串入，并出）	4040	12 位同步二进制计数器（串行）
4016	四双向开关	4041	四原码/反码缓冲器
4017	十进制计数器/分频器	4042	四 D 锁存器
4018	可预置 N 分频计数器	4043	四 RS 锁存器（三态，或非）
4019	四 2 选 1 数据选择器	4044	四 RS 锁存器（三态，与非）
4020	14 位同步二进制计数器	4045	21 级计数器
4021	8 位移位寄存器（异步并入，同步串入/串出）	4046	锁相环
4022	八计数器/分频器	4047	非稳态/单稳态多谐振荡器
4023	三 2 输入与非门	4048	8 输入多功能门（三态，可扩展）
4024	7 位同步二进制计数器（串行）	4049	六反相器

续表

4000系列数字集成电路型号表			
4050	六同相缓冲器	4353	模拟信号多路转换器/分配器（3×2 路）（地址锁存）
4051	模拟多路转换器/分配器（8 选 1 模拟开关）	4502	六反相器/缓冲器（三态，有选通端）
4052	模拟多路转换器/分配器（双 4 选 1 模拟开关）	4503	六缓冲器（三态）
4053	模拟多路转换器/分配器（三 2 选 1 模拟开关）	4508	双 4 位锁存器（三态）
4054	4 段液晶显示驱动器	4510	十进制同步加/减计数器（有预置端）
4055	4 线-七段译码器（BCD 输入，驱动液晶显示器）	4511	BCD-七段译码器/驱动器（锁存输出）
4056	BCD-七段译码器/驱动器（有选通，锁存）	4514	4 线-16 线译码器/多路分配器（有地址锁存）
4059	程控 1/N 计数器 BCD 输入	4515	4 线-16 线译码器/多路分配器（反码输出，有地址锁存）
4060	14 位同步二进制计数器和振荡器	4516	4 位二进制同步加/减计数器（有预置端）
4061	14 位同步二进制计数器和振荡器	4517	双 64 位静态移位寄存器
4063	4 位数值比较器	4518	双十进制同步计数器
4066	四双向开关	4519	四 2 选 1 数据选择器
4067	16 选 1 模拟开关	4520	双 4 位二进制同步计数器
4068	8 输入与非/与门	4521	24 位分频器
4069	六反相器	4526	二-N-十六进制减计数器
4070	四异或门	4527	BCD 比例乘法器
4071	四 2 输入或门	4529	双 4 通道模拟数据选择器
4072	双 4 输入或门	4530	双 5 输入多功能逻辑门
4073	三 3 输入与门	4531	12 输入奇偶校验器/发生器
4075	三 3 输入或门	4532	8 线-3 线优先编码器
4076	四 D 寄存器（三态）	4536	程控定时器
4077	四异或非门	4538	双精密单稳多谐振荡器（可重置）
4078	8 输入或/或非门	4541	程控定时器
4081	四 2 输入与门	4543	BCD-七段锁存/译码/LCD 驱动器
4082	双 4 输入与门	4551	四 2 输入模拟多路开关
4085	双 2-2 输入与或非门（带禁止输入）	4555	双 2 线-4 线译码器
4086	四路 2-2-2-2 输入与或非门（可扩展）	4556	双 2 线-4 线译码器（反码输出）
4089	4 位二进制比例乘法器	4557	1-64 位可变时间移位寄存器
4093	四 2 输入与非门（有施密特触发器）	4583	双施密特触发器
4094	8 位移位和储存总线寄存器	4584	六施密特触发器
4095	上升沿 JK 触发器	4585	4 位数值比较器
4096	上升沿 JK 触发器（有 J'K'输入端）	4724	8 位可寻址锁存器
4097	双 8 选 1 模拟开关	7001	四路正与门（有施密特触发输入）
4098	双可重触发单稳态触发器（有清除）	7002	四路正或非门（有施密特触发输入）
4316	四双向开关	7003	四路正与门（有施密特触发输入和开漏输出）
4351	模拟信号多路转换器/分配器（8 路）（地址锁存）	7006	六部分多功能电路
4352	模拟信号多路转换器/分配器（双 4 路）（地址锁存）	7022	八计数器/分频器（有清除功能）

续表

4000 系列数字集成电路型号表			
7032	四路正或六（施密特触发输入）	40103	8 位同步二进制减计数器
7074	六部分多功能电路	40104	4 位双向移位寄存器（三态）
7266	四路 2 输入异或非门	40105	4 位 × 16 字先进先出寄存器（三态）
7340	八总线驱动器（有双向寄存器）	40106	六反相器（有施密特触发器）
7793	八三态锁存器（有回读）	40107	双 2 输入与非缓冲器/驱动器
8003	双 2 输入与非门	40108	4 × 4 多端口寄存器
9000	程控定时器	40109	四低- 高电压电平转换器（三态）
9014	九施密特触发器、缓冲器（反相）	40110	十进制加/减计数/译码/锁存/驱动器
9015	九施密特触发器、缓冲器	40147	10 线- 4 线优先编码器（BCD 输出）
9034	九缓冲器（反相）	40160	十进制同步计数器（有预置，异步清除）
14572	六门	40161	4 位二进制同步计数器（有预置，异步清除）
14585	4 位数值比较器	40162	十进制同步计数器（同步清除）
14599	8 位双向可寻址锁存器	40163	4 位二进制同步计数器（同步清除）
40097	双 8 选 1 模拟开关	40174	六上升沿 D 触发器
40100	32 位左右移位寄存器	40208	4 × 4 多端口寄存器阵（三态）
40101	9 位奇偶校验器	40257	四 2 线- 1 线数据选择器
40102	8 位同步 BCD 减计数器		

参考文献

[1] 阎石. 数字电子技术基本教程. 北京：清华大学出版社，2007.

[2] 田健仲，朱虹. 电路仿真与实验教程. 北京：北京航空航天大学出版社，2007.

[3] 曾令琴. 数字电子技术. 北京：人民邮电出版社，2009.

[4] 张伟林，王金花. 数字电子技术. 北京：中国劳动社会保障出版社，2006.

[5] 电气工程师手册编委会. 电气工程师手册（第二版）. 北京：机械工业出版社，2004.

[6] 田淑华，李萍. 轻松看懂数字电路图. 北京：中国电力出版社，2007.

[7] 毛炼成，谈进. 数字电子技术基础. 北京：人民邮电出版社，2009.

[8] 张建华，张戈. 数字电路图形符号导读. 北京：机械工业出版社，1999.

[9] 姜有根，王岚. 看图巧学数字电路入门. 北京：中国电力出版社，2009.

[10] 康华光. 电子技术基础数字部分（第五版）. 北京：高等教育出版社，2006.

[11] 康晓明、卫俊玲. 电路仿真与绘图快速入门. 北京：国防工业出版社，2009.

[12] 卢庆林. 数字电子技术. 北京：机械工业出版社，2005.

[13] 蒋卓勤. 数字电子技术. 西安：西安电子科技大学出版社，2007.

[14] 何书森，何华斌. 实用数字电路原理与设计速成. 福州：福建科学技术出版社，2000.

[15] 赵保经. 中国集成电路大全__COMS 集成电路. 北京：国防工业出版社出版，1985.